人工智能开发丛书

PMML
建模标准语言基础

潘风文　潘启儒　著

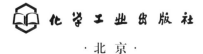

化学工业出版社

·北京·

本书结合实际案例介绍了PMML语言的各个组成元素，包括数据字典、挖掘模式/架构、数据转换、模型定义、输出、目标、模型解释、模型验证等元素，并介绍了表述数据挖掘模型的PMML实例文档创建流程；同时也对各种PMML元素中涉及的一些统计知识做了必要介绍。通过学习，读者可以完整地了解和掌握PMML语言，将其应用于数据挖掘建模。

本书可供从事数据挖掘（机器学习）、人工智能系统开发的软件开发者和爱好者学习使用，也可以作为高等院校大数据等相关专业的教材。

图书在版编目（CIP）数据

PMML建模标准语言基础/潘风文，潘启儒著．—北京：化学工业出版社，2019.7
（人工智能开发丛书）
ISBN 978-7-122-34258-4

Ⅰ．①P…　Ⅱ．①潘…②潘…　Ⅲ．①检索语言-程序设计
Ⅳ．①TP312.8

中国版本图书馆CIP数据核字（2019）第063332号

责任编辑：潘新文　　装帧设计：韩　飞
责任校对：张雨彤

出版发行：化学工业出版社（北京市东城区青年湖南街13号　邮政编码100011）
印　　装：高教社（天津）印务有限公司
787mm×1092mm　1/16　印张19　字数427千字　　2019年8月北京第1版第1次印刷

购书咨询：010-64518888　　售后服务：010-64518899
网　　址：http://www.cip.com.cn
凡购买本书，如有缺损质量问题，本社销售中心负责调换。

定　　价：89.00元

前 言

数据挖掘技术起始于20世纪下半叶，当时伴随着计算机技术和数据库在各行各业的广泛应用，业务系统产生的数据量不断膨胀，传统的统计分析工具受到巨大的挑战，这促使科学家和研究人员把当时最新的数据分析技术（例如关联规则、神经网络、决策树等）与数据库技术结合起来，从而直接导致了数据挖掘技术的诞生。进入21世纪后，各行各业对数据价值的深入探索迅速推动了数据挖掘软件的应用，各种数据挖掘系统如雨后春笋般相继出现，比较著名的开发公司有IBM、SAS、NCR、Tibco等。

数据挖掘技术目前已经应用到几乎所有的行业，并取得了巨大的成功。但是不同的系统开发厂商都是基于各自的发展规划，使用自己的技术，推出的数据挖掘系统平台各具特色，从而导致数据挖掘模型不能在不同挖掘系统间共享，给数据挖掘的进一步普及和发展造成了障碍。

为了解决上述问题，实现数据挖掘模型的共享与交换，1997年，芝加哥伊利诺伊大学的Robert Lee Grossman博士发起设计了数据挖掘模型的开放标准——PMML（Predictive Model Markup Language，预测模型标记语言）它是一种基于XML（Extensible Markup Language，可扩展标记语言）规范的开放式挖掘模型表达语言，为不同系统提供了定义数据挖掘模型的方法，可使兼容PMML规范的应用程序共享模型。采用PMML语言，用户可在一个软件系统中创建预测模型，然后将其传递到另外一个系统，并在该系统中用PMML文档中的模型预测新数据，实现预测模型的跨语言、跨平台应用，提高可移植性，充分发挥挖掘模型的应用价值。

PMML语言基于XML，XML定义了一套对电子文档进行编码的规则，以人类和计算机都能够读懂的文本格式来表现文档，可以表达任意数据结构，是万维网联盟W3C（World Wide Web Consortium）的标准语言；XML是众多应用型标记语言的基础，如化学领域的CML、数学领域的MathML以及本书介绍的PMML等。

一个完整有效的PMML实例文档包括数据字典、挖掘模式/架构、数据转换、模型定义、输出、目标、模型解释、模型验证等元素，PMML规范针对这些元素的声明和使用制定了模型创建者和模型使用者必须遵守的一致性规则，例如模型创建者通过何种方式生成何种分析模型，模型使用者通过何种方式使用何种分析模型等，这些一致性规则可以确保模型的输出在语法上是正确的，使所输出的模型符合PMML定义的语义标准，并确保模型使用者能够正确地部署和应用模型。本书主要基于以上要点讲述PMML规范以及PMML实例文档的结构和应用。

目前PMML已经发展到版本4.3，能够支持关联规则、聚类、回归、贝叶斯网络、神经网络、高斯过程等18种数据挖掘模型，涵盖了应用最广泛的常用模型。作为事实上的表达分析模型的标准，PMML已经被IBM、SAS、NCR、FICO、NIST、Tibco等绝大多数顶级商业公司所支持，也得到越来越多的开源挖掘系统如Weka、Tanagra、RapidMiner、KNIME、Orange、GGobi、JHepWork等的支持，目前其影响力越来越大。很多想学习PMML的人员苦于没有完整的学习资料，而网上的相关资料又比较零散琐碎，不成体系，为此我们结合多年来的实践和体会编写了本书，希望能在一定程度上助广大数据挖掘系统、人工智能系统开发者和使用者一臂之力，为深入学习PMML起到抛砖引玉的作用。

本书除了供数据挖掘（机器学习）、人工智能领域的软件开发人员使用外，也可以作为高等院校大数据等相关专业的教材或数据挖掘爱好者自学用书。

由于编写时间和编写精力有限，书中难免会有疏漏不当之处，敬请同行批评指正，多多提出宝贵意见和建议，共同进步。作者QQ：420165499。

编者

2019年3月

目 录

4 模型的输入和输出 195

5 模型的统计信息 220

6 模型验证 242

7 模型解释 256

8 PMML实际案例 287

1 XML 基础

1.1 XML的发展、技术体系及应用

从广义上理解，语言是一套具有共同处理规则的用于表达思想、方法等的指令符号，它涵盖的范围较广，例如自然语言、计算机编程语言、工程图学语言、数学语言等等。XML（Extensible Markup Language，可扩展标记语言）是一种应用广泛的标记语言，它定义了一套对电子文档进行编码的规则，以人类和计算机都能够读懂的文本格式来描述文档，可以表达任意数据结构，是万维网联盟W3C（World Wide Web Consortium）的标准语言。设计XML语言的主要目标是在互联网上以简单、通用、便捷的方式交换和存储文档。XML也是众多应用标记语言的基础，如化学领域的CML、数学领域的MathML以及本书将重点介绍的PMML等。

1.1.1 标记语言和SGML

按照Wikipedia的定义，“标记语言（Markup Language）”又称为置标语言、标志语言、标识语言，是一种将文本及其他相关信息结合起来，展现文档结构和数据处理细节的计算机文字编码，通过标记文本以及相关信息（例如文本的组织结构、表现形式、呈现颜色等），实现相关内容的表达和传递。“Markup Language（标记语言）”一词引申自传统出版业中对原稿的“Markup（标记）”，即在原稿的边缘加注一些符号，指示排版格式以及打印要求，包括使用什么样的字型、字体以及字号等，然后将原稿交给排版人员进行排版。理论上讲可以有各种各样的标记语言，其中超文本标记语言HTML（HyperText Markup Language）和可扩展标记语言XML（Extensible Markup Language）被广泛应用于网络应用程序和网页中。

从XML语言的发展历史看，它是基于SGML（Standard Generalized Markup Language）发展起来的。SGML是一种通用的文档结构描述标记语言，也是定义其他标记语言的元语言，曾被用于编写牛津英语词典的电子版本。SGML的发展经历了通用编码（Generic Coding）、通用标记语言GML（Generalized Markup Language）、SGML标准化以及SGML应用四个重要阶段。

1）通用编码

大多数人把通用编码的起源归功于美国图形通信协会GCA（Graphic Communications Association）委员会主席William Tunnicliffe。1967年9月，在加拿大政府印刷局会议上，William Tunnicliffe做了题为“The Separation of the Information Content of Documents From Their Format”（文档信息内容与其格式的分离）的演讲，提出了对文本内容进行嵌入式格式化编码的思想。

20世纪60年代后期，纽约一位名叫Stanley Rice的书籍设计师提出了一个通用参数化“编辑结构”标签的设想，这是一个非常有创意的构思设计，GCA主任Norman

Walter Scharpf敏锐地捕捉到它的价值，很快他便提出了GenCode的概念，指出可通过创建各种不同的通用代码来表达不同类型的文档，较小的文档可以作为较大文档的元素，随后他在委员会中设立了一个通用编码项目组来实现这种设计，该项目组最终演变为GenCode委员会，在SGML标准制定中发挥了重要作用。

2）通用标记语言GML

1969年，IBM的Charles Goldfarb与Edward Mosher、Raymond Lorie共同推出了通用标记语言GML（Generalized Markup Language），GML基于Tunnicliffe和Rice的通用编码思想，但没有采用简单标记方案，而是引入了具有显式嵌套元素结构的文档定义类型概念。Goldfarb对文档的结构进行了深入的研究，提出了很多新概念，例如简短引用、链接过程、并发文档类型等，这些概念后来逐步成为SGML的一部分。

3）SGML标准化

1978年，美国国家标准协会ANSI（American National Standards Institute）信息处理委员会设立了计算机语言处理文本委员会，Goldfarb加入了该委员会，组织开发基于GML的文本描述语言标准项目，GCA的GenCode委员会也为这个项目做出了很大贡献。

SGML标准的第一份草案于1980年推出；1983年，GCA推出了SGML标准的第六份草案，并被作为行业标准（GCA101-1983），1986年此标准成为国际标准ISO 8879:1986 Information processing - Text and office systems - Standard Generalized Markup Language（SGML）。

4）SGML应用

SGML是一个具有较高稳定性和完整性的国际标准语言，其规范制定得相当细致严密，可满足不同应用领域使用者的需求，具有较好的可移植性（可携性），SGML文件可以跨平台使用；支持SGML格式的应用软件比较多，相关的数据转换技术也比较丰富；与SGML搭配使用的很多语言（如HyTime、DSSSL等）也都是国际标准语言。

早期的SGML多被应用于行业和企业组织内部的项目，如美国出版商协会AAP（the Association of American Publishers）的电子手稿项目、美国国防部计算机辅助采集和后勤保障计划CALS（the Computer-aided Acquisition and Logistic Support）的文档组件项目等，都采用了SGML。

不过SGML的使用比较复杂，例如美国出版商协会AAP的电子手稿项目，其技术工作由Aspen Systems公司承担，参与信息处理工作的组织超过了30个，包括IEEE、图书馆资源委员会、美国索引协会、美国国会图书馆、美国化学学会、美国物理学会、生物学编辑理事会和美国数学学会等。由于本身过于复杂，SGML最终没有被广泛普及，但是其设计理念非常先进，因此它成为各种标记语言的始祖，现在流行的各种标记语言全都是基于SGML派生的。

XML摒弃了SGML的复杂性，提高了易用性和开放性，因此很快得到普及，与其相关的应用有很多，例如XHTML、RSS、XML-RPC和SOAP等等；随着XML语言的发展，在其基础上又衍生出一系列应用标准语言，如XHTML、SVG、SMIL、XBRL以及PMML（见图1-1），因此可以说XML是一种元标记语言，可以用来创建满足特定需求的专用标记语言。

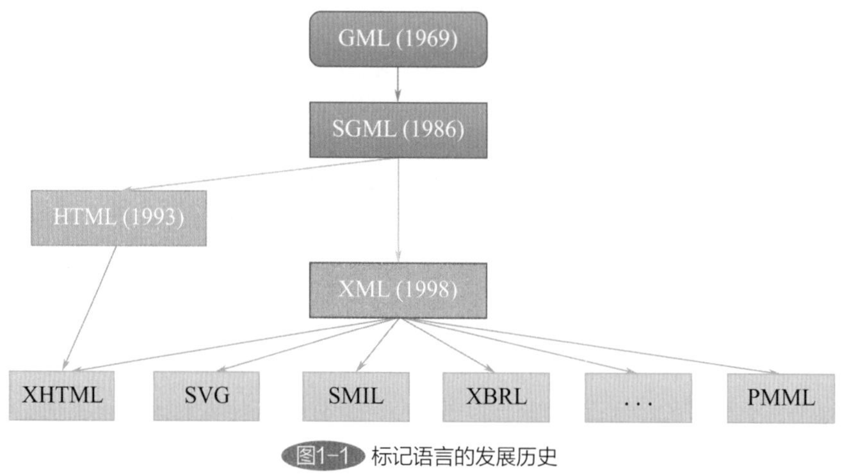

图1-1 标记语言的发展历史

1.1.2 XML的特点和应用

XML是由XML工作组（最初称为SGML编辑审查委员会）于1996年在万维网联盟W3C组织下开发出来的，最初XML工作组由Sun Microsystems的Jon Bosak主持，XML特殊兴趣小组（以前称为SGML工作组，由W3C组织）也积极参与了开发。

XML的设计目标是：

- XML可以直接在Internet上使用；
- XML应支持各种应用程序；
- XML应与SGML兼容；
- XML文档处理器的编写不需要很高深的技术；
- XML中的可选功能的数量应尽可能少，甚至为零；
- XML文档应易于理解并且相当清晰；
- XML应容易上手，使用快速便捷；
- XML设计应该正规而且简单；
- XML文档应易于创建；
- XML标记的简洁性不作为重点考虑因素。

经过多年的发展，XML语言已经非常成熟，它具有以下优点。

1）开放的标准

XML的开放性体现在它既与平台无关，又与技术提供厂商无关。W3C的XML工作组致力于维护XML的开放性，为开发人员在不同系统之间进行数据处理提供技术支持，不断推进XML标准的发展。

2）文档内容和展示分离

XML把标记与展示分开，开发者可以在结构化数据中嵌入程序化的描述，以指明如何展示数据。

3）可自定义标记

XML不仅仅是一种标记语言，它还可以用来创建各种自描述性的标记——只要这种标记在相关领域得到认可。

4）良好的可读性和可维护性

XML文档包含文档类型声明，用来指定文档的结构、包含的元素及其意义，这样可使XML文档结构显得清晰，便于阅读和维护，并可以验证标记的定义和使用是否符合语法规则。

5）XML是各种技术的集成者

XML集数据验证、展示表达、文件转换、文档对象链接、组件选择等多种数据处理技术于一体，是各种技术的集成者。

XML主要应用领域如下。

◆ 数据交换　不同的应用系统可以按照基于XML的同一标准共享和解析数据，实现不同平台和系统间的无缝数据交换。基于Web服务的应用系统广泛使用XML文档进行数据传输。

◆ 内容管理　XML文档的内容和展示是分离的，其内容（数据）通过元素及其属性来描述，可通过扩展样式表语言XSL（Extensible Stylesheet Language，XSL文档也是一种XML文档，遵循XML的所有规范）转换成各种格式的文件，如HTML、PDF、CSV等，以进行展示。

◆ 系统配置　系统配置管理是每个应用系统必备的功能。XML文档的结构化、易用性优点使它被很多系统用来进行系统配置，各种Web服务器（如Tomcat、JBoss等）都采用XML文件作为系统参数配置文件。

◆ 创建新的标记语言　XML可以用来创建标记语言，目前有很多标记语言是基于XML创建的，例如MusicML、MathML、CML、SVG、WML、SMIL和PMML等。

实际上XML技术的应用远远不止这些，随着各种相关技术的日益成熟，XML在各个行业都开始得到广泛应用。

1.1.3　XML技术体系

XML目前最新版本为第5版，XML的官方网址为：https://www.w3.org/TR/xml/，可

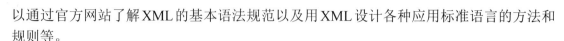

以通过官方网站了解XML的基本语法规范以及用XML设计各种应用标准语言的方法和规则等。

图1-2所示是XML家族技术体系，其底层是XML的核心，包括XSD（XML Schema Definition，也称XML Schema）、Namespace、DTD（XML Document Type Definition）。XML Schema用于定义和描述XML文档结构、内容模式、元素之间的关系以及元素和属性的数据类型，为XML文档的处理提供基础，XML Schema于2001年5月成为W3C的正式标准，官方网址：https://www.w3.org/XML/Schema。XML Namespace提供了对XML文档中的元素和属性进行统一命名的机制，以避免不同标记词汇表的元素和属性的命名冲突。1999年1月14日XML Namespace成为W3C的推荐规范。官方网址：https://www.w3.org/TR/REC-xml-names/。DTD源于SGML，采用了非XML的语法规则，仅支持少量的数据类型，扩展性比较差，已经逐步被XML Schema所代替，因此本书不对DTD做详细介绍。中间一层是所支持的相关规范和工具，最上层是针对某一具体行业或领域的XML应用。

基于XML的应用
CML/MathML/WML/VoiceML/XHTML/SMIL/SVG/PMML
RDF/SOAP/UDDI/WSDL/ebXML…

支持的规范
XSL XSLT XSL-FO
XLink XPointer
XQuery
CSS DOM等

支持的工具
浏览器：IE/FireFox/Chrome/…
API：DOM/SAX
解析器：MSXML/Expat/Xerces/…
开发环境：XMLSpy/XMLmind/…

XML核心
XSD/DTD/Namespace

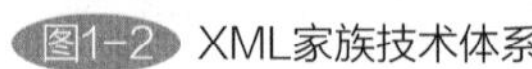
图1-2 XML家族技术体系

下面先简要介绍其中的几个主要部分。

1）XML Schema

为了便于说明XML Schema，下面先看一个XML DTD文档：

```
<!DOCTYPE CATALOG [

<!ENTITY AUTHOR "John Doe">
<!ENTITY COMPANY "JD Power Tools, Inc.">
<!ENTITY EMAIL "jd@jd-tools.com">

<!ELEMENT CATALOG (PRODUCT+)>
```

```
<!ELEMENT PRODUCT
(SPECIFICATIONS+,OPTIONS?,PRICE+,NOTES?)>
<!ATTLIST PRODUCT
NAME CDATA #IMPLIED
CATEGORY (HandTool|Table|Shop-Professional) "HandTool"
PARTNUM CDATA #IMPLIED
PLANT (Pittsburgh|Milwaukee|Chicago) "Chicago"
INVENTORY (InStock|Backordered|Discontinued) "InStock">
<!ELEMENT SPECIFICATIONS (#PCDATA)>
<!ATTLIST SPECIFICATIONS
WEIGHT CDATA #IMPLIED
POWER CDATA #IMPLIED>
<!ELEMENT OPTIONS (#PCDATA)>
<!ATTLIST OPTIONS
FINISH (Metal|Polished|Matte) "Matte"
ADAPTER (Included|Optional|NotApplicable) "Included"
CASE (HardShell|Soft|NotApplicable) "HardShell">
<!ELEMENT PRICE (#PCDATA)>
<!ATTLIST PRICE
MSRP CDATA #IMPLIED
WHOLESALE CDATA #IMPLIED
STREET CDATA #IMPLIED
SHIPPING CDATA #IMPLIED>
<!ELEMENT NOTES (#PCDATA)>
]>
```

这个DTD文档摘自网站http://www.vervet.com/，它定义了一个产品目录，可以看出，这个DTD文档由不同的标签组成，这些标签用来规划一个XML文档的结构。由于DTD文档不是一个XML文档，可扩展性差，并且不支持元素的数据类型，对属性的类型定义也有限，因此DTD最终被更规范、更开放的XML Schema取代。XML Schema支持命名空间（Namespace）机制，支持整体验证和局部验证，而这都是DTD所没有的。下面是一个简单的XML Schema文档：

```
<?xml version="1.0" encoding="UTF-8" ?>
<xs:schema xmlns:xs="http://www.w3.org/2001/XMLSchema">

<xs:element name="shiporder">
  <xs:complexType>
    <xs:sequence>
      <xs:element name="orderperson" type="xs:string"/>
      <xs:element name="shipto">
        <xs:complexType>
          <xs:sequence>
            <xs:element name="name" type="xs:string"/>
            <xs:element name="address" type="xs:string"/>
            <xs:element name="city" type="xs:string"/>
            <xs:element name="country" type="xs:string"/>
          </xs:sequence>
        </xs:complexType>
      </xs:element>
      <xs:element name="item" maxOccurs="unbounded">
        <xs:complexType>
          <xs:sequence>
            <xs:element name="title" type="xs:string"/>
            <xs:element name="note" type="xs:string" minOccurs="0"/>
            <xs:element name="quantity" type="xs:positiveInteger"/>
            <xs:element name="price" type="xs:decimal"/>
          </xs:sequence>
        </xs:complexType>
      </xs:element>
    </xs:sequence>
```

```
29.     <xs:attribute name="orderid" type="xs:string" use="required"/>
30.   </xs:complexType>
31. </xs:element>
32.
33. </xs:schema>
```

这个文档来自网站https://www.w3schools.com，它描述了一个订单的结构，定义了一个根元素shiporder，这个根元素有一个必选的属性orderid以及三个子元素："orderperson""shipto""item"。

2）XML Namespace（命名空间）

一个XML文档是由在XML Schema中定义的元素构成的；每个XML文档包含一棵由多个元素组成的树，每个元素由一个元素类型名称（标签名）和一些属性组成，每个属性由一个名称和一个值组成。处理XML文档的应用程序根据元素类型名称和元素的属性对每个元素进行处理。如果一个XML文档中出现名称相同而含义不同的元素，则会发生命名冲突，应用程序此时会不知所措。为了解决命名冲突问题，XML Namespace扩展了数据模型，用一个文档内独一无二的名称（一般用URI表示）来限定元素类型名和属性名（即在元素类型名称前添加前缀）。在上面所举的那个XML Schema订单例子中，第2行包含了一个XML Namespace命名空间：

```
2.  <xs:schema xmlns:xs="http://www.w3.org/2001/XMLSchema">
```

其中"xmlns"是用来声明命名空间的保留字；"xs"是命名空间的前缀，可由用户自定义；"http://www.w3.org/1999/xhtml"是命名空间的唯一标识符，由用户自定义。

随着基于XML的应用标准的不断增多，XML Namespace变得越来越重要，后面我们会进一步讨论XML Namespace。

3）XSL

XML文档的内容和展示格式是分离的，这种组织方式的优点是可以让使用者选择自己喜欢的格式来展示一个XML文档的数据或内容，满足定制化需求。XML文档本身并没有包含格式方面的信息，而是由扩展样式表语言XSL来提供格式。XSL包括以下三部分功能。

（1）XSLT（XSL Transformations），用于将XML文档转换为其他格式的文档（例如XHTML文档），使数据应用于不同的系统中，转换规则采用XML语法存储在以.xsl为扩展名的文件中，称为样式表文件。完成这种转换的是XSLT处理器，在实际应用中，XSLT处理器接收一个XML文档和XSLT文档（或称为XSL样式表文件），输出特定格式文档，如图1-3所示。

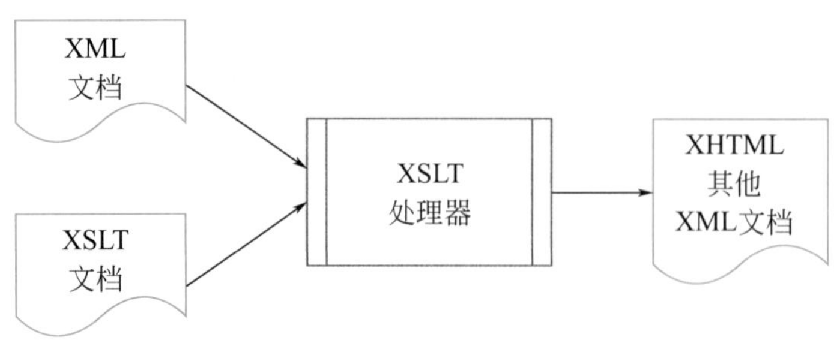

图1-3 XSLT处理器对XML文档进行转换原理图

目前，几乎所有的浏览器都支持XSLT，可以说它们本身也是一个XSLT处理器。

我们知道，CSS（Cascading Style Sheets，层叠样式表）也支持对HTML、XHTML及XML等文档的格式化处理，但是CSS适合输出结构固定的文档，不能判断并控制元素是否显示以及显示的顺序，更不支持元素中数据的统计计算等功能，所以很多应用系统都采用XSLT。另外XSLT也是W3C的标准之一。

（2）XPath（XML Path），它基于XML文档的树形结构，用于在XML文档结构树中寻找节点数据，可对文档中的元素和属性进行遍历、识别、选择、匹配等。后面要讲述的XQuery和XPointer就是构建于XPath之上的技术。请看一个简单的XML实例文档：

```
<?xml version="1.0" encoding="UTF-8"?>
<!DOCTYPE document SYSTEM "http://commons.omniupdate.com/dtd/standard.dtd">
<document>
  <config>
    <meta name="author" content="John Doe" />
  </config>
  <title>New Page</title>
  <content>
    <p>Hello World</p>
  </content>
</document>
```

我们知道，每个XML实例文档可以表示为一个树形结构，它发起于一个根节点，所有的子元素称为分支或子节点，图1-4所示即为以上XML实例文档的树形结构。

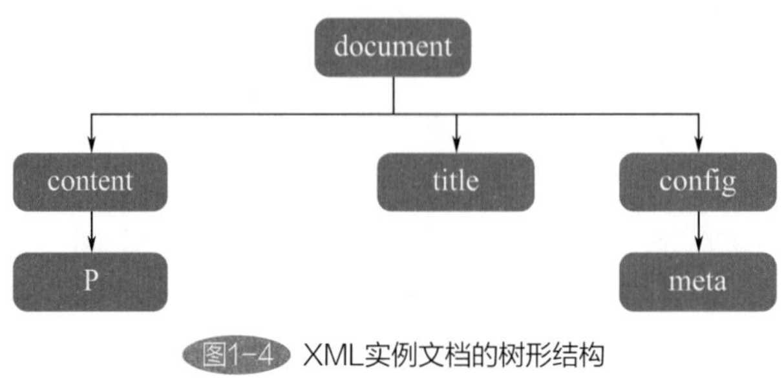

图1-4 XML实例文档的树形结构

针对图1-4所示的树形结构，表1-1列出了其XPath表达式。

表1-1 XPath表达式

XPath表达式	结果
/document/title	节点“title”
/document/content	节点“content”和“p”

表1-1中，XPath表达式通过绝对路径直接访问节点内容，当然也可以利用相对路径寻找节点。XPath使用轴（Axis）及坐标来表示节点间的相互关系，定位相关节点，见表1-2。

表1-2 XPath的坐标及说明

坐标	名称	说明	缩写语法
child	子节点	比自身节点深度大一层的节点，且包含自身	默认，不需要
attribute	属性		@
descendant	子节点、孙节点等等	比自身节点深度大的节点，且包含自身	
descendant-or-self	自身引用及子孙节点		//
parent	父节点	比自身节点深度小一层的节点，且包含自身	..
ancestor	祖先节点	比自身节点深度小的节点，且包含自身	
ancestor-or-self	自身引用及祖先节点		
following	下文节点	按纵轴视图，在此节点后的所有完整节点，即不包含其祖先节点	
preceding	前文节点	按纵轴视图，在此节点前的所有完整节点，即不包含其子孙节点	
following-sibling	下一个同级节点		
preceding-sibling	上一个同级节点		
self	自身		.
namespace	名称空间		

图1-5通过图形说明了XPath坐标，结合表1-2可以更好地理解XPath的原理和使用方法。

除了路径表达式外，XPath还定义了四种数据类型：节点集合（本身无序的节点组）、字符串型、数字型和布尔型，并且定义了相应的运算符及函数，这里不一一讲述，对XPath详细内容感兴趣的读者可参考W3C的相关规范：https://www.w3.org/TR/xpath/all/。XPath1.0于1999年11月16日成为W3C标准。目前最新版为XPath 3.1，于2017年3月21日发布。

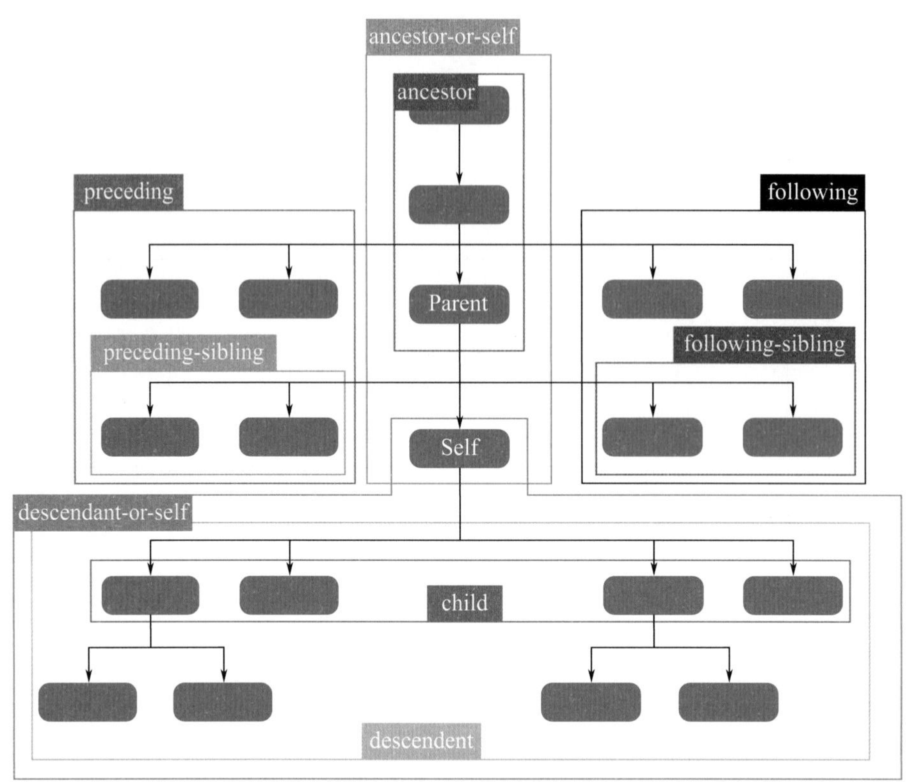

图1-5 XPath坐标的图形说明

（3）XSL-FO（XSL Formatting Objects），即可扩展样式表语言格式化对象，XSL-FO文档是一个带有输出信息的XML文件，包含了输出布局以及输出内容方面的信息，用于格式化输出XML文档数据，这点与CSS非常类似。XSL-FO文档存储在以.fo或.fob为后缀的文件中，当然也允许以.xml为后缀，这种形式更易被XML编辑器存取。

XSL-FO文档以fo:root为根元素，其中的命名空间前缀fo必须映射到“http://www.w3.org/1999/XSL/Format”。在实际应用中前缀fo是可改变的，但是其映射的URI不能变。典型的XSL-FO文档结构如下：

```
<?xml version="1.0" encoding="utf-8"?>
<fo:root xmlns:fo="http://www.w3.org/1999/XSL/Format">

  <fo:layout-master-set>
    <fo:simple-page-master master-name="my-first-page">
      <fo:region-body margin="15pt"/>
    </fo:simple-page-master>
  </fo:layout-master-set>

  <fo:page-sequence master-reference="my-first-page">
```

```
    <fo:flow flow-name="page-body">
      <fo:block>Hello, world!</fo:block>
    </fo:flow>
  </fo:page-sequence>

</fo:root>
```

XSL-FO提供了流、区域、页面、块等概念，可进行精细化输出，例如把XML文档以PDF、Word等格式输出，感兴趣的读者可参考W3C网站：https://www.w3.org/TR/xsl/。

图1-6展示了将XML文档转换为PDF文档的流程。

XSL-FO 在 2001年10月15日被确立为W3C推荐标准。目前最新版本为1.1。

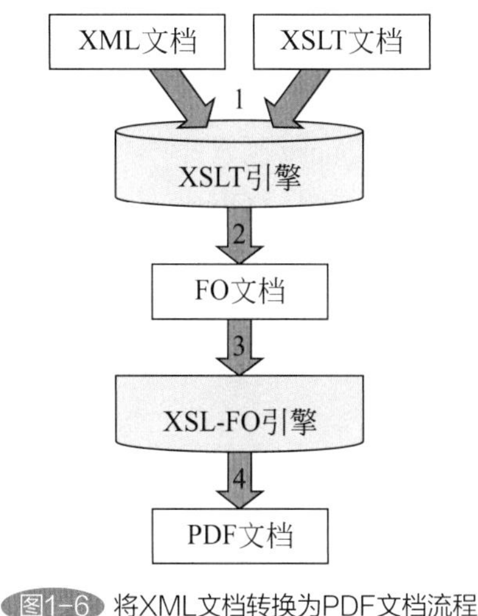

图1-6 将XML文档转换为PDF文档流程

4）XQuery

XQuery（XML Query）起源于由W3C于1998年发起的XML查询语言研讨会，参会者来自工业界、学术界和研究团体，共同聚集到波士顿研讨XML查询语言的特性和需求。XQuery建立在XPath之上，可用来查询任何以XML格式呈现的数据，包括数据库。目前XQuery几乎被所有数据库引擎厂商所支持，包括IBM、Oracle、Microsoft等。XQuery与XML的关系等同于结构化查询语言SQL（Structured Query Language）与数据库的关系，XQuery还具有类似于 SQL的外观和功能。图1-7展示了XQuery在文档处理流程中的角色。

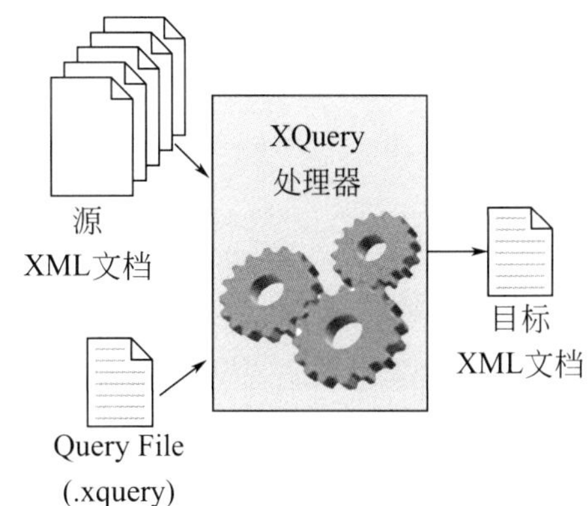

图1-7 XQuery在文档处理流程中的角色

举个例子，用XQuery从books.xml文档中的书籍book集合中挑选出所有价格大于30元的书籍，输出书籍名称title，并按照title的升序排序，其对应的XQuery代码如下：

```
for $x in doc("books.xml")/bookstore/book
where $x/price>30
order by $x/title
return $x/title
```

这段代码中，$x表示一个名称为x的变量，doc（）是打开xml文件的函数。

XQuery使用路径表达式在XML文档中进行数据查询，例如表达式doc（“books.xml”）/bookstore/book可把books.xml中bookstore下的所有数据book查询出来。

这个例子中第二行、第三行语句中的where、order的功能类似于SQL语句中对应子句的功能。return关键字表示返回的内容：书籍名称title。最后返回的结果类似于以下格式：

```
<title lang="zh-CN">基于SPSS的数据分析</title>
<title lang="zh-CN">XML基础和精通</title>
<title lang="zh-CN">PMML in Action</title>
<title lang="zh-CN">机器人原理</title>
```

XQuery包含七种节点：元素、属性、文本、命名空间、处理指令、注释、文档（根）。由于XQuery基于XPath，所以XML文档被作为节点树来对待，树的根被称为文档节点或根节点；XQuery定义了一系列运算符、函数以及表达式，用来实现丰富多样的数据查询功能，感兴趣的读者可参考W3C网站：https://www.w3.org/TR/xquery/all/。XQuery与XPath的关系可参考图1-8。

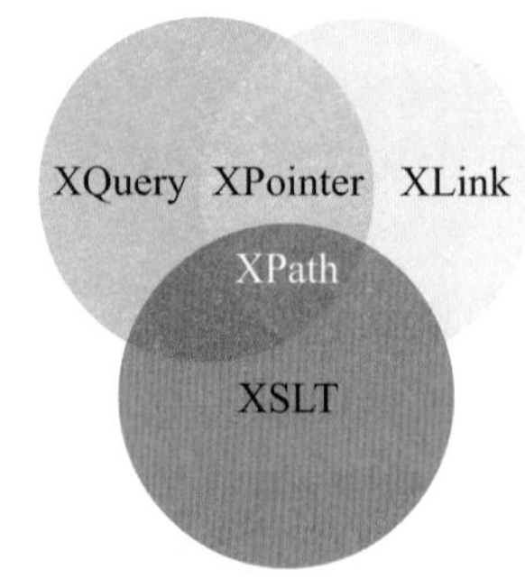

图1-8 XQuery/XPointer/XLink与XPath的关系

可以看出，XQuery、XLink和XPointer都是基于XPath的语言，如果已经掌握了XPath，则很容易理解和掌握这三种语言。

XQuery 1.0于2007年1月23日被确立为W3C推荐标准，目前最新版本是2017年3月21日发布的3.1版。

5）XLink和XPointer

在HTML网页中，可以使用<a>标签元素来定义超级链接（指向某个文档或文档的某处）。而在XML文档中，定义超级链接的方法是在元素上放置可用作超级链接的标记，用XLink和XPointer来实现。

XLink即XML Linking Language，是一种用于在XML文档中创建超级链接的语言，它定义了一套在XML文档中创建超级链接的标准，类似于HTML中的链接，但是功能更为强大。XML文档中的任何元素均可作为XLink标记。XLink不仅支持简单链接，还支持扩展链接，将多重资源链接在一起。下面是一个简单实例：

```
<?xml version="1.0"?>

<homepages xmlns:xlink="http://www.w3.org/1999/xlink">
  <homepage xlink:type="simple"
            xlink:href="http://www.mywebsite.com">请访问我们的网站</homepage>

  <homepage xlink:type="simple"
    xlink:href="http://www.w3.org">Visit W3C</homepage>

</homepages>
```

在XLink文档中，要使用XLink的功能和属性，必须在文档的顶端声明 XLink 命名空间。上面的例子中，XLink 的命名空间是"http://www.w3.org/1999/xlink"。

<homepage>元素中的xlink:type和xlink:href属性定义了来自 xlink 命名空间的type和href属性。

xlink:type="simple"表示创建一个简单的两端链接，类似于HTML中的<a>标签功能，当然，XLink也支持多端（多方向）链接。

XLink于2001年6月27日成为W3C推荐标准。关于XLink的最新内容可参考其官方网址：https://www.w3.org/TR/xlink/。

XPointer即XML Pointer Language。我们知道，在 HTML中，可以使用标签<a>及符号#创建一个指向某个HTML页面内某个书签的超级链接，而在XML文档中，使用XPointer能够指向更加具体的内容，例如要指向某个文档的某个类别的书籍列表的第几本书，可在xlink:href属性中把XPointer部分添加到URL后面，这样就可以通过XPath表达式定位到文档中的具体位置。下面的代码通过唯一的id=“statistics”使用 XPointer 指向类别为statistics的书籍列表的第7项：

```
href="http://www.mywebsite.com/book.xml#id('statistics').child(7,item)"
```

XPointer于2003年3月25日成为W3C推荐标准。最新的XPointer内容可参考其官方网址：https://www.w3.org/TR/xptr/。

1.1.4 基于XML的应用标准简介

目前基于XML创建的应用标准语言越来越多，如MathML、SVG、SMIL、XBRL、CML、X3D、OEB、XUL、XHTML、PMML等等，这充分反映了XML的应用价值。下面简单介绍其中的七种，这七种都为W3C标准语言。

1）MathML

MathML（Mathematical Markup Language），一种数学标记语言，可以说MathML是最“古老”的一种基于XML的语言，由Igalia（总部位于西班牙的一家软件咨询公司）发起设立。从1998年5月W3C发布其第一个版本起，至今已经有20多年的历史了，目前MathML最新版本是3.0。

利用MathML可在Web上展现高质量数学公式和数学符号。在MathML出现前，网页上的数学公式实际上都是以图片格式展现的，不仅制作起来烦琐，而且大大增加了网页的开销。MathML的出现克服了这个弊端，通过MathML的样式表，浏览器可以生成各种复杂的数学公式。假如要展示下面的数学公式：

$$y=\sqrt[3]{x^2}$$

MathML代码为：

```
<?xml version="1.0" encoding="UTF-8"?>
<math xmlns="http://www.w3.org/1998/Math/MathML">
  <mi>y</mi>
  <mo>=</mo>
  <mroot>
    <msup>
      <mi>x</mi>
      <mn>2</mn>
    </msup>
    <mn>3</mn>
  </mroot>
</math>
```

2）SVG

SVG（Scalable Vector Graphics），是一种可缩放矢量图形语言，用来定义和描述矢量图形，矢量图形在放大和缩小时质量不会有任何损失。目前SVG最新版本是2.0。

SVG语言具有以下优点：

（1）图像文件可读，易于修改和编辑；

（2）可以与现有技术融合，例如可以嵌入脚本来控制 SVG 对象；

（3）可以方便地建立文字索引，实现基于内容的图像搜索；

（4）支持多种滤镜和特殊效果，例如可以在不改变图像内容的前提下实现文字阴影效果；

（5）可以动态生成图形，例如可生成具有交互功能的地图，嵌入网页中显示。

例如要显示图1-9所示图形，在一个颜色渐变的椭圆上显示白色的“SVG”三个字符：

图1-9 显示图形

对应的SVG代码为：

```
<?xml version="1.0" encoding="UTF-8"?>
<svg height="150" width="400" xmlns="http://www.w3.org/2000/svg">
  <defs>
    <linearGradient id="grad1" x1="0%" y1="0%" x2="100%" y2="0%">
      <stop offset="0%" style="stop-color:rgb(255, 255, 0);stop-opacity:1" />
      <stop offset="100%" style="stop-color:rgb(255, 0, 0);stop-opacity:1" />
    </linearGradient>
  </defs>
  <ellipse cx="200" cy="70" rx="85" ry="55" fill="url(#grad1)" />
  <text fill="#ffffff" font-size="45" font-family="Verdana" x="150" y="86">
    SVG
  </text>
</svg>
```

3）SMIL

SMIL（Synchronized Multimedia Integration Language），同步多媒体集成语言，它能把众多独立的多媒体对象，如文字、图片、声音、视频等在时间和空间上集成为一个具有同步多媒体内容的页面，实现对多媒体片段的有机智能组合。现在SMIL最新版本是3.0。

SMIL文档包括屏幕布局、媒体对象时间行为和媒体资源的链接三部分。通过<smil></smil> 标签定义SMIL文档，文档内的各种资源存在于网络中，通过URL链接，无需编译即可使用，目前已经得到众多厂商的支持。下面是一个SMIL的例子：

```
<?xml version="1.0" encoding="UTF-8"?>
<smil xmlns="http://www.w3.org/ns/SMIL">
  <head>
    <meta name="author" content="Jane Morales" />
```

```
    <meta name="title" content="Multimedia My Way" />
    <meta name="copyright" content="(c)1998 Jane Morales" />
  </head>
  <body>
    <switch>
      <par system-bitrate="75000">
        <!--for dual isdn and faster -->
        <audio src="audio/newsong1.snd" />
        <video src="video/newsong1.avi" />
        <image src="lyrics/newsong1.gif" />
      </par>
      <par system-bitrate="47000">
        <!--for single isdn -->
        <audio src="audio/newsong2.snd" />
        <video src="video/newsong2.avi" />
        <image src="lyrics/newsong2.gif" />
      </par>
      <par system-bitrate="28000">
        <!--for 28.8kpbs modem -->
        <audio src="audio/newsong3.snd" />
        <video src="video/newsong3.avi" />
        <image src="lyrics/newsong3.gif" />
      </par>
    </switch>
  </body>
</smil>
```

4）XBRL

XBRL（Extensible Business Reporting Language），可扩展商业报告语言，是一种基于XML的开放性业务报告语言，通过它可以对业务报告（如财务会计报告等）中的数据添加特定标记，定义这些数据的相互关系，使计算机能够“读懂”这些业务报告，从而进行业务逻辑处理。现在XBRL最新版本是2.1。

XBRL也是最“古老”的应用标准语言之一，由美国注册会计师Charles Hoffman于1998年提出，后来在美国注册会计师协会（AICPA）的帮助下开发出第一个XBRL

原型。XBRL 广泛应用于财务会计报告、上市公司年报、金融机构监管报告、税务报告等领域，目前已在美国、英国、日本、澳大利亚等很多国家投入实际应用。在我国，XBRL 也已被应用于上市公司信息披露报告和基金信息披露报告等领域，取得了良好的效果。

采用 XBRL 技术可以避免报告数据的重复性录入、报送、传输、转换、比对等人工操作，减少差错率，提高数据生成效率和传递效率，提升信息化水平。

下面是一个 XBRL 的例子：

```
<?xml version="1.0" encoding="UTF-8"?>
<!-- HelloWorld Example -->
<!-- Date/time created: 2013-11-18 -->
<xbrl xmlns="http://www.xbrl.org/2003/instance"
  xmlns:xbrli="http://www.xbrl.org/2003/instance"
  xmlns:link="http://www.xbrl.org/2003/linkbase"
  xmlns:xlink="http://www.w3.org/1999/xlink"
  xmlns:xsi="http://www.w3.org/2001/XMLSchema-instance"
  xmlns:iso4217="http://www.xbrl.org/2003/iso4217"
  xmlns:HelloWorld="http://xbrl.squarespace.com/HelloWorld"
  xsi:schemaLocation="           ">
  <link:schemaRef xlink:type="simple"
    xlink:href="HelloWorld.xsd" />
  <!-- Contexts -->
  <context id="I-2007">
    <entity>
      <identifier scheme="http://www.ExampleCompany.com">
        Example Company
      </identifier>
    </entity>
    <period>
      <instant>2007-12-31</instant>
    </period>
  </context>
```

```
<context id="I-2006">
  <entity>
    <identifier scheme="http://www.ExampleCompany.com">Example Company
    </identifier>
  </entity>
  <period>
    <instant>2006-12-31</instant>
  </period>
</context>

<!-- Units -->
<unit id="U-Monetary">
  <measure>iso4217:USD</measure>
</unit>

<!-- Fact values -->
<HelloWorld:Land contextRef="I-2007"
  unitRef="U-Monetary" decimals="INF">5347000</HelloWorld:Land>
<HelloWorld:Land contextRef="I-2006"
  unitRef="U-Monetary" decimals="INF">1147000</HelloWorld:Land>

<HelloWorld:BuildingsNet contextRef="I-2007"
  unitRef="U-Monetary" decimals="INF">244508000
</HelloWorld:BuildingsNet>
<HelloWorld:BuildingsNet contextRef="I-2006"
  unitRef="U-Monetary" decimals="INF">366375000
</HelloWorld:BuildingsNet>

<HelloWorld:FurnitureAndFixturesNet
  contextRef="I-2007" unitRef="U-Monetary" decimals="INF">34457000
</HelloWorld:FurnitureAndFixturesNet>
```

```
<HelloWorld:FurnitureAndFixturesNet
  contextRef="I-2006" unitRef="U-Monetary" decimals="INF">34457000
</HelloWorld:FurnitureAndFixturesNet>

<HelloWorld:ComputerEquipmentNet
  contextRef="I-2007" unitRef="U-Monetary" decimals="INF">4169000
</HelloWorld:ComputerEquipmentNet>
<HelloWorld:ComputerEquipmentNet
  contextRef="I-2006" unitRef="U-Monetary" decimals="INF">5313000
</HelloWorld:ComputerEquipmentNet>

<HelloWorld:OtherPropertyPlantAndEquipmentNet
  contextRef="I-2007" unitRef="U-Monetary" decimals="INF">6702000
</HelloWorld:OtherPropertyPlantAndEquipmentNet>
<HelloWorld:OtherPropertyPlantAndEquipmentNet
  contextRef="I-2006" unitRef="U-Monetary" decimals="INF">6149000
</HelloWorld:OtherPropertyPlantAndEquipmentNet>

<HelloWorld:PropertyPlantAndEquipmentNet
  contextRef="I-2007" unitRef="U-Monetary" decimals="INF">295183000
</HelloWorld:PropertyPlantAndEquipmentNet>
<HelloWorld:PropertyPlantAndEquipmentNet
  contextRef="I-2006" unitRef="U-Monetary" decimals="INF">413441000
</HelloWorld:PropertyPlantAndEquipmentNet>

</xbrl>
```

5）CML

CML（Chemical Markup Language），化学标记语言，由Peter Murray-Rust和Henry Rzepa于1995年开发，和MathML语言类似，也是一种专业标准语言，主要用于描述分子、化合物、化学反应、光谱、晶体结构等。目前CML最新版本是3.0。CML已成为事实上的化学标准语言，其输出格式已被出版商广泛接受。

下面是一个CML的简单例子（带有atomArray的公式）：

```xml
<?xml version="1.0" encoding="UTF-8"?>
<cml:cml xmlns:cml="http://www.xml-cml.org/schema"
  xmlns:dc="http://purl.org/dc/elements/1.1/"
  xmlns:conventions="http://www.xml-cml.org/convention/"
  xmlns:cmlDictionary="http://www.xml-cml.org/dictionary/"
  convention="conventions:molecular">
  <dc:title>test file for http://www.xml-cml.org/convention/molecular convention
  </dc:title>
  <dc:description>formula must have at least one of: an atomArray child, a concise attribute, a inline attribute.
  </dc:description>
  <dc:author>J A Townsend</dc:author>
  <dc:rights>Copyright J A Townsend jat45@cantab.net 2009.</dc:rights>
  <dc:date>2009-01-21</dc:date>
  <cml:molecule id="m1">
    <cml:formula concise="H 2" inline="D_{2}">
      <cml:atomArray>
        <cml:atom elementType="H" isotopeNumber="2" count="2" />
      </cml:atomArray>
    </cml:formula>
  </cml:molecule>
</cml:cml>
```

6）GraphML

GraphML（Graph Markup Language），图形标记语言，用来描述拓扑图文件。GraphML的推出起源于2000年在威廉斯堡（Williamsburg）举行的拓扑图绘制专题讨论会，2001年在维也纳举行的拓扑图绘制研讨会提出了结构层的建议。目前GraphML的最新版本是1.0。GraphML文档由两部分组成：核心部分用来描述拓扑图结构的属性，扩展部分用来针对特定应用程序添加定制化的数据。GraphML支持以下种类的拓扑图及应用：

- 有向图，无向图和混合图；
- 超图；
- 层次图；

- 图形表示；
- 对外部数据的引用；
- 特定于应用程序的属性数据；
- 轻量级解析器。

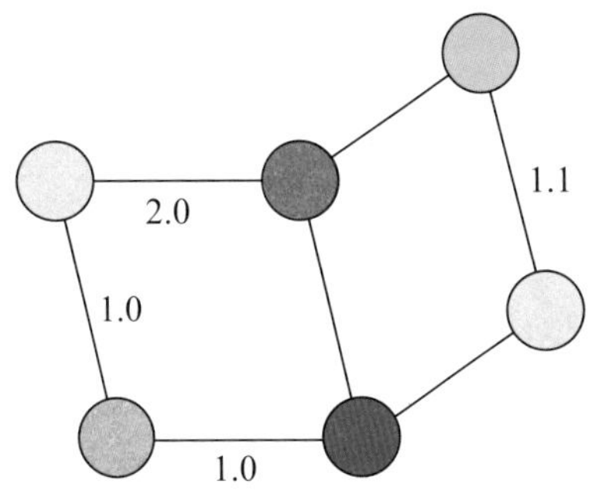

图1-10 具有彩色节点及节点连线权重的拓扑图

与拓扑图的其他文件描述格式不同，GraphML并没有使用自定义语法，它完全基于XML，因此非常适合于生成各种服务。

图1-10是一个具有彩色节点及节点连线（弧）权重的拓扑图。

与这个拓扑图对应的GraphML代码如下：

```
<?xml version="1.0" encoding="UTF-8"?>
<graphml xmlns="http://graphml.graphdrawing.org/xmlns"
      xmlns:xsi="http://www.w3.org/2001/XMLSchema-instance"
      xsi:schemaLocation="http://graphml.graphdrawing.org/xmlns
        http://graphml.graphdrawing.org/xmlns/1.0/graphml.xsd">
  <key id="d0" for="node" attr.name="color" attr.type="string">
    <default>yellow</default>
  </key>
  <key id="d1" for="edge" attr.name="weight" attr.type="double"/>
  <graph id="G" edgedefault="undirected">
    <node id="n0">
      <data key="d0">green</data>
    </node>
    <node id="n1"/>
    <node id="n2">
      <data key="d0">blue</data>
    </node>
    <node id="n3">
      <data key="d0">red</data>
    </node>
    <node id="n4"/>
    <node id="n5">
      <data key="d0">turquoise</data>
    </node>
```

```
    <edge id="e0" source="n0" target="n2">
      <data key="d1">1.0</data>
    </edge>
    <edge id="e1" source="n0" target="n1">
      <data key="d1">1.0</data>
    </edge>
    <edge id="e2" source="n1" target="n3">
      <data key="d1">2.0</data>
    </edge>
    <edge id="e3" source="n3" target="n2"/>
    <edge id="e4" source="n2" target="n4"/>
    <edge id="e5" source="n3" target="n5"/>
    <edge id="e6" source="n5" target="n4">
      <data key="d1">1.1</data>
    </edge>
  </graph>
</graphml>
```

GraphML可以和前面讲过的SVG结合使用。

7）PMML

PMML（Predictive Model Markup Language），预测模型标记语言，它是数据挖掘、机器学习领域非常重要的开放性互联标准语言，也是本书的主要介绍对象，从第二章开始我们将对PMML做具体讲解。

XML的内容非常丰富，体系非常庞大，为了给后面的PMML学习做必要铺垫，这里只选取与PMML密切相关的部分进行介绍。

学习XML最好的方法是从XML实例文档认识开始，先对XML有一个整体直观的印象，初步对什么是一个格式良好的XML文档做到心中有数。因此这里我们结合XML实例文档介绍一般XML文档的结构、组成元素以及XML Schema。

1.2 XML文档结构

图1-11所示是一个名称为mybook.xml的实例文档，虽然简单，但基本包含了一个XML文档应当包含的各个组成部分。

图1-11 XML实例文档

一个XML文档包含head（头部）和body（正文）两部分，这点类似于HTML的head和body。

1.2.1 XML文档头部

XML文档头部（head）描述了XML解析器及其他处理程序可以使用的信息，指明了XML文档的处理方式，一般由两部分组成：

- XML处理指令（PI，Processing Instruction）；
- 文档类型声明（DTD声明）。

1.2.1.1 XML处理指令

XML处理指令可以向处理此XML文档的应用程序（如XML解析器）提供特定的信息，应用程序据此采取相应的方式来处理XML文档。注意，处理指令并不是XML文档字符数据的一部分。XML处理指令的语法格式如下：

```
<?piName [piData] ?>
```

其语法含义见表1-3。

表1-3 XML处理指令语法含义

组成部分	是否必选	含义
<?	必选	XML处理指令的开始标识
piName	必选	指定应用程序处理指令的名称。必须紧随指令开始标识“<?”，两者之间不能有任何空白字符
piData	可选	按照piName指令指示应用程序如何处理XML文档
?>	必选	处理指令的结束标识

按照W3C的规范要求，XML文档应以一个XML声明开始，XML声明就是一个XML处理指令，它指明XML规范的版本、字符编码等信息。XML声明相当于告诉应用程序：这个XML文档是按照XML的规范标准对数据进行标记的。XML声明语法格式如下：

```
<?xml version="1.0" encoding="UTF-8" standalone="yes" ?>
```

其中：

- xml是处理指令名称，表示这是一个XML文档声明；version、encoding、standalone是XML文档声明的三个属性；
- 属性version指定XML文档所使用的XML规范的版本号，这是一个必选属性，并且必须在三个属性中排在第一位；
- 属性encoding指定XML文档数据的编码方式，这是一个可选属性，如果没有提供，则默认编码方式是UTF-8。其他可选编码方式包括UTF-16、ISO-8859-1、ISO-8859-2、GB2312、BIG5等；
- 属性standalone表示这个XML文档是否和一个独立的标记声明文件即DTD（Document Type Definition）文件一起使用，这是一个可选属性。设定值只有两个：“yes”和“no”，如果设置为“yes”，表明此XML文档是独立的，不需要DTD文件；如果设置为“no”，表明此XML文档可能需要一个DTD文件来做标记（注意：实际上也有可能没有DTD文件）。默认值为“no”。由于目前DTD基本被XML Schema替代，所以这个属性一般会省略。

特别要注意的是：XML声明必须出现在XML文档的第一行第一列，也就是说，前面不能有空行，也不能有空列（空格）。

另外一个常用的XML处理指令是指定此XML文档所使用的样式表，语法格式如下：

```
<?xml-stylesheet type="type" href="uri" title="stylesheetname" ?>
```

其中：

- xml-stylesheet是处理指令名称，表示这是一个XML文档所使用的样式表；type、href、title是这个指令的三个属性；

● 属性type指明样式表的类型，这是一个必选项。如果设置为“text/css”，表示链接到层叠样式表文件；如果设置为“text/xsl”，则表示链接到XSLT文件；

● 属性href指定样式表的统一资源标识符（URI），这是一个必选项，此URI可以指定网络中的某个具体位置，也可以指定相对于XML文档本身的某个位置；

● 属性title给该样式表指定一个名称，这是一个可选项。

下面也是一个XML处理指令：

```
<?welcome welcome to China! ?>
```

XML处理指令PI还有很多，这里不赘述了。

1.2.1.2 文档类型声明

前面讲过，DTD（Document Type Definition）和XML Schema都用来定义XML文档中的元素清单（标记）、属性、实体及其相互关系，以保证文档的有效性。虽然XML Schema在逐步取代DTD，但是由于DTD出现的时间比较早，在一些特定场景或需要简单的类型声明的场合，DTD方式仍在使用，因此这里简要介绍一下。

如果使用DTD，需要在XML文档头部声明要使用的DTD规则或DTD文件。DTD声明的方式有两种：内部DTD声明和外部DTD声明。

1）内部DTD声明

采用内部DTD声明方式时，开发者在XML文档内部定义元素清单（标记）、属性、实体及其相互关系，适用范围仅限于本XML文档，这种方式的优点是无需参考外部DTD文件即可验证文档的有效性。采用这种声明方式，需要在XML声明指令中将属性standalone设置为“yes”。内部DTD声明位于XML处理指令之后，使用<!DOCTYPE ... >标记，语法格式如下：

```
<?xml version="1.0" standalone="yes"?>
<!DOCTYPE root_element [
....
....
]>
```

下面举一个内部DTD声明的例子，在这个XML实例文档中，定义了根元素employee及其属性id，还定义了三个二级元素（子元素）及其属性，这三个子元素分别是name、designation和email。代码如下：

```
<?xml version="1.0" encoding="utf-8" standalone="yes"?>
<!DOCTYPE employee [
  <!ELEMENT employee (name, designation, email)>
```

```
4.    <!ATTLIST employee id CDATA  #REQUIRED>
5.    <!ELEMENT name (#PCDATA)>
6.    <!ELEMENT designation (#PCDATA)>
7.    <!ATTLIST designation discipline CDATA  #IMPLIED>
8.    <!ELEMENT email (#PCDATA)>
9.  ]>
10.
11. <employee id="1">
12.     <name>Jack Shen</name>
13.      <designation discipline="Web developer">Senior Engineer</
designation>
14.     <email>email@myemail.com</email>
15. </employee>
```

2）外部DTD声明

采用外部DTD声明方式时，开发者把文档元素清单（标记）、属性、实体及其相互关系定义编写为一个独立的DTD文件（以.dtd为扩展名），然后在XML文档中通过链接的方式引用它。采用这种声明方式的优势是一个dtd文件可以被多个XML文档引用，但是要注意对这个DTD文件所做的任何修改都会影响所有引用它的XML文档。采用外部DTD声明方式时，需要在XML声明指令中将属性standalone设置为“no”。例如我们可以把上面那个例子中的DTD声明部分，即第2行到第9行的内容单独摘出来，保存为独立的DTD文件external.dtd，即可采用外部DTD声明方式引用这个文件。

外部DTD声明分为两种类型：

- 私有DTD声明：只为某个组织内部用户使用的DTD声明；
- 公有DTD声明：可以为任何用户使用的DTD声明。

私有DTD声明的语法格式如下：

```
<!DOCTYPE root_element SYSTEM "dtd_file_location">
```

其中：

- root_element　表示根元素；
- SYSTEM　表示此XML文档使用私有DTD声明；
- dtd_file_location　指定DTD文件的位置，既可以采用相对路径，也可采用绝对路径表示。

还是上面那个例子，下面采用私有DTD声明编写代码，注意在XML声明（第1行）中standalone属性已经设置为“no”。

```
1. <?xml version="1.0" encoding="utf-8" standalone="no"?>
2. <!DOCTYPE employee SYSTEM "external.dtd">
3. <employee id="1">
4.     <name>Opal Kole</name>
5.     <designation discipline="Web developer">Senior Engineer</designation>
6.     <email>email@myemail.com</email>
7. </employee>
```

公有DTD声明的语法格式如下：

```
<!DOCTYPE root_element PUBLIC "dtd_name" "dtd_file_location">
```

其中：

- root_element　表示根元素；
- PUBLIC　表示此XML文档采用公有DTD声明；
- dtd_file_location　指定DTD文件的位置，一般为统一资源标识符（URI）；
- dtd_name　表示DTD的名称。DTD名称需要遵从以下规则：

prefix//owner//description//language_identifier，各参数意义如下：

- prefix　表示前缀可取值范围，有3种：
  - ISO　表示本DTD是ISO标准；
  - +　表示本DTD不是ISO标准，但经过了owner批准；
  - -　表示本DTD不是ISO标准，尚未经过owner批准。
- owner　表示编写和维护本DTD的个人或组织；
- description　表示对本DTD的描述；
- language_identifier　此DTD的语言标志，如EN表示英语，ZH表示中文。

XML文档会首先根据dtd_name搜索DTD文件，如果没有找到，会继续按照dtd_file_location查找公共DTD文件。

例如下面是一个采用公有DTD声明的XHTML文档：

```
<!DOCTYPE html PUBLIC "-//W3C//DTD XHTML 1.0 Transitional//EN" "http://www.w3.org/TR/xhtml1/DTD/xhtml1-transitional.dtd">
<html xmlns="http://www.w3.org/1999/xhtml">
  <head>
```

```
    ...
  </head>
  <body>
    ...
    ...
  </body>
</html>
```

如果开发者使用XML Schema，建议在XML声明后添加文档类型声明语句：

```
<!DOCTYPE root_element >
```

其中root_element是XML文档的根元素，例如图1-11所示的XML实例文档中添加了这个声明语句。如果不添加这个文档类型声明，虽然不会影响正常使用，但是在某些编辑器（如Eclipse中）中会出现“No grammar constraints detected for the document”的警告。

关于XML Schema我们将在本章后面专门介绍。

1.2.2 XML文档正文

正文是XML文档的主体部分，由已经在DTD或XML Schema中定义的元素及其属性、字符数据等组成，用来描述XML文档的实际内容。

1.2.2.1 元素

元素（element）是描述XML文档内容的基本单元，由一个开始标记（start tag）、一个结束标记（end tag）以及两个标记之间的内容组成。

元素的语法规则如下：

```
<element-name attribute1 attribute2>
…content…
</element-name>
```

其中：

- element-name 表示一个元素的名称，由XML文档设计者定义；
- <element-name …> 是开始标记，标志着一个元素的开始，其中的attribute1、attribute2表示已经定义过的元素属性（详见下一小节）；
- </element-name> 是结束标记，标志着一个元素的结束；
- 开始标记和结束标记之间是元素的内容，可以包含具体的文本内容，也可以包含其他元素（作为子元素）。

下面是一个元素的例子：

```
<publisher>化学工业出版社</publisher>
```

一个XML实例文档必须有且仅有一个根元素，其子元素可继续包含子元素，形成一个XML元素树。例如图1-12所示XML文档树与图1-11中的XML实例文档相对应。

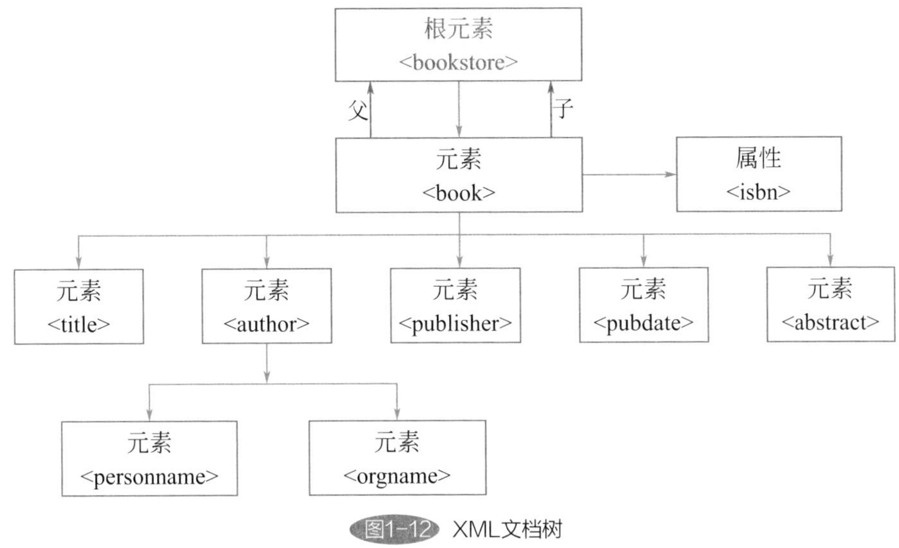

图1-12 XML文档树

一个元素的内容可以包含：

- 文本数据，可以为空，即空元素（empty element）；
- 属性；
- 子元素。

请注意，空元素只是内容为空，它却可以有自己的属性。对于空元素，既可以使用正规的开始标记和结束标记来表达，也可以采用“自结束”标记来表达，下面例子中，空元素orgname展示了这两种方式：

```
<author>
   <personname>OWen</personname>
   <orgname></orgname>  <!—正规结束 -->
</author>

或者

<author>
   <personname>OWen</personname>
```

```
<orgname /> <!-- 自结束标记 -->
</author>
```

元素的使用可以嵌套，但不允许相互重叠，如：

```
<!-- 这样是不允许的 -->
<personname><orgname>OWen</personname>数据界</orgname>

<!-- 必须是这样的 -->
<personname>OWen</personname><orgname>数据界</orgname>
```

XML元素的命名必须遵守元素命名规则，另外为了使文档清晰明了，便于用户阅读和使用，这里给出了一些元素命名建议和风格。

1）元素命名规则

➢ 元素名称是大小写敏感的。
➢ 元素名称必须以字母或下划线“_”开始。
➢ 元素名称不能以xml(或Xml/XML/XmL等，任何字母无论大写还是小写）开始。
➢ 元素名称中可以包含字母、数字、连字符“-”、下划线“_”、英文句号“.”。
➢ 元素名称中不能包含空格、冒号“:”。

2）元素命名建议

➢ 在元素命名时，尽量采用简短的名称，如建议使用<book_title>，而不使用<the_title_of_the_book>。
➢ 连字符“-”、英文句号“.”也尽量不要使用。
➢ 提倡使用英文字符，尽量不要使用其他语种的字符，以免文档处理程序不支持。

3）元素命名风格

XML规范并没有明确定义元素名称的命名风格，但一般采用表1-4中所列的五种风格。

表1-4　XML元素命名风格

风格	例子	说明
小写方式	<firstname>	所有字符都小写
大写方式	<FIRSTNAME>	所有字符都大写
下划线方式	<first_name>	以下划线分隔单词
帕斯卡（Pascal）方式	<FirstName>	每个单词的首字母大写，又称大驼峰方式
驼峰式（Camel）方式	<firstName>	除第一个单词外，其余每个单词的首字母大写，又称小驼峰方式

在实际开发中，不管采用何种风格，在一个文档中最好始终采用一种。另外，如果一个XML实例文档具有对应的数据库，通常采用相应数据库的命名风格来表示XML元素，因为一般XML的文档元素都可以对应到数据库表中的字段。

1.2.2.2 元素属性

属性是与某个元素相关的数据，是对元素的进一步描述和说明，如下面例子中isbn为元素book的一个属性；属性的值必须以成对单引号或双引号括起来。

```
<book isbn="978-7-111-22222-3">
```

一个元素可以有多个属性，各属性之间使用空格分开。如果属性值中包含了<、>、&、”、’等特殊字符，需要使用实体引用来表示，具体请看下一小节。

1.2.2.3 文本数据

文本数据是出现在元素开始标记和结束标记之间的任何合法的UNICODE字符。但是文本数据不能包含<、>、&、″、′这几个特殊字符，因为它们有特殊含义。其中<、>表示标记的开始和结束，”、’用于包含属性值，&用来转义前面这几个特殊字符。如果的确需要在文本数据中包含这几个字符，则需要用到XML提供的实体引用功能。表1-5是XML规范预定义的实体及引用方式，本节后面我们会专门讲解实体及其引用。

表1-5 XML规范预定义的实体及引用方式

字符实体	实体引用
>	>
<	<
&	&
″	"
′	'

1.2.2.4 CDATA

通常情况下，XML解析器会解析XML文档中所有文本内容，所有的元素，无论是父元素还是子元素，都是需要处理的；某些特殊情况下，如XML文档包含了一段Java代码，如果不希望XML解析器对这一段代码进行解析，而是原样输出，则要使用CDATA标签。

CDATA（Character Data）代表一段不需要被XML解析器解析的文本。通过标记CDATA标签，可通知解析器这段文本需要当作正常的文本来处理；这样XML预定义实体就可以直接输入，无需采用实体引用的方式，显然，这在一个文档包含了许多>、<、&等字符（如一个XML文档包含了一段C++、Java等源代码的情况）时是非常方便的。

CDATA的语法格式如下：

```
<![CDATA[
    characters section
]]>
```

其中：

- <![CDATA[　表示CDATA段的开始；
-]]>　表示CDATA段的结束；
- characters section　代表CDATA段中的文本，文本段中可以包括“>”“<”“&”等字符，它们不会被当作特殊字符对待。

如下面的例子：

```
1. <![CDATA[
2.    <message> Welcome to XML World! </message>
3.    XML文档通过标签（以<开始，以>结束），组织内容单元（元素）。
4.    XML解析器把XML文档看作是一个元素树。
5. ]]>
```

第2行的文本会被当作正常文本来对待，其中的“<message>”并不被当作一个XML标记；第3行的内容中虽然包含了“<”“>”字符，但也不会被认为是标签的开始和结束。也就是说，从第2行到第4行，所有的内容都被当作一般的文本内容来对待。

有一点需要特别注意：CDATA文档段中不能出现“]]>”，因为这是CDATA的结束标记。也正因为如此，CDATA也不支持嵌套。

1.2.2.5　实体和实体引用

XML中的实体用于引用特殊字符或其他普通文本的占位符，每一个实体都有一个实体名称；开发者可以通过实体引用输入任何字符，包括那些无法通过键盘输入的字符。前面讲过的“<”“>”“&”“"”“'”几个特殊字符也是需要通过实体引用来输入的。实体引用由三部分构成：

- 一个引用符号“&”，标记实体引用的开始；
- 一个实体名称；
- 一个分号，标记实体引用的结束。

例如若想输入符号“>”，则需输入“>”，其中“gt”为符号“>”的实体名称。

除了预定义的实体，开发者还可以在DTD中自定义新的实体，然后在XML文档的其他地方通过上述方式进行引用，这样可以很方便地代替大段文本的重复输入。

1.2.2.6　注释

XML文档中的注释是为了更好地编辑文档所做的说明，XML文档处理程序会忽略它们。注释中可包括相关链接、信息和术语等。

注释的语法格式如下：

```
<!-- comment -->
```

可以看出，注释以“<!--”开始，以“-->”结束，中间的文本数据comment就是注释的内容，这与HTML中注释的方法完全一致。请参考下面的片段：

```
<?xml version = "1.0" encoding = "UTF-8" ?>
<!DOCTYPE student_info >
<!-- Students info. -->
<student_info>
    <student>
        <name>OWen</name>
        <!-- 所在年级 -->
        <grade>初一</grade>
    </student>
</student_info>
```

XML注释的使用要遵循以下规则：

➢ 注释不能出现在XML声明之前，XML声明永远出现在文档的第1行，第1列；
➢ 注释不能出现在属性值中；
➢ 注释中不能嵌套其他注释；
➢ 注释内容中不能包含连续两个及两个以上的连字符“-”，以免与注释结束标记“-->”相混淆。

1.3 XML Schema

前面对XML Schema做过简要叙述，它的具体作用主要包括以下几方面：

◆ 定义可以出现在XML实例文档中的元素；
◆ 定义可以出现在XML实例文档中的元素属性；
◆ 定义父元素和子元素的父子关系；
◆ 定义XML实例文档中元素出现的顺序；
◆ 定义XML实例文档中元素出现的次数；
◆ 定义一个元素内容是否可以为空；
◆ 定义元素及其属性的数据类型；
◆ 定义元素及其属性的默认值和固定值。

XML Schema使用XML语言规范对DTD进行了重新定义，具有DTD不可比拟的优势，具体包括以下几点。

1）规范性

XML Schema文档本身就是一个形式良好的XML文档，完美继承了XML的各种特性，所以更规范，它利用元素的类型和属性来定义XML文档的整体结构，确定出现在文档中的元素、元素之间的关系、元素出现的顺序和次数等，逻辑非常清晰明了。

2）扩展性

与DTD只支持少量的数据类型不同，XML Schema支持很多数据类型，除了丰富的内置数据类型，还支持通过正则表达式自定义数据类型。

3）易用性

几乎所有的XML解析器都实现了SAX（Simple API for XML）和DOM（Document Object Model）两个最重要的XML解析接口，这两个接口没有对DTD提供支持，却对XML Schema提供了完整的支持，使得XML Schema更容易使用。

4）一致性

由于XML Schema本身就是XML的一种应用，所以它的结构框架与一般的XML文档完全相同，使得XML文档从里到外达到了完美统一；XML Schema文档可以用XML编辑工具编辑，用XML解析器解析，被XML应用系统使用。

下面介绍下如何根据XML Schema规范编写实用的XML Schema文档，这是理解和掌握PMML标准的必要基础。

1.3.1 XML Schema文档结构

XML Schema文档是根据XML Schema规范编写的XML文档，XML Schema规范属于W3C标准，由三部分组成。第一部分是《XML Schema Part 0: Primer》，对XML Schema规范做了整体介绍，通俗易懂地介绍了如何使用XML Schema语言快速创建一个实用的XML Schema文档，网址为：https://www.w3.org/TR/xmlschema-0/；第二部分是《XML Schema Part 1: Structures》，阐述了XML Schema文档的结构描述和内容约束规则，包含利用命名空间的工具，网址为：https://www.w3.org/TR/xmlschema-1/；第三部分是《XML Schema Part 2: Datatypes》，阐述了XML Schema中使用的数据类型及其他工具，网址为：https://www.w3.org/TR/xmlschema-2/。

符合某个XML Schema文档定义的XML文档称为XML实例文档。XML Schema文档和XML实例文档不一定必须以文件的形式存在，它们也可以是应用程序之间相互传递的字节流、数据库表中的某个字段、XML信息条目的集合等。

下面是一个XML实例文档po.xml，描述的是一个家居产品订购和计费应用程序生成的采购订单（purchase order）。

```
<?xml version="1.0"?>
<!DOCTYPE purchaseOrder>
<purchaseOrder orderDate="1999-10-20">
  <shipTo country="US">
    <name>Alice Smith</name>
    <street>123 Maple Street</street>
    <city>Mill Valley</city>
    <state>CA</state>
    <zip>90952</zip>
  </shipTo>
  <billTo country="US">
    <name>Robert Smith</name>
    <street>8 Oak Avenue</street>
    <city>Old Town</city>
    <state>PA</state>
    <zip>95819</zip>
  </billTo>
  <comment>Hurry, my lawn is going wild!</comment>
  <items>
    <item partNum="872-AA">
      <productName>Lawnmower</productName>
      <quantity>1</quantity>
      <USPrice>148.95</USPrice>
      <comment>Confirm this is electric</comment>
    </item>
    <item partNum="926-AA">
      <productName>Baby Monitor</productName>
      <quantity>1</quantity>
      <USPrice>39.98</USPrice>
      <shipDate>1999-05-21</shipDate>
    </item>
  </items>
</purchaseOrder>
```

这个采购订单包含一个根元素purchaseOrder及其子元素shipTo、billTo、comment、items，这些子元素除comment外都包含了各自的子元素。在XML规范中，把包含子元素或具有属性的元素称为复杂数据类型元素（xsd:complexType），把只包含数据内容（数值、字符串或时间等）的元素称为简单数据类型元素（xsd:simpleType）。

在上面这个XML实例文档中，复杂数据类型及部分简单数据类型是在对应的XML Schema文档中定义的，其他简单数据类型则是XML Schema的内置数据类型。一个XML实例文档不一定必须显式引用XML Schema文档，例如本实例文档中就没有显式引用采购订单的XML Schema文档，但这是以假定XML文档处理器无需相关信息就可以获取采购订单的XML Schema文档为前提的，本实例为了简单起见没有提及，后面我们再介绍XML实例文档和XML Schema文档的显式关联机制。下面是采购订单的XML Schema文档（文件名为po.xsd），注意XML Schema文档总是以.xsd为扩展名。

```
<?xml version="1.0" encoding="UTF-8"?>
<xsd:schema xmlns:xsd="http://www.w3.org/2001/XMLSchema">

  <xsd:annotation>
    <xsd:documentation xml:lang="en">
      Purchase order schema for Example.com.
      Copyright 2000 Example.com. All rights reserved.
    </xsd:documentation>
  </xsd:annotation>

  <xsd:element name="purchaseOrder" type="PurchaseOrderType" />

  <xsd:element name="comment" type="xsd:string" />

  <xsd:complexType name="PurchaseOrderType">
    <xsd:sequence>
      <xsd:element name="shipTo" type="USAddress" />
      <xsd:element name="billTo" type="USAddress" />
      <xsd:element ref="comment" minOccurs="0" />
      <xsd:element name="items" type="Items" />
    </xsd:sequence>
    <xsd:attribute name="orderDate" type="xsd:date" />
  </xsd:complexType>

```

```
<xsd:complexType name="USAddress">
  <xsd:sequence>
    <xsd:element name="name" type="xsd:string" />
    <xsd:element name="street" type="xsd:string" />
    <xsd:element name="city" type="xsd:string" />
    <xsd:element name="state" type="xsd:string" />
    <xsd:element name="zip" type="xsd:decimal" />
  </xsd:sequence>
  <xsd:attribute name="country" type="xsd:NMTOKEN" fixed="US" />
</xsd:complexType>

<xsd:complexType name="Items">
  <xsd:sequence>
    <xsd:element name="item" minOccurs="0" maxOccurs="unbounded">
      <xsd:complexType>
        <xsd:sequence>
          <xsd:element name="productName" type="xsd:string" />
          <xsd:element name="quantity">
            <xsd:simpleType>
              <xsd:restriction base="xsd:positiveInteger">
                <xsd:maxExclusive value="100" />
              </xsd:restriction>
            </xsd:simpleType>
          </xsd:element>
          <xsd:element name="USPrice" type="xsd:decimal" />
          <xsd:element ref="comment" minOccurs="0" />
          <xsd:element name="shipDate" type="xsd:date" minOccurs="0"/>
        </xsd:sequence>
        <xsd:attribute name="partNum" type="SKU" use="required" />
      </xsd:complexType>
    </xsd:element>
  </xsd:sequence>
```

```
57.   </xsd:complexType>
58.
59.   <!-- SKU(Stock Keeping Unit), 一种辨识产品的代码 -->
60.   <xsd:simpleType name="SKU">
61.     <xsd:restriction base="xsd:string">
62.       <xsd:pattern value="\d{3}-[A-Z]{2}" />
63.     </xsd:restriction>
64.   </xsd:simpleType>
65.
66. </xsd:schema>
```

这个采购订单的Schema文档po.xsd也是一个XML文档，符合前面讲的XML文档结构规范，如第1行是XML文档的声明指令。

这个采购订单的XML Schema文档由根元素xsd:schema及其一系列子元素组成，子元素大部分都是element、complexType和simpleType，它们决定了元素在XML实例文档中的外观和数据内容。

在这个XML Schema文档中，每个元素都有一个命名空间前缀“xsd:”，这个前缀来自根元素xsd:schema（注意：所有XML Schema文档的根元素必须是schema或xsd:schema）中的声明“xmlns:xsd=http://www.w3.org/2001/XMLSchema”，这个声明关联了一个XML Schema命名空间；XML Schema命名空间前缀可以用任何字符表示，但一般都约定俗成地用“xsd:”或者“xs:”，命名空间前缀也可以出现在内置简单数据类型之前，如xsd:string，这种关联的目的是将元素和数据类型标识为属于XML Schema语言的词汇表，而不是这个XML Schema文档本身的词汇表。命名空间的内容我们会在本章后面详细讲述。为了简单明了，前缀可以省略，而只用元素或简单类型的名称表示。

图1-13展示了XML Schema的内置数据类型体系，其中复杂数据类型都是自定义的数据类型。

1.3.2 XML Schema数据类型

1.3.2.1 简单数据类型

在上面采购订单的XML Schema文档中声明了几个简单数据类型的元素和属性（注意：属性值只能是简单数据类型），string、decimal等属于XML Schema内置简单数据类型，SKU类型派生于string类型，是派生简单数据类型，partNum属性值是SKU（Stock Keeping Unit）类型。无论是内置的还是派生的简单数据类型，都可以用于元素和属性的声明中。

内置数据类型体系

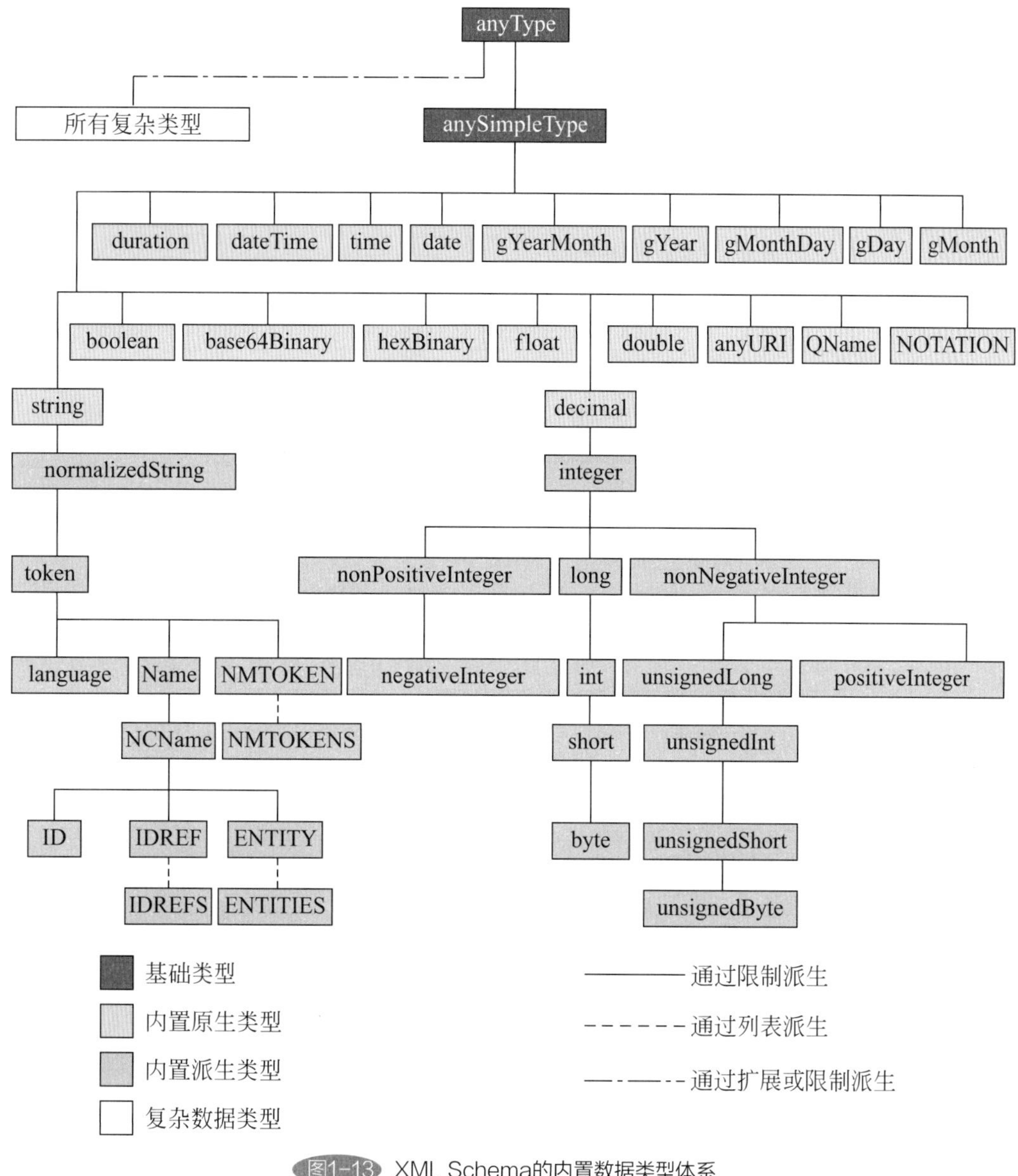

图1-13 XML Schema的内置数据类型体系

1）内置简单数据类型

表1-6列出了XML Schema内置简单数据类型。在XML Schema中，空白字符（WhiteSpace）包括回车符［\r或ch（13）］、换行符［\n或ch（10）］、制表符（\t）以及空格（' '）四种字符。

表1-6 XML Schema内置简单数据类型

类型名称	描述	样例（以逗号分隔）	备注
string	字符串，表示有限长度的字符序列	Confirm this is electric	
normalizedString	（空格）规范化字符串，派生于string	Confirm this is electric	见备注（3）
token	令牌（标记字符串），派生于normalizedString	Confirm this is electric	见备注（4）
base64Binary	Base64编码的二进制数据	GpM7	
hexBinary	16进制编码的二进制数	0FB7	
integer	整型数，派生自decimal	...−1, 0, 1, ...	见备注（2）
positiveInteger	正整数，派生自nonNegativeInteger	1, 2, ...	见备注（2）
negativeInteger	负整数，派生自nonPositiveInteger	... −2, −1	见备注（2）
nonNegativeInteger	非负整数，派生自integer	0, 1, 2, ...	见备注（2）
nonPositiveInteger	非正整数，派生自integer	... −2, −1, 0	见备注（2）
long	64位整数（有正负），派生自integer	−9223372036854775808, ... −1, 0, 1, ... 9223372036854775807	见备注（2）
unsignedLong	无正负的64位整数，派生自nonNegativeInteger	0, 1, ... 18446744073709551615	见备注（2）
int	32位整数（有正负），派生自long	−2147483648, ... −1, 0, 1, ... 2147483647	见备注（2）
unsignedInt	无正负的32位整数，派生自unsignedLong	0, 1, ...4294967295	见备注（2）
short	有正负的16位整数，派生自int	−32768, ... −1, 0, 1, ... 32767	见备注（2）
unsignedShort	无正负的16位整数，派生自unsignedInt	0, 1, ... 65535	见备注（2）
byte	有正负的8位整数，派生自short	−128, ...−1, 0, 1, ... 127	见备注（2）
unsignedByte	无正负的8位整数，派生自unsignedShort	0, 1, ... 255	见备注（2）
decimal	十进制数。实数的一个子集。	−1.23, 0, 123.4, 1000.00	见备注（2）
float	单精度32位浮点类型	−INF, −1E4, −0, 0, 12.78E−2, 12, INF, NaN	见备注（2）
double	双精度64位浮点类型	−INF, −1E4, −0, 0, 12.78E−2, 12, INF, NaN	见备注（2）
boolean	布尔类型	true, false, 1, 0	
duration	时间段（持续时间）类型	P1Y2M3DT10H30M12.3S（1年2个月3天10个小时30分钟12.3秒）	
dateTime	日期时间类型	1999−05−31T 13:20:00.000−05:00	见备注（2）
date	日期类型	1999−05−31	见备注（2）

续表

类型名称	描述	样例（以逗号分隔）	备注
time	时间类型	13:20:00.000, 13:20:00.000−05:00	见备注（2）
gYear	年	1999	见备注（2）、（5）
gYearMonth	年月	1999−02	见备注（2）、（5）
gMonth	月	--05（每个5月）	见备注（2）、（5）
gMonthDay	月日	--05−31（每个5月31日）	见备注（2）、（5）
gDay	日	---31（每个31日）	见备注（2）、（5）
Name	名称类型，用于元素名称命名。派生于token	shipTo	
QName	限定名称类型（Qualified Name），用于元素名称命名	po:USAddress	
NCName	XML无冒号名称。派生于Name	USAddress	
anyURI	统一资源标识符	http://www.example.com/ http://www.example.com/doc.html#ID5	
language	语言标识符（用于xml:lang），派生于token	en-GB, en-US, fr, zh-cmn, zh-cmn-Hans	
ID	元素的唯一标识符，派生于NC-Name		见备注（1）
IDREF	ID引用，派生于NCName		见备注（1）
IDREFS	多个以空白字符分隔的IDREF		见备注（1）
ENTITY	实体名称，派生于NCName		见备注（1）
ENTITIES	多个以空白字符分隔的ENTITY，派生于ENTITY		见备注（1）
NOTATION	表示法		见备注（1）
NMTOKEN	表示名称Token，派生于token	US,Brésil	见备注（1）
NMTOKENS	多个以空白字符分隔的NMTO-KEN，派生于NMTOKEN	US UK, Brésil Canada Mexique	见备注（1）

注：

（1）为了保持XML Schema与XML 1.0 DTD之间的兼容性，简单数据类型ID、IDREF、IDREFS、ENTITY、ENTITIES、NOTATION、NMTOKEN、NMTOKENS应当只应用于属性中；

（2）这种类型针对一个值可有多种表达方式，如100和1.0E2都是浮点数的有效表达方式，都表示一百，而XML Schema语言规定了一种规范的标准格式；

（3）在XML Schema被处理之前，normalizedString类型的数据中的换行符、制表符（tab）和回车符统一转换为空格；

（4）除了normalizedString对空白字符的处理之外，数据中连续多个空格字符被转换为单个空格字符，并删除前导空格和尾随空格；

（5）前缀“g”表示公历（Gregorian calendar）中的时间段。

2）通过限制派生的简单数据类型

XML Schema 可以从现有简单数据类型中派生新的简单数据类型，现有简单数据类型既可以是 XML Schema 内置的简单数据类型，也可以是已经派生的简单数据类型。我们还可以对现有简单数据类型附加某些限制，派生出新的简单数据类型，新派生的数据类型的值域是现有数据类型值域的子集，具体步骤是：

（1）使用“xsd:simpleType”元素定义和命名新的数据类型；

（2）使用“xsd:restriction”元素指定现有简单类型（作为基类）；

（3）通过数据类型的不同侧面（facet）对值域进行限制。

后面我们会介绍不同数据类型可以使用哪些侧面（facet）。

例如我们创建一个新的整数类型，名称为 myInteger，其值域为 10000 ～ 99999，我们可以从内置简单数据类型 integer 派生，因为它的值域包含 10000 ～ 99999 这个范围。代码如下：

```
<xsd:simpleType name="myInteger">
  <xsd:restriction base="xsd:integer">
    <xsd:minInclusive value="10000"/>
    <xsd:maxInclusive value="99999"/>
  </xsd:restriction>
</xsd:simpleType>
```

这个例子通过对内置数据类型 integer 的两个侧面 minInclusive 和 maxInclusive 进行限制，派生了一个新的名称为 myInteger 的简单数据类型。

在前面的采购订单 Schema 文档 po.xsd 中也定义了一个派生于 string 的简单数据类型 SKU，在 string 类型的侧面 pattern 中通过正则表达式来限制 SKU 的值域：“\d{3}-[A-Z]{2}”，表示 SKU 的取值模式必须用三个数字后紧随一个连字符，然后再紧跟着两个大写 ASCII 字母。代码如下：

```
<xsd:simpleType name="SKU">
  <xsd:restriction base="xsd:string">
    <xsd:pattern value="\d{3}-[A-Z]{2}"/>
  </xsd:restriction>
</xsd:simpleType>
```

XML Schema 的 pattern 侧面（facet）支持的正则表达式规则兼容 Perl 语言规范 PCRE（Perl Compatible Regular Expressions），并且 XML Schema 所用的正则表达式都支持 Unicode 字符，表 1-7 中列出了其常用的正则表达式。

表1-7 XML Schema常用的正则表达式

表达式	匹配内容
Chapter \d	Chapter 0, Chapter 1, Chapter 2 ....
Chapter\s\d	Chapter紧随一个空白字符（空格、制表符、新行等），然后再跟一个数字
Chapter\s\w	Chapter紧随一个空白字符（空格、制表符、新行等），然后再跟一个字符（字母或数字）
Española	Española
\p{Lu}	任何一个大写字符
\p{IsGreek}	任何希腊字符
\P{IsGreek}	任何非希腊字符
a*x	x, ax, aax, aaax ....
a?x	ax, x
a+x	ax, aax, aaax ....
（a|b）+x	ax, bx, aax, abx, bax, bbx, aaax, aabx, abax, abbx, baax, babx, bbax, bbbx, aaaax ....
[abcde]x	ax, bx, cx, dx, ex
[a-e]x	ax, bx, cx, dx, ex
[\-ae]x	-x, ax, ex
[ae\-]x	ax, ex, -x
[^0-9]x	任何一个非数字字符后紧跟一个x
\Dx	任何一个非数字字符后紧跟一个x
.x	任何一个字符后紧跟一个x
.*abc.*	1x2abc, abc1x2, z3456abchooray ....
ab{2}x	abbx
ab{2,4}x	abbx, abbbx, abbbbx
ab{2,}x	abbx, abbbx, abbbbx ....
（ab）{2}x	ababx

更详细的XML Schema正则表达式相关知识可参考以下资料：

https://www.w3.org/TR/2004/REC-xmlschema-2-20041028/datatypes.html#regexs

XML Schema中共定义了十二个不同的数据类型侧面（facet）。通过一个或多个侧面可以限制每个简单数据类型的合法取值范围。表1-8列出了XML Schema内置简单数据类型及其侧面（facet），表1-9列出了XML Schema的可排序内置简单数据类型及其侧面（facet）。

在表 1-8 和表 1-9 中，单元格中的 “y” 代表这个侧面适合某个简单数据类型；空的单元格表示这个侧面不适用于某个数据类型。

表1-8 XML Schema内置简单数据类型及其侧面（facet）

简单数据类型	侧面（facet）					
	length	minLength	maxLength	pattern	enumeration	whiteSpace
string	y	y	y	y	y	y
normalizedString	y	y	y	y	y	y
token	y	y	y	y	y	见注
base64Binary	y	y	y	y	y	见注
hexBinary	y	y	y	y	y	见注
integer				y	y	见注
positiveInteger				y	y	见注
negativeInteger				y	y	见注
nonNegativeInteger				y	y	见注
nonPositiveInteger				y	y	见注
long				y	y	见注
unsignedLong				y	y	见注
int				y	y	见注
unsignedInt				y	y	见注
short				y	y	见注
unsignedShort				y	y	见注
byte				y	y	见注
unsignedByte				y	y	见注
decimal				y	y	见注
float				y	y	见注
double				y	y	见注
boolean				y		见注
duration				y	y	见注
dateTime				y	y	见注
date				y	y	见注
time				y	y	见注

续表

简单数据类型	侧面（facet）					
	length	minLength	maxLength	pattern	enumeration	whiteSpace
gYear				y	y	见注
gYearMonth				y	y	见注
gMonth				y	y	见注
gMonthDay				y	y	见注
gDay				y	y	见注
Name	y	y	y	y	y	见注
QName	y	y	y	y	y	见注
NCName	y	y	y	y	y	见注
anyURI	y	y	y	y	y	见注
language	y	y	y	y	y	见注
ID	y	y	y	y	y	见注
IDREF	y	y	y	y	y	见注
IDREFS	y	y	y	y	y	见注
ENTITY	y	y	y	y	y	见注
ENTITIES	y	y	y	y	y	见注
NOTATION	y	y	y	y	y	见注
NMTOKEN	y	y	y	y	y	见注
NMTOKENS	y	y	y	y	y	见注

注：虽然侧面whiteSpace可应用于这个类型，但是只能取一个值：collapse。

表1-9　XML Schema可排序内置简单数据类型及其侧面（facet）

简单数据类型	侧面（facet）					
	maxInclusive	maxExclusive	minInclusive	minExclusive	totalDigits	fractionDigits
integer	y	y	y	y	y	见注
positiveInteger	y	y	y	y	y	见注
negativeInteger	y	y	y	y	y	见注
nonNegativeInteger	y	y	y	y	y	见注
nonPositiveInteger	y	y	y	y	y	见注
long	y	y	y	y	y	见注

续表

简单数据类型	侧面（facet）					
	maxInclusive	maxExclusive	minInclusive	minExclusive	totalDigits	fractionDigits
unsignedLong	y	y	y	y	y	见注
int	y	y	y	y	y	见注
unsignedInt	y	y	y	y	y	见注
short	y	y	y	y	y	见注
unsignedShort	y	y	y	y	y	见注
byte	y	y	y	y	y	见注
unsignedByte	y	y	y	y	y	见注
decimal	y	y	y	y	y	y
float	y	y	y	y		
double	y	y	y	y		
duration	y	y	y	y		
dateTime	y	y	y	y		
date	y	y	y	y		
time	y	y	y	y		
gYear	y	y	y	y		
gYearMonth	y	y	y	y		
gMonth	y	y	y	y		
gMonthDay	y	y	y	y		
gDay	y	y	y	y		

注：虽然侧面fractionDigits可应用于这种类型，但是只能取唯一值：0。

枚举侧面enumeration有特别的用途，除了boolean类型外，它可以应用在其他任何简单数据类型上，以限制某个简单数据类型的取值范围，使其固定在一个没有重复值的集合内。例如，基于string数据类型，使用侧面enumeration派生一个名为USState的简单数据类型，其取值范围是美国各州的简称：

```
<xsd:simpleType name="USState">
  <xsd:restriction base="xsd:string">
    <xsd:enumeration value="AK"/>
    <xsd:enumeration value="AL"/>
```

```
    <xsd:enumeration value="AR"/>
    <!-- 等等 ... -->
  </xsd:restriction>
</xsd:simpleType>
```

数据类型USState定义后，就可以应用于前面采购订单Schema文档po.xsd中的元素state（原来为string）了。这样，元素billTo和shipTo的子元素state的取值只能是AK、AL、AR等中的一个。注意每个枚举取值必须是唯一的。

3）通过列表派生简单数据类型

XML Schema的内置简单数据类型还可以分为两类：原子型简单类型和列表型简单类型。原子型简单类型的取值是不可分割的，如一个NMTOKEN元素的值为“China”，这个值是不能再分割的，因为分割其中任何一个字符，比如“C”，是没有意义的，所以NMTOKEN属于原子型简单类型。列表型简单类型元素的取值是由原子型简单类型的序列组成的，所以其中任何一个分割的部分都是一个原子型数据，并且是有意义的，如NMTOKENS类型的元素取值可为“China US FR”，是以空格分开的国家名称序列，有三个原子型数据，其中任何一部分，如“China”，都是有意义的。

XML Schema中有三个内置的列表型简单数据类型：NMTOKENS、IDREFS和ENTITIES。

另外还可以基于原子型简单数据类型，通过列表元素xsd:list进行扩展，派生出新的数据类型，具体步骤是：

（1）使用“xsd:simpleType”元素定义和命名新的数据类型；

（2）使用“xsd:list”元素指定现有简单类型（作为基类）。现有简单类型既可以是内置的，也可以是派生的。

注意不能从已有的列表型数据类型或复杂数据类型中派生。

下面的例子基于“myInteger”简单数据类型派生了一个名为“listOfMyInt”的列表型简单数据类型：

```
<xsd:simpleType name="listOfMyInt">
  <xsd:list itemType="myInteger"/>
</xsd:simpleType>
```

在XML文档实例中，可以这样使用这个新派生的数据类型：

```
<listOfMyInt>20003 15037 95977 95945</listOfMyInt>
```

XML Schema定义的十二个侧面（facet）中，有五个可以应用在xsd:list上以派生新的类型，包括length、minLength、maxLength、pattern和enumeration。例如要定义一个包含美国6个州名的数据类型“SixUSStates”，方法如下。

首先基于“USState”（见上一小节）创建一个列表类型“USStateList”；然后通过限制“USStateList”只能包含6个子项，派生出符合要求的“SixUSStates”。代码如下：

```
<xsd:simpleType name="USStateList">
  <xsd:list itemType="USState"/>
</xsd:simpleType>

<xsd:simpleType name="SixUSStates">
  <xsd:restriction base="USStateList">
    <xsd:length value="6"/>
  </xsd:restriction>
</xsd:simpleType>
```

这样，在XML实例文档中，类型为“SixUSStates”的元素必须有6个子项，每个子项必须是枚举类型“USState”中的一个值。例如：

```
<sixStates>PA NY CA NY LA AK</sixStates>
```

其中**sixStates**是类型为SixUSStates的元素。

注意：虽然原则上可以基于原子类型string派生出新的列表类型，但是由于string类型内容中可以包含空白字符，而空白字符是列表类型内容中子项的分隔符，所以需要特别留意。

4）通过联合派生简单数据类型

通过联合（union）派生简单数据类型，可以使一个元素或属性的取值来自多个原子类型和列表类型的集合。通过union派生新的简单数据类型的具体步骤如下：

（1）使用“xsd:simpleType”元素定义和命名新的数据类型；

（2）使用“xsd:union”元素指定现有简单类型（作为基类）的集合。

假设我们创建了一个联合类型“zipUnion”，目的是使美国各州既可以用各州名称的字母缩写表示，也可用数字代码表示，“zipUnion”类型由一个原子类型和一个列表类型构建，派生代码如下：

```
<xsd:simpleType name ="zipUnion">
  <xsd:union memberTypes ="USState listOfMyInt"/>
</xsd:simpleType>
```

当我们定义一个联合类型时，其“memberTypes”属性值为各种类型的列表，不同数据类型以空格分开。联合数据类型“zipUnion”定义后，就可以在XML实例文档中使用了。假设我们在XML文档中定义了一个名为“zips”的元素，其类型为“zipUnion”，则有效使用方式如下：

```
<zips> CA </zips >
<zips> 95630 95977 95945 </zips >
<zips> AK </zips>
```

XML Schema定义的十二个侧面（facet）中，有两个可以应用在union派生定义中，它们是pattern和enumeration。

1.3.2.2 复杂数据类型

XML Schema 的复杂数据类型可以具有属性，其内容中可以包含子元素，而简单数据类型不具有属性，且其内容中不可以包含子元素。

1）复杂数据类型的创建

XML Schema使用xsd:complexType元素定义一个复杂数据类型，在定义中通常包含一组元素声明、元素引用和属性声明。注意：声明本身并不代表一个类型，而是一个元素名称和特定约束之间的关联，这些约束来自元素的类型定义。类型定义控制着元素的实例在XML文档中的外观。

在复杂数据类型的定义中，使用标记xsd:element声明子元素，使用标记xsd:attribute声明属性。例如下面的代码定义了一个复杂数据类型“USAddress”，它有五个子元素声明和一个属性声明：

```
<xsd:complexType name="USAddress" >
  <xsd:sequence>
    <xsd:element name="name"   type="xsd:string"/>
    <xsd:element name="street" type="xsd:string"/>
    <xsd:element name="city"   type="xsd:string"/>
    <xsd:element name="state"  type="xsd:string"/>
    <xsd:element name="zip"    type="xsd:decimal"/>
  </xsd:sequence>
  <xsd:attribute name="country" type="xsd:NMTOKEN" fixed="US"/>
</xsd:complexType>
```

一旦上面的这个定义应用于XML实例文档中，任何一个类型为USAddress的元素都可包含五个子元素和一个属性，这五个子元素的名称必须是name、street、city、state和zip，并且出现顺序也必须与声明时的顺序一致，因为这是一个由标记<xsd:sequence>创建的“顺序组”（意味着在实例文档中，元素项必须按照声明的先后顺序出现）。其中前面四个子元素的赋值类型为字符串，第五个的赋值类型是一个数值。类型为

USAddress的元素可以带有一个名称为country的属性，并且带有固定值“US”。

上面这个复杂数据类型USAddress的定义只涉及几个简单数据类型的声明：string、decimal和NMTOKEN，下面的PurchaseOrderType类型的定义要复杂一些，涉及其他复杂类型，如USAddress。注意无论是简单数据类型还是复杂数据类型，在子元素声明中使用同样的type属性。请看下面的代码：

```
<xsd:complexType name="PurchaseOrderType">
  <xsd:sequence>
    <xsd:element name="shipTo" type="USAddress"/>
    <xsd:element name="billTo" type="USAddress"/>
    <xsd:element ref="comment" minOccurs="0"/>
    <xsd:element name="items"  type="Items"/>
  </xsd:sequence>
  <xsd:attribute name="orderDate" type="xsd:date"/>
</xsd:complexType>
```

在这里定义PurchaseOrderType复杂数据类型时，所声明的子元素shipTo和billTo，的name属性值不同，但type属性值相同，都是USAddress，这样在XML实例文档中（如前面的po.xml），类型为PurchaseOrderType的元素必须包含shipTo和billTo子元素，每个子元素包含五个子元素（name、street、city、state和zip）。shipTo和billTo也可以具有country属性。

注意：对于属性声明，属性的类型（type）必须是简单数据类型，属性不能包含其他元素或其他属性。如在上面的USAddress、PurchaseOrderType类型定义中，它们的属性country和orderDate的类型都是简单数据类型。

前面我们在声明元素时，都是把一个元素名称和一个数据类型通过type进行关联，从而创建了一个新的元素。我们还可以使用一个已经存在的元素，而不是创建一个新元素，这样能够简化XML Schema的设计。例如：

```
<xsd:element ref="comment" minOccurs="0"/>
```

这个声明引用了已经存在的元素comment，意味着这个位置出现的元素可以在XML实例文档中出现，并且其值类型就是在XML Schema文档中的其他地方定义的comment元素的取值类型，这里是xsd:string。

通常属性ref引用的是一个全局元素（指在xsd:schema根元素下声明的，而不是在其他复杂数据类型定义中声明的，后面会专门讨论全局元素）。

2）元素和属性出现的规则

（1）minOccurs、maxOccurs及use。在上面的复杂数据类型PurchaseOrderType的定

义中，元素comment是可选的，因为其属性minOccurs的值为0；如果属性minOccurs值为1或更大，则它是必选的。

对于元素而言，一个元素出现的次数由它的两个属性决定：minOccurs和maxOccurs，属性maxOccurs决定一个元素出现的最大次数，其值可以为一个正整数，也可以为unbounded（表示没有最大出现次数的限制）；属性minOccurs决定了一个元素可能出现的最小次数（大于或等于0的正整数）。

注意：一个元素的minOccurs和maxOccurs属性的默认值均为1，如果只为属性minOccurs指定了值，则此值必须小于等于maxOccurs的默认值，即必须小于等于1（0或1）；如果只为属性maxOccurs指定了值，则此值必须大于等于minOccurs的默认值，即必须大于等于1；如果省略了这两个属性，则元素必须只出现一次。

对于属性而言，一个元素的某个属性要么出现，要么不出现，因此指定属性是否出现的语法与元素的语法是不同的。在属性的声明中，需要使用属性use指示该属性是required（必选的）、optional（可选的）还是prohibited（禁止的）。如：

```
<xsd:attribute name="partNum" type="SKU" use="required" />
```

这是前面的po.xsd中的片段，说明属性partNum是必须要出现的。

注意：use属性的默认值是optional。

（2）default。元素和属性本身的默认值（缺省值）都是使用属性default来声明的，但是XML处理器对两者的处理方式有一些不同。

如果一个属性通过default设置了默认值，在XML实例文档中，此属性依然可以为任何值，只有在这个属性没有出现时，XML处理器才会为它提供一个default指定的值。

需要注意的是，属性的默认值仅在属性本身可用时才有意义。如果一个属性指定了默认值，而其use属性的值不是optional，会发生错误，因为如果use是required，则这个属性是必须要出现的（也就是必须要显式赋值的，无论值是什么）；如果use是prohibited，则这个属性是不能出现的（也就是无需赋值）。所以，只有use是optional，并且这个属性没有出现时，默认的处理器才会为这个属性设置一个default指定的值。

下面的代码定义了某个元素的一个属性lang，其默认值为“EN”。

```
<xs:attribute name="lang" type="xs:string" default="EN"/>
```

如果一个元素通过default设置了默认值，那么在XML实例文档中，这个元素也可以设置为任何值；如果此元素在实例文档中出现了但没有任何值（空元素形式），则XML处理器会为该元素提供一个default指定的值；但是如果此元素没有出现，则XML处理器不会为它提供任何值。

下面的代码定义了一个元素color，它的默认值为“red”。

```
<xs:element name="color" type="xs:string" default="red"/>
```

（3）fixed。属性fixed即可以用于元素的声明，也可以用于属性的声明。它用来保证元素和属性能够被设置为特定的固定值。例如在前面的po.xsd中有一个带有fixed="US"

的属性country，这个声明意味着属性country在XML实例文档中的出现是可选的（因为use属性的默认值是optional）。也就是说，无论这个属性是否出现，XML处理器都会设置它为“US”。

下面的代码定义了一个元素color，其固定值为“red”：

```
<xs:element name="color" type="xs:string" fixed="red"/>
```

而下面的代码定义了某个元素的一个属性lang，其固定值为“EN”：

```
<xs:attribute name="lang" type="xs:string" fixed="EN"/>
```

请注意：由于fixed（设置固定值）和default（设置默认值）是相互排斥的，所以对任何属性或元素来说，同时设置fixed和default属性是一个错误。

在实际的XML实例文档中，可以通过综合使用上述的属性组合实现特定的需求，见表1-10。

表1-10　元素和属性声明中用于约束其出现的属性组合

元素	属性	说明
（minOccurs, maxOccurs）fixed, default	use, fixed, default	
（1, 1）-, -	required, -, -	元素/属性必须出现1次，可取任何值
（1, 1）37, -	required, 37, -	元素/属性必须出现1次，其值只能为37
（2, unbounded）37,-	n/a	元素必须至少出现2次，其值必须为37
（0, 1）-, -	optional, -, -	元素/属性可以出现1次，其值可取任何值
（0, 1）37, -	n/a	元素至多出现1次。如果不出现，则不会被处理；如果出现了而其值为空，则取默认值37；如果出现了，其值不为空，则只能赋值37
n/a	optional, 37, -	属性至多出现1次，如果出现了，则其值只能为37；如果没有出现，则其值也是37
（0, 1）-, 37	n/a	元素可出现1次。如果元素没有出现，则不会被处理；如果出现了，其值为空，则其值取默认值37；如果不为空，则取文档中给定的值
n/a	optional, -, 37	属性可出现1次。如果没有出现，其值取默认值37；否则取文档中给定的值
（0, 2）-, 37	n/a	元素可不出现，也可以出现1次或2次。如果元素不出现，则不被处理；如果出现了，其值为空，则取默认值37；如果不为空，则取文档中给定的值
（0, 0）-, -	prohibited, -, -	元素/属性不能出现

提示：约束minOccurs、maxOccurs和use不能出现在全局元素和属性的声明中。
注：表中n/a表示不可用，是not available的缩写。

3）全局元素和属性

在XML Schema文档中，全局元素、全局属性是指直接在根元素xsd:schema下声明创建的元素和属性，它们作为根元素xsd:schema的直接子元素存在。一旦声明之后，可以使用前面讲述的ref属性在一个或多个声明中引用这些全局元素或全局属性，使它们能够在XML实例文档中出现在引用声明的上下文中。例如在上面的XML实例文档po.xml中，元素comment出现在与shipTo、billTo及items相同的层级，因为在XML Schema文件po.xsd中，元素comment的引用出现在复杂数据类型PurchaseOrderType定义中，它的声明与这三个元素的声明出现在相同的层级。

在XML Schema中声明的全局元素能够出现在XML实例文档的顶层。例如，在前面的po.xsd中，purchaseOrder元素和comment元素均为全局元素，所以它们在实例文档po.xml中均可以显示为文档的顶级元素。

对于全局元素和全局属性的声明，有两点需要特别注意：

➢ 全局元素和全局属性的声明中不能包含引用。具体来说，全局声明不能包含ref属性，它们必须使用type属性（或直接跟着一个匿名类型定义，匿名类型在下一小节讲述）；

➢ 出现次数约束不能放在全局声明中，尽管它们可以放在引用全局声明的局部声明中，换句话说，全局声明不能包含属性minOccurs、maxOccurs（对于元素）或use（对于属性）。

4）同名数据类型/元素/属性的冲突

在复杂数据类型的创建以及元素和属性的声明中，都会涉及命名问题（即都需设置属性name），这就涉及一个问题：两个不同的对象（元素或属性）如果赋予了同样的名字，会出现什么情况？下面详细介绍一下。

➢ 如果两个对象都是数据类型，比如我们定义了一个名为USStates的复杂数据类型和一个名为USStates的简单数据类型，则会发生命名冲突。应当防止这种情况的出现。

➢ 如果两个对象一个是数据类型，一个是声明的元素或属性，例如我们定义了一个名为USAddress的复杂类型，同时声明了一个名为USAddress的元素，则没有冲突。

➢ 如果两个对象都是元素，但是它们属于不同数据类型的子元素（不是全局元素），例如声明一个名为nameABC的元素作为USAddress类型元素的一部分，第二个名为nameABC的元素作为item类型元素的一部分，则没有冲突。这些元素的声明有时称为局部元素声明。

➢ 如果这两个对象都是数据类型，但它们是在不同的XML Schema文档中定义的，则没有冲突。我们将在后面探讨XML Schema中命名空间的定义及使用。

1.3.2.3 匿名数据类型

通常创建XML Schema的流程为：首先创建一系列数据类型（如PurchaseOrderType

等），然后据此声明一系列元素（如purchaseOrder等），并使用属性type指向某个数据类型。这种流程方式透明，原理清晰，但是在某些情况下可能显得冗余，比如定义了多个数据类型，但是在整个Schema中只引用了一次，或者定义了几乎没有约束的新数据类型，在这些特殊情况下，使用匿名数据类型可以带来许多方便，并使文档更加简洁。

匿名数据类型是无需设置name属性的数据类型。在前面的po.xsd文档中，有两个元素包含了匿名数据类型，分别是元素item和元素quantity。

请看下面的XML Schema代码：

```
1.  <xsd:complexType name="Items">
2.    <xsd:sequence>
3.      <xsd:element name="item" minOccurs="0" maxOccurs="unbounded">
4.        <xsd:complexType>
5.          <xsd:sequence>
6.            <xsd:element name="productName" type="xsd:string"/>
7.            <xsd:element name="quantity">
8.              <xsd:simpleType>
9.                <xsd:restriction base="xsd:positiveInteger">
10.                 <xsd:maxExclusive value="100"/>
11.               </xsd:restriction>
12.             </xsd:simpleType>
13.           </xsd:element>
14.           <xsd:element name="USPrice"  type="xsd:decimal"/>
15.           <xsd:element ref="comment"  minOccurs="0"/>
16.           <xsd:element name="shipDate" type="xsd:date" minOccurs="0"/>
17.         </xsd:sequence>
18.         <xsd:attribute name="partNum" type="SKU" use="required"/>
19.       </xsd:complexType>
20.     </xsd:element>
21.   </xsd:sequence>
22. </xsd:complexType>
```

在这段代码中，元素item的声明（开始于第3行）包含了一个复杂数据类型定义（开始于第4行），这个定义并没有提供属性name，所以为匿名数据类型；元素quantity的声明（开始于第7行）也包含了一个匿名的简单数据类型（开始于第8行），它派生于positiveInteger内置数据类型，并被限制取值范围为1 ～ 99。

1.3.3 元素内容

我们知道，在XML实例文档中，元素（element）是描述文档内容的基本单元，由一个开始标记（start tag）、一个结束标记（end tag）以及两个标记之间的内容组成。前面讲述的采购订单的Schema文档中包含了许多元素声明，例如包含其他子元素的无属性元素items、有属性元素shipTo、只包含一个简单数据类型值的USPrice元素等。元素包含的内容组合有很多种，比如有属性元素只包含一个简单数据类型值、子元素中包含混合内容（子元素加字符串等）元素、一个没有任何内容的元素（空元素）等等。

1.3.3.1 复杂数据类型的内容

使用xsd:complexType元素定义一个复杂数据类型时，定义中可以包含一组子元素声明、元素引用和属性声明。

设想一下如何声明一个带有一个属性，且包含一个简单数据类型值的元素。在XML实例文档中，这样的元素的表现形式如下（设这个元素名称是internationalPrice）：

```
<internationalPrice currency="EUR">123.45</internationalPrice>
```

我们可以从采购订单Schema文档中定义的元素的USPrice开始，看一下USPrice的定义：

```
<xsd:element name="USPrice" type="decimal"/>
```

这里decimal是一个简单数据类型，而简单数据类型元素是不能有属性的，因此我们必须定义一个复杂数据类型元素来承载属性声明，而且我们还希望其内容是简单数据类型，这样我们的问题就变成了：如何在声明一个元素时定义基于简单类型的复杂类型。答案是从简单类型派生出一个新的复杂类型。代码如下：

```
<xsd:element name="internationalPrice">
  <xsd:complexType>
    <xsd:simpleContent>
      <xsd:extension base="xsd:decimal">
        <xsd:attribute name="currency" type="xsd:string"/>
      </xsd:extension>
    </xsd:simpleContent>
  </xsd:complexType>
</xsd:element>
```

这里，我们使用元素complexType定义了一个新的复杂数据类型（注意这里是一个匿名类型），为了表明新类型的取值内容只包含字符数据而没有元素，使用了

simpleContent元素。最后，我们通过扩展xsd:decimal类型来推导新类型，扩展中使用了标准属性声明，添加了currency属性。通过这样的派生，元素internationalPrice就可以出现在XML实例文档中了，其表现形式正如本节开头的示例所示。

1.3.3.2 混合内容

前面讲述的采购订单Schema 文档的结构是以元素包含了子元素、最深层次的元素包含了字符数据为特征的。XML Schema还可使字符数据与元素一起出现，并且字符数据不仅仅限于最深的子元素中，请看下面的代码片段。这段代码摘自一个客户的来信，其中采用了采购订单Schema文档的一些元素。

```
<letterBody>
<salutation>Dear Mr.<name>Robert Smith</name>.</salutation>
Your order of <quantity>1</quantity> <productName>Baby
Monitor</productName> shipped from our warehouse on
<shipDate>1999-05-21</shipDate>. ....
</letterBody>
```

注意观察出现在元素及其子元素之间的文本内容。特别是出现在元素salutation、quantity、productName和shipDate之间的文本，它们都是根元素letterBody的子元素。

而元素name更是元素letterBody的子元素salutation的子元素。下面是声明了元素letterBody的XML Schema代码：

```
<xsd:element name="letterBody">
  <xsd:complexType mixed="true">
    <xsd:sequence>
      <xsd:element name="salutation">
        <xsd:complexType mixed="true">
          <xsd:sequence>
            <xsd:element name="name" type="xsd:string"/>
          </xsd:sequence>
        </xsd:complexType>
      </xsd:element>
      <xsd:element name="quantity"    type="xsd:positiveInteger"/>
      <xsd:element name="productName" type="xsd:string"/>
      <xsd:element name="shipDate"    type="xsd:date" minOccurs="0"/>
      <!-- etc. -->
```

```
    </xsd:sequence>
  </xsd:complexType>
</xsd:element>
```

这段XML Schema代码中声明了出现在客户来信中的元素，元素的类型通过element和complexType定义。为了使字符数据能够出现在letterBody的子元素之间，在数据类型的定义中使用了mixed属性，并设置为“true”。

在这种混合（mixed）模式下，子元素出现在XML实例文档中的次序和个数必须与在XML Schema中定义的一致。

1.3.3.3 空内容元素

假设我们希望以货币单位和价格作为元素internationalPrice的两个属性值传递信息，而不是把属性和内容（值）分隔开，就像下面的表达形式：

```
<internationalPrice currency="EUR" value="123.45"/>
```

这样的元素实际上根本就没有内容。定义一个空内容的元素，实际上是定义一个只允许其内容中可出现元素，但实际上并没有声明任何子元素的元素。请看下面的代码片段：

```
1. <xsd:element name="internationalPrice">
2.   <xsd:complexType>
3.     <xsd:complexContent>
4.       <xsd:restriction base="xsd:anyType">
5.         <xsd:attribute name="currency" type="xsd:string"/>
6.         <xsd:attribute name="value"    type="xsd:decimal"/>
7.       </xsd:restriction>
8.     </xsd:complexContent>
9.   </xsd:complexType>
10. </xsd:element>
```

这段代码中定义了一个匿名数据类型（第2行），包含元素complexContent，即可以包含子元素，意味着我们要限制或扩展一个复杂数据类型的内容模型，而基于anyType的限制派生只是声明了两个属性，没有任何子元素。这意味着在XML实例文档中，元素internationalPrice出现时不会有内容，但是具有两个属性：currency和value。

上面对内容为空的元素的声明在语法上有些冗长，我们可以采用更加紧凑的方式声明：

```
<xsd:element name="internationalPrice">
  <xsd:complexType>
```

```
    <xsd:attribute name="currency" type="xsd:string"/>
    <xsd:attribute name="value"    type="xsd:decimal"/>
  </xsd:complexType>
</xsd:element>
```

这种紧凑语法之所以有效，是因为在复杂数据类型的定义中，如果没有simpleContent或complexContent元素，则被认为是基于anyType类型进行complexContent的限制。

1.3.3.4 nil机制

nil表示空、零的意思。在前面的订单文档po.xml中，productName为Lawnmower的商品没有shipDate元素，这是为了表明这个商品还没有装运。更好地表达类似情形的方式不是过滤掉这个元素，而是用一个元素明确表示不存在某个内容。例如，在与数据库交互的过程中，对于空值，一般也有一个显式的字段（元素）表示。在XML Schema中，这种情况可以使用nil机制来表示，该机制使元素能够显现，并表示其取值是空。

XML Schema的nil机制中并没有定义一个特殊的nil值用于元素的内容，而是通过一个属性nillable来指定元素的内容是否为nil。当在一个元素的声明中将其nillable属性设置为true时，该属性允许xsi:nil属性出现在XML实例文档的对应元素中。此时，如果XML实例文档中元素的xsi:nil属性值为true，表示该元素为空，没有任何内容（无论是子元素还是正文文本）。属性nillable的默认值为false。

为了方便说明，我们修改了shipDate元素声明，以便指示在XML实例文档中元素是否可以为nil：

```
<xsd:element name="shipDate" type="xsd:date" nillable="true"/>
```

这样声明之后，如果想要表示shipDate的内容为空，我们只需在XML实例文档中设置元素shipDate的属性xsi:nil为true即可，如下面的代码：

```
<shipDate xsi:nil="true"></shipDate>
```

读者会发现这里出现了一个新的前缀“xsi”，由于nil属性是XML Schema实例命名空间的一部分（见http://www.w3.org/2001/XMLSchema-instance），所以当它在XML实例文档中出现时，前面需要添加“xsi”前缀。前缀“xsi”与“xsd”一样，也是一种约定俗成的标记。

注意：XML Schema的nil机制只适用于元素，不适用于属性。所以，一个带有xsi:nil="true"的元素可能不含有任何内容，但是仍然可以带有其他属性。

最后简单分析一下元素属性minOccurs="0"和nillable="true"之间的关系。这两者背后的含义是不同的，需要我们特别注意。它们的区别如下：

➢ nillable="true"表示元素的值可以为空，但是该元素不能省略。例如上面的XML实例文档中，元素shipDate必须出现，不能省略。要表示空值，只能这样展现：<shipDate xsi: nil="true"></shipDate>

➢ minOccurs="0"表示元素可以不出现在XML实例文档中，但是如果一旦出现，该元素的值就不能为空。

1.3.3.5 anyType

类型anyType是所有简单数据类型和复杂数据类型的基类，在XML Schema中称为“ur-type”。一个XML Schema中的类型定义形成了一个具有唯一根类型的层次树，称为类型定义层次结构，即TDH（Type Definition Hierarchy）。这棵树的根类型就是ur-type（unique root type），它的内容是不受约束的。所以一个anyType类型元素不对它的内容以任何方式做任何限制。类型anyType的使用方式和其他数据类型的使用方式一样。例如：

```
<xsd:element name="anything" type="xsd:anyType"/>
```

以这种方式声明的元素出现在XML实例文档中时，其内容是不受限制的，可以是一个数值，如123.45，也可以是任何字符串，如“Welcome to China.”，也可以是字符文本和其他元素的混合内容等。

实际上一个元素的type属性的默认值就是anyType。所以，上面的代码可以直接写成：

```
<xsd:element name="anything"/>
```

如果需要采用不受约束的内容形式，例如散文，为了适应国际化需要而嵌入各种标记，则使用type的默认值是比较合适的。

1.3.4 属性组

在上面的采购订单例子中，假如我们希望在订单条目中提供更多信息，比如商品的重量和希望采用的运输方法，则可以通过添加weightKg和shipBy两个属性来达到目的，如下所示：

```
<xsd:element name="item" minOccurs="0" maxOccurs="unbounded">
  <xsd:complexType>
    <xsd:sequence>
      <xsd:element   name="productName" type="xsd:string"/>
      <xsd:element   name="quantity">
        <xsd:simpleType>
```

```
                <xsd:restriction base="xsd:positiveInteger">
                    <xsd:maxExclusive value="100"/>
                </xsd:restriction>
            </xsd:simpleType>
        </xsd:element>
        <xsd:element name="USPrice"  type="xsd:decimal"/>
        <xsd:element ref="comment"   minOccurs="0"/>
        <xsd:element name="shipDate" type="xsd:date" minOccurs="0"/>
    </xsd:sequence>
    <xsd:attribute name="partNum"  type="SKU" use="required"/>
    <!-- 添加weightKg 和 shipBy 属性 -->
    <xsd:attribute name="weightKg" type="xsd:decimal"/>
    <xsd:attribute name="shipBy">
        <xsd:simpleType>
            <xsd:restriction base="xsd:string">
                <xsd:enumeration value="air"/>
                <xsd:enumeration value="land"/>
                <xsd:enumeration value="any"/>
            </xsd:restriction>
        </xsd:simpleType>
    </xsd:attribute>
  </xsd:complexType>
</xsd:element>
```

这样每个订单条目包含了partNum、weightKg和shipBy三个属性，就可以传递更多信息。

为简洁明了起见，我们可以通过元素xsd:attributeGroup对多个属性进行编组处理。元素xsd:attributeGroup创建了一个命名的属性组，通过属性组名称可在item元素声明中引用。例如下面的代码是通过xsd:attributeGroup创建的属性组：

```
<xsd:element name="item" minOccurs="0" maxOccurs="unbounded">
  <xsd:complexType>
    <xsd:sequence>
        <xsd:element name="productName" type="xsd:string"/>
```

```
      <xsd:element name="quantity">
        <xsd:simpleType>
          <xsd:restriction base="xsd:positiveInteger">
            <xsd:maxExclusive value="100"/>
          </xsd:restriction>
        </xsd:simpleType>
      </xsd:element>
      <xsd:element name="USPrice"  type="xsd:decimal"/>
      <xsd:element ref="comment"   minOccurs="0"/>
      <xsd:element name="shipDate" type="xsd:date" minOccurs="0"/>
    </xsd:sequence>

    <!-- attributeGroup 代替一个个单个属性的声明 -->
    <xsd:attributeGroup ref="ItemDelivery"/>
  </xsd:complexType>
</xsd:element>

<xsd:attributeGroup id="ItemDelivery">
  <xsd:attribute name="partNum"  type="SKU" use="required"/>
  <xsd:attribute name="weightKg" type="xsd:decimal"/>
  <xsd:attribute name="shipBy">
    <xsd:simpleType>
      <xsd:restriction base="xsd:string">
        <xsd:enumeration value="air"/>
        <xsd:enumeration value="land"/>
        <xsd:enumeration value="any"/>
      </xsd:restriction>
    </xsd:simpleType>
  </xsd:attribute>
</xsd:attributeGroup>
```

使用属性组可提高XML Schema的阅读性，并且方便更新，因为属性组可以在一个地方定义和编辑多个属性，而在多个地方被引用。另外属性组是可以嵌套的，一个属性组可以包含其他属性组。

注意：属性声明和属性组引用都必须出现在复杂类型定义的末尾。

1.3.5 定义和使用实体

在XML Schema中。实体就是一段命名的文字片段，这些实体可在Schema或DTD文档中使用，也可以在XML实例文档中引用。在前面我们提到XML Schema预定义的5个实体以及引用方式，这5个预定义的实体分别是：

>（右小括号）、<（左小括号）、&（连接符）、”（双引号）、’（单引号）。

除了预定义的实体，我们还可以自定义实体。自定义实体的引用与预定义实体引用的方式是一致的，均为“&实体名称;”，即以“&”开始，以“;”结束，中间为自定义实体名称。

下面我们展示如何在实例文档中自定义实体，同时展示如何在Schema文档中声明等价的实体（实际上是一个元素），以便在实例文档中使用。

假如我们要在一个实例文档中使用法语字母“é”，我们为这个字母声明一个实体，并命名为“eacute”，请看下面的代码：

```
<?xml version="1.0" ?>

<!DOCTYPE purchaseOrder [
<!ENTITY eacute "&#xE9;">
]>

<purchaseOrder xmlns="http://www.example.com/PO1"
               orderDate="1999-10-20">
  <!-- etc. -->
    <city>Montr&eacute;al</city>
  <!-- etc. -->
</purchaseOrder>
```

上面这段代码中我们使用了DTD技术，直接在XML实例文档中定义实体并使用。实体eacute为元素city内容的一部分。注意：当这个实例文档被XML处理器处理时，实体首先被解析，然后才进行Schema规范验证，即Schema处理器会先对元素city的真实内容“Montréal”而不是“Montréal”进行处理。采用XML Schema也可以达到类似的效果，方法是在Schema中声明一个元素，元素的内容作为实体的内容。代码形式如下：

```
<xsd:element name="eacute" type="xsd:token" fixed="&#xE9;" />
```

这里使用了xsd:element的fixed属性，说明元素eacute具有固定值“é”，也就是法语字母“é”。这个元素可以用在实例文档中，如：

```
1.  <?xml version="1.0" ?>
2.
3.  <purchaseOrder xmlns="http://www.example.com/PO1"
4.                 xmlns:c="http://www.example.com/characterElements"
5.                 orderDate="1999-10-20">
6.    <!-- etc. -->
7.      <city>Montr<c:eacute/>al</city>
8.    <!-- etc. -->
9.
10. </purchaseOrder>
```

注意第7行，在这个实例文档中使用了上面Schema中定义的元素eacute，这样就实现了与DTD直接定义实体相同的效果。由于两种方法中元素city的原始内容是不一样的，所以如果使用常规的字符串比较技术，它们是不相等的，这在一定程度上把字符串的比较复杂化了。

1.3.6 注释

XML Schema文档的一般注释方式是在“<!--”和“-->”之间给出注释信息。为了方便应用，XML Schema还专门提供了三个注释元素，为用户和应用程序提供注释信息，这三个元素是documentation、appinfo和annotation。

1）元素documentation

在前面的采购订单Schema文档中使用了元素documentation来描述针对这个Schema文档的说明，包括版权信息等，以便供用户阅读，如果需要为这些信息设置语言说明，可对documentation元素设置xml:lang属性；如果要对整个Schema文档中的信息设置语言说明，则可对schema元素设置xml:lang属性。

这个元素必须包含在元素annotation内部。

2）元素appinfo

元素appinfo一般用来为各种工具程序、样式表和其他应用程序提供信息。这个元素也必须包含在元素annotation内部。

3）元素annotation

元素annotation是一个顶层元素，描述了一个Schema的注释。documentation、

appinfo这两个注释元素可以作为元素annotation的子元素出现。元素annotation一般出现在声明开始的位置，见下面的例子：

```
<xsd:element name="internationalPrice">
  <xsd:annotation>
    <xsd:appInfo>International Price</xsd:appInfo>
    <xsd:documentation xml:lang="en">
      element declared with anonymous type
    </xsd:documentation>
  </xsd:annotation>
  <xsd:complexType>
    <xsd:annotation>
      <xsd:documentation xml:lang="en">
        empty anonymous type with 2 attributes
      </xsd:documentation>
    </xsd:annotation>
    <xsd:complexContent>
      <xsd:restriction base="xsd:anyType">
        <xsd:attribute name="currency" type="xsd:string"/>
        <xsd:attribute name="value"    type="xsd:decimal"/>
      </xsd:restriction>
    </xsd:complexContent>
  </xsd:complexType>
</xsd:element>
```

1.3.7 构建内容模型

仔细研究采购订单Schema文档po.xsd，会发现这个文档中所有复杂数据类型的定义都声明了一个出现在XML实例文档中的元素的序列（xsd:sequence），序列中的元素在XML实例文档中必须按照Schema文档中声明的顺序出现，这就是所谓的“内容模型”，其中某个元素出现的次数取决于属性minOccurs或maxOccurs的设定值。除了定义元素序列之外，XML Schema还提供了内容模型中元素的约束规则（注意这些约束不适用于属性）。

XML Schema允许定义命名元素组（xsd:group和xsd:choice），所定义的元素组可以作为一个整体参与构建复杂数据类型的内容模型（批量处理）。也可以定义未命名（匿名）的元素组，并与命名元素组一起应用某些约束规则，使得它们在XML实例文档中出现的顺序与声明时一致，或者使得只有一个元素组出现在实例中。

为了说明这一点，我们在采购订单的Schema文档中引入了两个元素组，以便在采购订单中包含两个独立地址（装运地址和账单地址）或者只包含一个地址（装运地址和账单地址是同一个地址）。请看下面的例子：

```
<xsd:complexType name="PurchaseOrderType">
  <xsd:sequence>
    <xsd:choice>
      <xsd:group   ref="shipAndBill"/>
      <xsd:element name="singleUSAddress" type="USAddress"/>
    </xsd:choice>
    <xsd:element ref="comment" minOccurs="0"/>
    <xsd:element name="items"  type="Items"/>
  </xsd:sequence>
  <xsd:attribute name="orderDate" type="xsd:date"/>
</xsd:complexType>

<xsd:group id="shipAndBill">
  <xsd:sequence>
    <xsd:element name="shipTo" type="USAddress"/>
    <xsd:element name="billTo" type="USAddress"/>
  </xsd:sequence>
</xsd:group>
```

在这个例子中出现了两个组元素：xsd:choice和xsd:group。

➢ 组元素xsd:choice：这个元素只允许它的一个子元素项在XML实例文档中出现，也就是“多选一”。例如上面的代码中，其中一个子元素引用了命名元素组shipAndBill的子元素（由shipTo和billTo组成），另外一个子元素是singleUSAddress。这样在一个XML实例文档中，元素purchaseOrder（其类型为PurchaseOrderType）要么包含一个shipTo元素，后跟着一个billTo元素；要么只包含一个singleUSAddress元素。

➢ 组元素xsd:group：这个元素把一组子元素声明为一个组，以便能够整组参与复杂类型的定义。

这个例子中，组元素choice后面跟着comment和items两个元素的声明，而这三个元素又同是元素sequence的子元素。这种组合使得在实际的XML实例文档中地址元素后紧跟着commnet和items元素，顺序不能改变。

除了上面两个组元素外，在XML Schema还有另外一种对一组元素施加约束规则的方式：组中的任意一个元素只可以出现一次或根本不出现，并且它们可以按任何顺序出现，这就要使用元素xsd:all（请注意xsd:all与xsd:sequence的不同）。元素xsd:all仅限于作为一个内容模型的顶级元素，其子元素不能是组元素，并且每个子元素最多出现一次，即属性minOccurs和maxOccurs取值为0或1。下面的代码重新定义了PurchaseOrderType，以允许元素purchaseOrder的子元素以任何顺序出现。

```
<xsd:complexType name="PurchaseOrderType">
  <xsd:all>
    <xsd:element name="shipTo" type="USAddress"/>
    <xsd:element name="billTo" type="USAddress"/>
    <xsd:element ref="comment" minOccurs="0"/>
    <xsd:element name="items" type="Items"/>
  </xsd:all>
  <xsd:attribute name="orderDate" type="xsd:date "/>
</xsd:complexType>
```

通过这样的定义，出现在元素purchaseOrder中的子元素comment既可以出现在shipTo、billTo和items之前，也可以出现在它们之后，但它最多只能出现一次（因为maxOccurs的默认值为1，而minOccurs已经设置为0）。

有一点需要注意：XML Schema规定一旦使用了组元素all，则它只能是内容模型的唯一顶级元素。例如下面的例子是错误的：

```
<xsd:complexType name="PurchaseOrderType">
  <xsd:sequence>
    <xsd:all>
      <xsd:element name="shipTo" type="USAddress"/>
      <xsd:element name="billTo" type="USAddress" />
      <xsd:element name="items" type="Items"/>
    </xsd:all>
    <xsd:sequence>
      <xsd:element ref="comment" minOccurs="0" maxOccurs="unbounded"/>
    </xsd:sequence>
  </xsd:sequence>
  <xsd:attribute name="orderDate" type="xsd:date"/>
</xsd:complexType>
```

最后再次说明一下，无论是命名组元素还是未命名组元素（包括group、choice、sequence和all），都可以具有minOccurs和maxOccurs属性。通过不同组元素及其minOccurs和maxOccurs属性的组合，可以表达各种内容模型。

1.4 命名空间

在本章前面我们讲过，命名空间（namespace）是以IRI引用为标识的元素名称和属性名称的集合。URI就是一种IRI，鉴于URI使用的广泛性，通常使用URI做命名空间的名称。实际上命名空间并不是XML Schema语言专有的概念，C++、Java等语言也有命名空间的概念，命名空间的概念在任何一个名称系统内都存在。XML命名空间的提出是为了解决命名冲突问题，当在一个文档中存在具有相同名称的元素或属性时，如果没有命名空间，处理程序很难将它们区分开，从而容易产生命名冲突。

在没有命名空间的情况下，元素和属性的名称就是一个没有结构的字符串，我们可称之为“本地名称”或“非限定名称”，也可之称为“不受限名称”，意思是这个名称的组成没有任何限制。很显然，这种不受限制的名称（本地名称）在网络上使用是极不合适的，因为在一个互联开放的网络上，不同的人可以使用同一个名称，而这个名称代表不同的含义，如table既可以代表家具中的桌子，也可代表数据库中的表。

我们可以把XML Schema文档看作是文档类型定义和元素声明的集合（由词汇表组成），里面所有定义和声明的名称属于一个特定的名称空间，称为目标命名空间，目标命名空间能够区分不同词汇表中同名元素或属性的定义和声明，例如可以区分XML Schema词汇表中的element声明与一个化学Schema语言词汇表中element的声明，前者是http://www.w3.org/2001/XMLSchema目标命名空间的一部分，后者是与化学有关的目标命名空间的一部分。

当我们检查一个XML实例文档是否符合一个或多个Schema时（通过模式验证的过程），我们需要弄清应该使用XML Schema中的所声明的哪些元素、属性以及类型定义来检查这个XML实例文档中对应的元素和属性，在这个验证过程中命名空间起着至关重要的作用。命名空间采用前缀标识法，即在元素或属性的名称前面添加一个前缀，用冒号“:”连接起来，以指明当前元素或属性来自哪一个Schema。由于命名空间通过独一无二的URI来区别同名标记，因此我们就不用担心命名冲突的问题了。

注意一个XML Schema文档或XML实例文档可以包含多个命名空间。XML Schema的创建者可以决定在XML实例文档中声明的本地元素和属性是否必须用命名空间（可以显式或隐式表示）进行限定，这对Schema文档及实例文档的结构都有潜在的影响。

对于命名空间的URI，需要注意：在命名空间声明中，等号右边的命名空间名称虽说是一个URI，但是其目的并不是用来获取一个Schema文件（或DTD文件）或其他资源，而是仅仅标识一个唯一的、特定的命名空间，XML处理器看到一个命名空间声明后，就把等号左边的命名空间前缀和右边的命名空间URI关联在一起，在Schema文件中，使用该前缀的元素或属性名称都被看作是属于这个命名空间的词汇。

实际上，命名空间的名称可以是任何字符串形式，只要保证它的唯一性即可。

当XML处理器对一个XML文档进行有效性验证时，它并不从这个URL获取Schema（或DTD）文件来作为验证的标准，通常情况下获取XML Schema（或DTD）文件的方式有两种：

第一种是XML Schema（或DTD）文件作为参数传递给XML处理器，这种方式简单、直接，适合处理器程序对Schema比较熟悉的情况；

第二种是使用XML Schema提供的功能，XML Schema提供了两个特殊属性用于指定Schema文档的位置，分别是xsi:schemaLocation和xsi:noNamespaceSchemaLocation，它们可以作为根元素的属性，前者用于声明了目标名称空间的Schema文档，后者用于没有声明目标名称空间的Schema文档。这两个特殊属性通常都是在实例文档中使用，其中xsi:schemaLocation属性的值由一个或多个URI引用对组成，每个URI引用对可以通过中间的空白符分隔成两个对应的单一URI，其中第一个URI是命名空间的名称，第二个URI给出Schema文档的位置。这样XML处理器就可以从这个位置读取Schema文档。该Schema文档的目标命名空间必须与第一个URI相匹配。

1.4.1 目标命名空间和非限定本地声明

目标命名空间代表了schema文档所对应的名称空间的URI，即在引用该Schema的文档（Schema文档或XML实例文档）中要声明的名称空间，其URI应该是targetNamespace的属性值。

本地元素和属性的限定模式可以由元素schema的一对属性（elementFormDefault和attributeFormDefault）全局性指定，也可以使用form属性为每个本地元素和属性声明单独指定。这些属性的值都可以设置为unqualified（非限定的）或者qualified（限定的），以指定本地声明的元素和属性是否为限定的。

下面是采购订单Schema文档po1.xsd的新版本，在这个新版本的模式文档中，我们显式地声明了一个目标命名空间“http://www.example.com/PO1”，并指定本地定义的元素和属性都必须是非限定的，这个目标命名空间由targetNamespace属性指定，作为XML实例文档的命名空间，这里属性targetNamespace的作用有点类似于一个java文件中的package；同时我们在这个新版本文档中全局性地设定了本地声明的元素和属性为unqualified，这样的设置有点冗余，因属性elementFormDefault和attributeFormDefault的默认值就是unqualified，我们这么做主要是为了与后面提到的其他情况进行对比。

```
<schema xmlns="http://www.w3.org/2001/XMLSchema"
        xmlns:po="http://www.example.com/PO1"
        targetNamespace="http://www.example.com/PO1"
        elementFormDefault="unqualified"
```

```
         attributeFormDefault="unqualified">

  <element name="purchaseOrder" type="po:PurchaseOrderType"/>
  <element name="comment"       type="string"/>

  <complexType name="PurchaseOrderType">
    <sequence>
      <element name="shipTo"    type="po:USAddress"/>
      <element name="billTo"    type="po:USAddress"/>
      <element ref="po:comment" minOccurs="0"/>
      <!-- etc. -->
    </sequence>
    <!-- etc. -->
  </complexType>

  <complexType name="USAddress">
    <sequence>
      <element name="name"   type="string"/>
      <element name="street" type="string"/>
      <!-- etc. -->
    </sequence>
  </complexType>

  <!-- etc. -->

</schema>
```

为了查看这个Schema文档的目标命名空间是如何应用的，我们可以从这个Schema模式文档的结尾开始检查每个类型定义和元素声明。这里首先定义了一个名为USAddress的类型，这个类型包含在Schema的目标命名空间中，由元素name、street等组成；然后定义了一个名为PurchaseOrderType的类型，这个类型也是包含在Schema的目标命名空间中，由shipTo、billTo、comment三个元素组成。注意shipTo、billTo、comment三个元素声明中的类型引用是有前缀的，即po:USAddress、po:USAddress和po:comment，而这个前缀关联于命名空间http://www.example.com/PO1，通过与targetNamespace属性比较可以知道，这与Schema的目标命名空间相同，因此Schema

处理器将知道在Schema内部寻找USAddress类型的定义和元素comment的声明。除此之外，我们还可以引用其他Schema文档中具有不同目标命名空间的类型，从而对不同Schema文档中的定义和声明进行重用。

在这个Schema文档的开始部分声明了元素purchaseOrder和comment，它们也是包含在Schema的目标命名空间中；元素purchaseOrder的属性type有前缀“po”，原因与类型USAddress有前缀相同。而元素comment的属性type没有前缀。

另外由于这个Schema文档中包含一个默认命名空间的声明：xmlns="http://www.w3.org/2001/XMLSchema"，因此所有非限定类型（如string）和非限定元素（如element和complexType）都关联于这个默认命名空间，事实上它就是XML Schema语言本身的目标命名空间（http://www.w3.org/2001/XMLSchema），因此po1.xsd的处理器能够知道在XML Schema语言的Schema中搜索string类型的定义和元素element的声明。所以XML Schema规范本身又称为规范中的规范（Schema for Schema）。

现在我们检验一下这个Schema模式文档的目标命名空间是如何影响符合要求的XML实例文档的。下面的实例文档（po1.xml）展示了一个包含未限定本地声明的采购订单。

```
<?xml version="1.0"?>
<apo:purchaseOrder xmlns:apo="http://www.example.com/PO1"
                   orderDate="1999-10-20">
  <shipTo country="US">
    <name>Alice Smith</name>
    <street>123 Maple Street</street>
    <!-- etc. -->
  </shipTo>
  <billTo country="US">
    <name>Robert Smith</name>
    <street>8 Oak Avenue</street>
    <!-- etc. -->
  </billTo>
  <apo:comment>Hurry, my lawn is going wild!</apo:comment>
  <!-- etc. -->
</apo:purchaseOrder>
```

这个实例文档声明了一个命名空间“http://www.example.com/PO1”，并将其与前缀“apo:”相关联，此前缀用于限定文档中的两个元素：purchaseOrder和comment。由于这个命名空间与Schema文档po1.xsd中的目标命名空间相同，因此实例文档的处理器将知道在po1.xsd中搜索purchaseOrder和comment的声明。之所以如此命名目标命名空间，是因为从某种意义上说，元素purchaseOrder和comment都有一个目标命名空间，Schema

文档中的目标命名空间控制着实例文档中相应命名空间的验证。

元素purchaseOrder和comment是全局元素，因为它们是在元素schema下声明的，而不是在某个类型的定义中声明。前缀“apo:”只用于全局元素purchaseOrder和comment，因elementFormDefault和attributeFormDefault要求前缀不准用于任何本地声明的元素，如shipTo、billTo、name和street，也不准用于任何属性（这些属性都是本地声明的）。例如在po1.xsd中purchaseOrder的声明显示为元素schema的子元素，而shipTo的声明显示为定义PurchaseOrderType的complexType元素的子元素。

当不需要限定本地元素和属性时，开发者需要了解一些关于Schema有效文档的知识。如果开发者可以确定只有根元素（如purchaseOrder）是全局声明的，那么只限定根元素是一件简单的事情，如果开发者知道所有元素都是全局声明的，则实例文档中的所有元素都可以加上前缀（这种情况可能是利用了默认的命名空间声明，后面将讨论这种方法）。如果没有统一的全局和局部声明模式，开发者需要详细了解相应的Schema文档，以便正确对全局元素和属性施加前缀。

1.4.2 限定本地声明

实际上属性和元素可以独立设置是否需要限定，两者互不影响。为了指定一个Schema文档中所有本地声明的元素都是限定的，我们把属性elementFormDefault的值设置为qualified即可。请参看下面的代码（对po1.xsd的修改版本）：

```
<schema xmlns="http://www.w3.org/2001/XMLSchema"
        xmlns:po="http://www.example.com/PO1"
        targetNamespace="http://www.example.com/PO1"
        elementFormDefault="qualified"
        attributeFormDefault="unqualified">

  <element name="purchaseOrder" type="po:PurchaseOrderType"/>
  <element name="comment"       type="string"/>

  <complexType name="PurchaseOrderType">
    <!-- etc. -->
  </complexType>

  <!-- etc. -->

</schema>
```

在上面的代码中，根元素schema的属性elementFormDefault设置为qualified，而属性attributeFormDefault仍然设置为默认值（unqualified）。

下面是一个符合上述Schema要求的实例文档，这里我们明确地限定了所有的（本地）元素。

```
<?xml version="1.0"?>
<apo:purchaseOrder xmlns:apo="http://www.example.com/PO1"
                   orderDate="1999-10-20">
  <apo:shipTo country="US">
    <apo:name>Alice Smith</apo:name>
    <apo:street>123 Maple Street</apo:street>
    <!-- etc. -->
  </apo:shipTo>
  <apo:billTo country="US">
    <apo:name>Robert Smith</apo:name>
    <apo:street>8 Oak Avenue</apo:street>
    <!-- etc. -->
  </apo:billTo>
  <apo:comment>Hurry, my lawn is going wild!</apo:comment>
  <!-- etc. -->
</apo:purchaseOrder>
```

另外我们也可以使用默认的命名空间取代显式的限定方式，如下面po2.xml的代码（使用默认的限定方式限定本地元素）：

```
<?xml version="1.0"?>
<purchaseOrder xmlns="http://www.example.com/PO1"
                   orderDate="1999-10-20">
  <shipTo country="US">
    <name>Alice Smith</name>
    <street>123 Maple Street</street>
    <!-- etc. -->
  </shipTo>
  <billTo country="US">
    <name>Robert Smith</name>
```

```
      <street>8 Oak Avenue</street>
      <!-- etc. -->
    </billTo>
    <comment>Hurry, my lawn is going wild!</comment>
    <!-- etc. -->
  </purchaseOrder>
```

在这个实例文档中，所有的元素属于同一个命名空间，其中命名空间声明语句

xmlns="http://www.example.com/PO1"声明了一个默认的应用于所有元素的命名空间，所以就没有必要在元素前面添加前缀了。注意声明默认命名空间时，xmlns之后不需要命名空间的前缀。

对属性的限定规则与对元素的限定规则非常类似。对于需要限定的属性，不管是声明为全局的还是attributeFormDefaultattribute设置为qualified，在实例文档中都需要添加前缀，例如前面我们遇到的xsi:nil属性。事实上需要限定的属性都必须显式地施加前缀，因为XML Schema语言没有为属性提供一个默认的命名空间，而无需限定的属性出现在实例文档中时也无需前缀，这也是比较常见的情况。

前面介绍的限定机制是在一个特定的目标命名空间中控制了所有本地元素和属性的声明。我们也可以通过form属性来控制一个元素或属性的声明，例如本地声明的属性publicKey需要在实例文档中进行限定，则我们可用下面的方式进行声明（为单个属性进行限定）：

```
<schema xmlns="http://www.w3.org/2001/XMLSchema"
        xmlns:po="http://www.example.com/PO1"
        targetNamespace="http://www.example.com/PO1"
        elementFormDefault="qualified"
        attributeFormDefault="unqualified">
  <!-- etc. -->
  <element name="secure">
    <complexType>
      <sequence>
        <!-- element declarations -->
      </sequence>
      <attribute name="publicKey" type="base64Binary" form="qualified"/>
    </complexType>
  </element>
</schema>
```

注意：在这个例子中，属性form的值覆盖了attributeFormDefault的值，但是仅限于publicKey这一个属性。此外属性form也可以应用于某个元素的声明中。下面是一个符合上述Schema要求的XML实例文档：

```
<?xml version="1.0"?>
<purchaseOrder xmlns="http://www.example.com/PO1"
               xmlns:po="http://www.example.com/PO1"
               orderDate="1999-10-20">
  <!-- etc. -->
  <secure po:publicKey="GpM7">
    <!-- etc. -->
  </secure>
</purchaseOrder>
```

1.4.3 全局和局部声明

如果所有元素的名称在命名空间内是唯一的，则可以把它们都定义为全局元素。下面是仅使用全局元素声明的po1.xsd的修改版本po2.xsd，我们修改了po1.xsd文档的部分内容，以便全局声明所有元素。注意在此例中我们省略了elementFormDefault和attributeFormDefault属性，以强调当只有全局元素和属性声明时，它们的值是无关紧要的。

```
<schema xmlns="http://www.w3.org/2001/XMLSchema"
        xmlns:po="http://www.example.com/PO1"
        targetNamespace="http://www.example.com/PO1">

  <element name="purchaseOrder" type="po:PurchaseOrderType"/>

  <element name="shipTo"  type="po:USAddress"/>
  <element name="billTo"  type="po:USAddress"/>
  <element name="comment" type="string"/>

  <element name="name" type="string"/>
  <element name="street" type="string"/>

  <complexType name="PurchaseOrderType">
```

```
    <sequence>
      <element ref="po:shipTo"/>
      <element ref="po:billTo"/>
      <element ref="po:comment" minOccurs="0"/>
      <!-- etc. -->
    </sequence>
  </complexType>

  <complexType name="USAddress">
    <sequence>
      <element ref="po:name"/>
      <element ref="po:street"/>
      <!-- etc. -->
    </sequence>
  </complexType>

  <!-- etc. -->

</schema>
```

请仔细对比po1.xsd和po2.xsd的内容，可以看出在这个“全局”版本po2.xsd中，元素shipTo、billTo、comment等都已经定义为全局元素；而在po1.xsd中，这几个元素都是类型PurchaseOrderType的子元素（局部元素）。

po2.xsd可以用来验证XML实例文档po2.xml。前面讲过，po2.xml对于“限定”版本po1.xsd也是有效的实例文档，也就是说两种方法都可以验证同一个命名空间默认的XML实例文档。所以尽管这两种方式有很大区别，但是在这方面还是一致的。

另外，如果所有元素都声明为全局的，那么就不能利用局部声明的优势了。例如我们只能声明一个title全局元素，而如果使用局部声明，则在同一个目标命名空间内，我们一方面可以声明元素book的一个子元素 title（局部声明），表示书籍的名称，它具有字符类型，另一方面可以声明一个元素，名称也为“title”，它可以是枚举类型，其取值范围是“Mr Mrs Ms”。

1.4.4 未声明的目标命名空间

在前面介绍po.xml的时候，我们描述了一个没有声明目标命名空间的XML Schema文档（po.xsd）以及一个没有声明命名空间的XML实例文档（po.xml）；而在采购订单

Schema文档po.xsd中，我们既没有为这个Schema声明一个目标命名空间，也没有声明一个与这个Schema目标命名空间相关联的前缀（如前面的“po:”）以便在定义和声明元素时使用。一个Schema如果没有声明目标命名空间，则这个Schema中的所有定义和声明被引用时无需命名空间的限定，也就是说既没有显式的命名空间前缀，也没有默认的隐式命名空间应用于引用。例如声明purchaseOrder元素时，引用的复杂数据类型PurchaseOrderType前面并没有任何前缀，相反，在po.xsd中用到的所有XML Schema的元素和类型都显式地利用了前缀“xsd:”进行限定，而我们知道，前缀“xsd:”关联XML Schema的命名空间。

如果一个Schema文档中没有指定自己的目标命名空间，那么强烈建议所有XML Schema的元素和类型都添加明确的前缀限定（使用“xsd:”），原因在于如果不显式添加前缀（默认情况是没有添加的），则有可能无法将XML Schema的类型引用与用户自定义类型引用区分开。

来自没有目标命名空间的Schema文档的元素声明用于验证XML实例文档中的非限定元素，对于这些没有目标命名空间的Schema文档，开发者必须确保传递给XML处理器的Schema文档是一个与XML实例文档中要验证的词汇（元素和属性等）相对应的Schema文档。

1.5 XML文档验证

无论是XML实例文档还是Schema文档（Schema文档本质上也是一个XML文档），只有通过验证才能保证一个文档中元素与元素之间、元素和属性之间的关系以及属性的取值是正确无误的，才能流畅地实现XML的功能——数据交换。

一个XML实例文档可以根据一个Schema文档进行处理，以验证这个实例文档是否遵守这个Schema制定的规则。一般情况下，这个验证处理过程要完成两件事：

◆ 规则的一致性检查，这个过程称为模式验证（Schema Validation）；

◆ 为实例文档添加额外的信息，例如文档类型、元素或属性的默认值等，这个过程称为信息集补充。

XML实例文档的开发者可以在实例文档中声明该文档符合某个特定的Schema（规范），例如开发者使用xsi:schemaLocation来指定Schema的位置；需要注意的是：无论xsi:schemaLocation是否存在，处理程序有权使用任何Schema进行文档验证。

规则的一致性检查是按照一定的步骤进行的。首先检查实例文档的根元素是否有正确的内容，然后检查每个子元素是否符合其在Schema中的声明，依次类推，直到整个文档验证完毕。在这个过程中，为了检查一个元素是否满足一致性，处理器首先在Schema文档中找到元素的声明，然后检查Schema中targetNamespace属性的值是否与本元素实际的命名空间URI相匹配。当然，也许处理器会发现Schema没有设置targetNamespace，而实例文档中的这个元素正好是没有命名空间限制的，即属于非受限元素。

在确定两者的命名空间相匹配之后，处理器会检查元素的类型，包括在Schema中声明的以及通过实例文档中的xsi:type指定的，如果是后者，实例文档中的类型必须是Schema声明类型的替代类型（由元素的block属性控制），同时也会进行默认值设置和其他信息补充工作。

然后，处理器会按照元素类型允许的元素取值范围和限定的属性集核查元素的内容以及属性内容。例如，针对采购订单的Schema中的shipTo元素，处理器会检查对于一个Address类型而言什么取值是合理的，因为元素shipTo的类型是Address。

如果一个元素是简单数据类型，处理器要验证该元素既没有属性，也没有包含其他子元素，并且它包含的字符内容符合简单数据类型的规则要求，这可能涉及基于正则表达式或枚举规则的字符序列检查。

如果一个元素是复杂数据类型，处理器会检查是否所有必需的属性都存在以及它们的值是否是简单数据类型，并检查必需的子元素是否都存在以及子元素出现的顺序是否与Schema定义的内容模型规定的一致等。

如果Schema没有特殊指示，处理器会通过寻找每一个子元素及其更深层级的子元素进行核查，不断重复以上过程，直到最后验证完整个文档。

1.6 XML Schema使用案例

XML应用非常广泛，很多语言如Java、C/C++、Python等都有非常好的XML处理库，例如Libxml2（C/C++）、TinyXml（C/C）、Xerces（C/C++）、CMarkup（C/C++）、JAXP（Java）、dom4j（Java）等。其中libxml2（包括libxslt）是一个非常优秀的C/C++开源XML处理库，功能非常丰富，支持XML Schema、DTD、Relax NG、ISO-Schematron、XML命名空间、XML Base、XPath、HTML4 解析器（http://www.w3.org/TR/html401/）、XPoiner、XInclude等。它的官方网站是http://xmlsoft.org/。更为方便的是，目前流行的Python语言中的lxml库对libxml2/libxslt进行了封装，提供了方便易用的ElementTree接口，支持XML、XHTML、HTML文档的创建、分析和验证。

本节采用Python语言演示如何通过lxml库创建XML文档、分析并验证XML实例文档。Python是一门易学易用的开发语言，被称为开发人工智能应用的“殿堂级语言”。感兴趣的读者可以阅读作者编写的《人工智能开发语言-Python》一书，从中可以系统地学习和掌握Python语言。

目前lxml是PYPI（PYthon Package Index）上的项目，读者可以直接从PYPI的网站（https://pypi.org/project/lxml/）下载，或者通过包管理工具pip进行下载和安装。lxml的官网（https://lxml.de）上有lxml的详细说明。

1.6.1 XML处理库lxml的安装

假设Python环境已经安装完毕（建议安装Python 3.6以上版本），XML处理库lxml使用pip工具安装。在命令行窗口中运行下面的命令，安装最新的lxml：

```
pip install -U lxml
```

其中，–U（注意大写）选项表示下载和安装lxml的最新版本，目前其最新版本为4.2.5。

运行上面的命令后，lxml将自动安装，并且lxml依赖的各种库也会一起安装。lxml的安装目录是：<Python 安装目录>\Lib\site-packages\lxml。

1.6.2 使用lxml创建XML文档

lxml提供了创建XML文档的便捷函数。下面的例子使用了lxml.etree的ElementTree、Element以及SubElement接口进行（根）元素的创建、子元素的添加等，演示了两种添加元素属性的方法，并把生成的XML内容输出到books.xml文件中。

```
import lxml.etree as etree

'''''
# 本代码演示如何使用lxml创建一个完整的XML文档，并输出到XML文件中
# 本例演示了如何创建（根）元素，添加子元素
# 以及如何设置元素的属性等功能
'''

#1 创建一个元素，本实例中用作根元素
rootElement = etree.Element('BookFamily')

#2 生成一个新的文档树
xmlFile = etree.ElementTree(rootElement)

#3 添加子元素及孙元素（子子元素）
# 第一大类：化工行业
# 这种方式，同时添加了属性Code
element000 = etree.SubElement(rootElement, '化工行业', Code='000')
```

```
#element0.text = "化工类图书"

# 第一大类的第一个子类：有机化工
element010 = etree.SubElement(element000, '有机化工') #, Code='010')
# 也可以使用set()函数添加属性Code
element010.set("Code", "010")
#element010.text = "有机化工类图书"
# 具体图书
element011 = etree.SubElement(element010, '书籍', Code='011') #, author="张三")
element011.set("author", "张三")  # 使用set()函数添加属性Code
element011.text = "有机化工工业装备"
element012 = etree.SubElement(element010, '书籍', Code='012', author="李四")
element012.text = "有机化工分析"

# 第一大类的第二个子类：无机化工
element020 = etree.SubElement(element000, '无机化工', Code='020')
#element020.text = "无机化工类图书"
# 具体图书
element021 = etree.SubElement(element020, '书籍', Code='021', author="王二")
element021.text = "无机化工专业实训"
element022 = etree.SubElement(element020, '书籍', Code='022', author="Jack Liu")
element022.text = "无机化工原料手册"


# 第二大类：计算机行业
element100 = etree.SubElement(rootElement, '计算机行业', Code='100')
#element100.text = "计算机类图书"

```

```
# 第二大类的第一个子类：计算机硬件
element110 = etree.SubElement(element100, '计算机硬件', Code='110')
#element110.text = "计算机硬件类图书"
# 具体图书
element111 = etree.SubElement(element110, '书籍', Code='111', author=
"Simth Wen")
element111.text = "计算机硬件大全"
element112 = etree.SubElement(element110, '书籍', Code='112', author=
"张三")
element112.text = "计算机硬件维修实训"
element113 = etree.SubElement(element110, '书籍', Code='113', author=
"李四")
element113.text = "硬件集成技术大全"

# 第二大类的第二个子类：计算机软件
element120 = etree.SubElement(element100, '计算机软件', Code='120')
#element120.text = "计算机软件类图书"
# 具体图书
element121 = etree.SubElement(element120, '书籍', Code='121', author=
"王小二")
element121.text = "AutoCAD实用技术汇总"
element122 = etree.SubElement(element120, '书籍', Code='122', author=
"张小三")
element122.text = "软件项目过程管理实践"


# 上面两类元素标签使用的是汉字，下面使用英文字符
# 第三大类：Health（健康）
element200 = etree.SubElement(rootElement, 'Health', Code='200')
#element200.text = "Books about Health"

# 第三大类的第一个子类：BodyHealth（身体健康）
element210 = etree.SubElement(element200, 'BodyHealth', Code='210')
```

```
#element210.text = "Books about body health"
# 具体图书
element211 = etree.SubElement(element210, 'book', Code='211', author="张三丰")
element211.text = "中国茶与茶文化"

# 第三大类的第二个子类：MentalHealth（心理健康）
element220 = etree.SubElement(element200, 'MentalHealth', Code='220')
#element220.text = "Books about mental health"
# 具体图书
element221 = etree.SubElement(element220, 'book', Code='221', author="John Zhao")
element221.text = "The good practice about psychological health"
element222 = etree.SubElement(element220, 'book', Code='222', author="Rock Pan")
element222.text = "How to train your self-confidence"
# ------ XML文档内容完毕

#4.1 输出到屏幕
print(etree.tostring(rootElement, xml_declaration=True, pretty_print=True))

#4.2 输出大文件（持久化）
outFile = open('books.xml', 'wb')  # 因为下面的write()函数，默认是二进制方式存储
xmlFile.write(outFile, xml_declaration=True, encoding='utf-8')
outFile.close()
```

这个示例的屏幕输出比较长，这里仅仅输出部分内容：

```
b'<?xml version=\'1.0\' encoding=\'ASCII\'?>\n<BookFamily>\n ...(中间内容略)...  </BookFamily>\n'
```

为了更好地展示本例的效果，我们看一下输出文档books.xml的内容，请注意各元素及其子元素的关系。

```
<?xml version='1.0' encoding='UTF-8'?>
<BookFamily>
  <化工行业 Code="000">
    <有机化工 Code="010">
      <书籍 Code="011" author="张三">有机化工工业装备</书籍>
      <书籍 Code="012" author="李四">有机化工分析</书籍>
    </有机化工>
    <无机化工 Code="020">
      <书籍 Code="021" author="王二">无机化工专业实训</书籍>
      <书籍 Code="022" author="Jack Liu">无机化工原料手册</书籍>
    </无机化工>
  </化工行业>
  <计算机行业 Code="100">
    <计算机硬件 Code="110">
      <书籍 Code="111" author="Simth Wen">计算机硬件大全</书籍>
      <书籍 Code="112" author="张三">计算机硬件维修实训</书籍>
      <书籍 Code="113" author="李四">硬件集成技术大全</书籍>
    </计算机硬件>
    <计算机软件 Code="120">
      <书籍 Code="121" author="王小二">AutoCAD实用技术汇总</书籍>
      <书籍 Code="122" author="张小三">软件项目过程管理实践</书籍>
    </计算机软件>
  </计算机行业>
  <Health Code="200">
    <BodyHealth Code="210">
      <book Code="211" author="张三丰">中国茶与茶文化</book>
    </BodyHealth>
    <MentalHealth Code="220">
      <book Code="221" author="John Zhao">The good practice about psychological health
      </book>
```

```
      <book Code="222" author="Rock Pan">How to train your self-confidence</book>
    </MentalHealth>
  </Health>
</BookFamily>
```

1.6.3 使用lxml解析XML文档

XML文档逻辑结构是一种树形结构，lxml 使用etree._Element和 etree._ElementTree来分别代表树的节点和整棵树。只要获得了文档的ElementTree对象，就可以遍历、搜索每一个元素及其属性。lxml中的etree模块提供了获得ElementTree对象的多种方法。

解析器Parser是解析XML文档所必需的对象。解析器对象作为参数会出现在很多函数中，但是由于lxml为每个函数提供了一个默认的解析器对象，所以一般情况下使用者可以不用关心这个参数。当然，如果由于某些特殊情况开发者需要定制个性化的解析器，则可以使用etree模块提供的XMLParser（）进行定制，并把它作为其他函数的参数输入。

开发者也可以使用set_default_parser（parser）设置某个线程全局性的默认解析器，如果这个函数调用时没有提供参数，则恢复到lxml自带的默认解析器。

下面的例子通过etree.parse（）获取XML文档的ElementTree对象，进而获取根元素，通过根元素遍历所有元素，搜索特定标记的元素。这里为了简化，有些功能只在注释中说明，请读者仔细阅读。这个函数需要的参数就是一个XML文档的具体存储路径，这个路径可以是本地路径，也可以是HTTP或FTP协议的URI。

```
from lxml import etree

# XML Schema的路径
XML_SCHEMA_PATH = "./po.xsd"
# XML实例文档的路径
XML_FILE_PATH   = "./po.xml"

print("Start processing...\n")

#1 创建一个ElementTree对象（把源码导入）
xml_doc = etree.parse(XML_FILE_PATH)  # 使用默认的解析器Parser
print("XML版本：", xml_doc.docinfo.xml_version)
```

```

#2 调用ElementTree对象的getroot()函数获取根元素
root = xml_doc.getroot()
#print(etree.tostring(xml_doc))  # 输出全部内容
print("-"*30, end="\n\n")

#3 输出所有的子元素，根据根元素进行遍历
print("子元素个数：", len(root))
for child in root:
    print(child.tag)
    #print(etree.tostring(child))  # 将输出子元素的内容
print("-"*30, end="\n\n")

#4 寻找特定标记的元素及其属性
tagName = "billTo"
print("搜索标记为", tagName, "元素")
element = xml_doc.find(tagName)  # 只返回第一找到的标记元素)
if(element is not None):
    print(element.tag)
    print(etree.tostring(element))  # 输出找到的标记
else:
    print(tagName, "元素没有找到！")
print("-"*30, end="\n\n")
# findall() 函数将返回一个元素列表

#5 也可以通过迭代器来输出元素
iCnt = 0
for element in root.iter():
    iCnt += 1
    print("*", iCnt, sep='')
    print("%s - %s" % (element.tag, element.text))
    attDict = element.attrib
```

```
    for key in attDict.keys():
        print("属性信息 : «, key, "=" , attDict[key])
    print("----------")
# iter()也可以以标记做参数，进行元素过滤
print("End of processing...")
```

输出结果如下（为了简洁，省略了部分内容）：

```
Start processing...
XML版本:  1.0
------------------------------
子元素个数:  4
shipTo
billTo
comment
items
------------------------------
搜索标记为 billTo 元素
billTo
b'<billTo country="US">\n  ......  </billTo>\n  '
------------------------------
*1
purchaseOrder -
属性信息 :  orderDate = 1999-10-20
----------
*2
shipTo -
```

```

属性信息 :  country = US
----------
......
......

*25
shipDate - 1999-05-21
----------
End of processing...
```

1.6.4 使用lxml验证XML文档

一个XML文档的验证过程就是基于XML Schema的语法校验过程。下面的例子实现了对XML文档的验证，为了有较好的演示效果，使用了两个XML实例文档、一个XML Schema文档。这个例子针对不同的功能需求，展示了不同的验证方法。为了便于对照，例子中的文档和Schema都是在本章前面提到过的。

```
from lxml import etree

'''''
# 为了演示，特意设定两个不同xml使用同一个XML Schema文档
# 其中po.xml是符合po.xsd规范的，mybook.xml是不符合po.xsd规范的
# 假定这两个文件与本python代码文件在同一目录下 ***
'''

# XML Schema的路径
XML_SCHEMA_PATH = "./po.xsd"
# XML实例文档的路径
XML_FILES_PATH  = ["./po.xml", "./mybook.xml"]

print("Start processing...\n")
for xmlfile in XML_FILES_PATH :
    print(xmlfile, "<->", XML_SCHEMA_PATH)
```

```
#1 创建XML Schema validator
# -- 首先创建一个ElementTree对象（把源码导入）
xml_schema_doc = etree.parse(XML_SCHEMA_PATH)
# -- 然后再把这个ElementTree对象转变为XML Schema的验证器
xml_schema = etree.XMLSchema(xml_schema_doc)

#2 创建一个XML实例文档的 ElementTree对象
xml_doc = etree.parse(xmlfile)  # 使用默认的解析器Parser
# 后面将是xml_schema验证器对xml_doc文档的处理

#3.1 验证方式1：只判断是否XML实例文档是否符合XML Schema（返回True/False）
result = xml_schema.validate(xml_doc)
#result = xml_schema(xml_doc)  # 也可以这样
print(result)
print("-"*30)

#3.2 验证方式2：如果想要得到验证过程中可能发生的错误，可以使用assertValid
try:
    # 如果XML实例文档不符合XML Schema，则引发"DocumentInvalid"
    xml_schema.assertValid(xml_doc)
    print("gooood!")
except Exception as err:
    print("BAD! ", err.__class__)
    print(err)
print("-"*30)

#3.3 验证方式3：如果想要得到验证过程中可能发生的错误，assert_
try:
    # 如果XML实例文档不符合XML Schema，则引发"AssertionError"
    xml_schema.assert_(xml_doc)
    print("gooood!")
except Exception as err:
```

```
        print("BAD! ", err.__class__)
        print(err)
    print("-"*30)

    #4 验证过程中的错误和警告日志
    log = xml_schema.error_log
    error = log.last_error
    if( error is not None ):
        print(error.domain_name)
        print(error.type_name)
        print(log.__str__())
    else:
        print("No error or warning...")

    print("*"*37)
    print()

# end of for loop

print("End of processing...")
```

输出结果如下：

```
Start processing...

./po.xml <-> ./po.xsd
True
------------------------------
gooood!
------------------------------
gooood!
------------------------------
No error or warning...
*************************************
```

```

./mybook.xml <-> ./po.xsd
False
------------------------------
BAD!  <class 'lxml.etree.DocumentInvalid'>
Element '{http://www.shujujie.cn/ns/mybook}bookstore': No matching global declaration available for the validation root., line 5
------------------------------
BAD!  <class 'AssertionError'>
Element '{http://www.shujujie.cn/ns/mybook}bookstore': No matching global declaration available for the validation root., line 5
------------------------------
SCHEMASV
SCHEMAV_CVC_ELT_1
./mybook.xml:5:0:ERROR:SCHEMASV:SCHEMAV_CVC_ELT_1: Element '{http://www.shujujie.cn/ns/mybook}bookstore': No matching global declaration avail able for the validation root.
*************************************

End of processing...
```

上面的例子中使用了两个XML实例文档：po.xml和mybook.xml。为了演示验证的过程和效果，这两个XML实例文档对应了同一个Schema文档po.xsd。从输出结果可以看出，po.xml通过了基于po.xsd的验证，而mybook.xml则提示错误，没有通过。

本章小结

本章对XML规范及相关技术做了整体介绍，以便为后面讲解PMML奠定必要基础。本章重点内容如下。

➢ XML文档的结构　一个XML实例文档由头部（head）和正文（body）组成。头部描述了XML解析器及其他处理程序可以使用的信息，指明了对一个XML文档的处理方式；正文描述了XML文档的具体内容。

➢ XML Schema　XML Schema定义了XML实例文档中所用到的元素、属性以及各种数据类型。在XML规范中，把包含子元素或具有属性的元素称为复杂数据类型元素（xsd:complexType），把只包含数据内容（数值、字符串或时间等）的元素称为简单数据类型元素（xsd:simpleType）。简单数据类型包括内置的数据类型（原子型）以及通过限制、列表和联合派生的数据类型。使用xsd:complexType可以定义一个复杂数据类型，它通常包含一组元素声明、元素引用和属性声明，且其属性类型必须是简单数据类型。

➢ XML文档的命名空间　采用命名空间的目的是为了解决命名冲突问题。命名冲突是指一个文档中存在两个或多个相同的名称，处理程序无法区分这些名称所表示的信息。目标命名空间使处理程序能够区分不同词汇表（由Schema中的元素声明或类型定义组成）中的同名定义和声明。

➢ XML文档中实体的定义和引用　通过在XML Schema中声明某个元素具有固定值，可以实现与采用DTD定义实体等同的效果。

➢ XML文档验证　XML文档验证是保证一个XML文档（包括Schema及其实例文档）有效的必要手段。只有通过验证，才能保证一个文档中元素与元素之间、元素和属性之间的关系以及属性的取值正确无误。

➢ XML受到各种语言的支持　由于XML应用广泛，各种主要语言如Java、C/C++、Python等都提供了功能丰富、方便易用的XML处理库，例如Python语言中的lxml模块。

2 数据挖掘与PMML

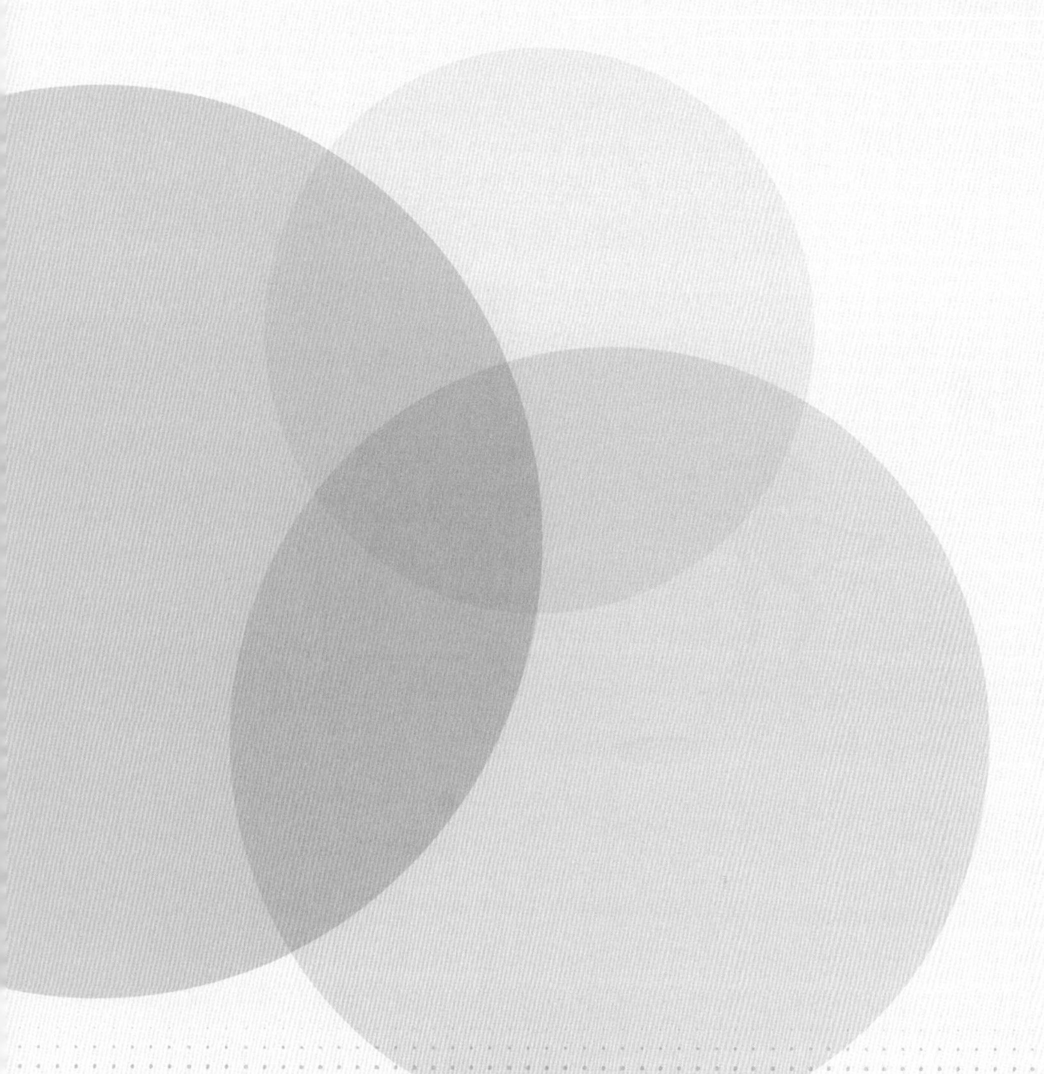

2.1 数据挖掘简介

数据挖掘（DM，Data Mining），有时也称为机器学习（ML，Machine Learning），是一种处理和应用大量随机数据的技术，用来从大量数据中提取可信、新颖的有效信息，这些信息一般来说是隐含的、事先未知的，表现形式为概念、规则、模式和规律等。数据挖掘技术起始于20世纪下半叶，其发展背景是计算机技术和数据库在各行各业得到了广泛应用，业务系统产生的数据量不断膨胀，导致企业级数据仓库（DW，Data Warehouse）出现，这对传统的统计分析工具提出了巨大挑战，需要采用某种革命性的技术去挖掘大量数据背后的潜在价值。科学家和研究人员把当时最新的数据分析技术（例如关联规则、神经网络、决策树等）与数据库技术结合起来，用计算机分析挖掘基于数据库存储的大量业务数据背后的信息和知识，从而催生了数据库知识发现KDD（Knowledge Discovery in Databases）技术，1989年8月于美国底特律召开的第11届国际人工智能联合会（IJCAI-89）首次提出了知识发现（KDD）这个概念，而数据挖掘是KDD的核心。

进入21世纪以来，各种业务系统产生的数据呈现出体量巨大（Volume）、产生速度快（Velocity）、数据结构复杂（Variety）、价值密度低（Value）的“4V”特点，社会进入了“大数据时代”，在这种形势下，数据挖掘与大数据技术迅速结合了起来，并很快在各行业得到了应用，引发了巨大的商业变革。图2-1展示了数据挖掘示意图。

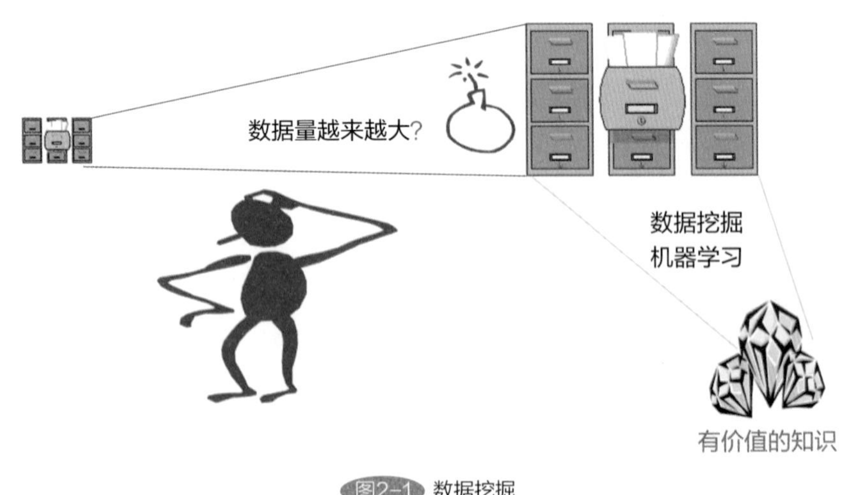

图2-1 数据挖掘

从模型创建的角度看，数据挖掘或机器学习可以分为有监督学习和无监督学习两大类别。有监督学习也称为监督学习，待处理的数据（样本数据）中带有需要预测的目标属性（或称为目标字段、目标变量、标签数据），在处理数据过程中以这些目标属性为预测方向创建模型。有监督学习可以分为分类和回归两个类别。

分类是根据已标记的数据预测未标记数据的类别，将每个输入数据（向量）分配给有限数量的离散类别，比如手写数字识别问题、车牌自动识别问题等。常见的分类算法有贝叶斯分类、决策树、支持向量机（SVM）、神经网络（NN）、随机梯度下降（SGD）等。

如果所需的预测输出结果是由一个或多个连续变量组成的，则该任务称为回归，比如根据父母的身高去推测儿子的身高。常见的回归算法有线性回归、逻辑回归、多项式回归、弹性网络回归等。

在无监督学习中，训练数据由一组输入向量组成，不包含任何相应的目标属性，无监督学习的任务包括发现数据中相类似的数据组（称为聚类）、试图确定输入空间中的数据分布规律、将高维数据投影到低维等等。无监督学习的模型有聚类、关联规则、生存分析等。

有监督学习和无监督学习都是根据样本数据寻找一定的模型（模式），并把这个模型应用到新数据上。在数据挖掘过程中，通常把样本数据分为两个集合：一个用来构建模型，称为训练数据；另一个用来测试验证模型的准确性、可靠性和普适性，称为测试数据。某些复杂的数据挖掘模型会在模型训练过程中把训练数据自身再次分为训练数据和验证数据两类。

另外从知识利用角度看，数据挖掘算法分为预测和描述两类，预测主要包括分类、回归和时间序列等算法，描述主要包括聚类、关联规则、生存分析、描述统计等算法，如图 2-2 所示。

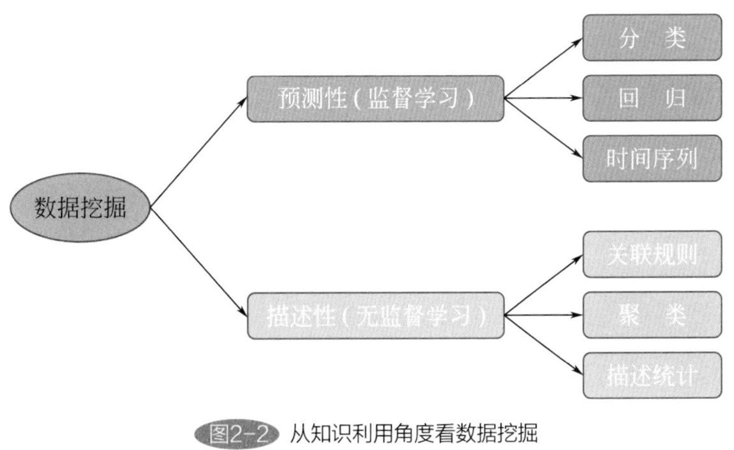

图2-2 从知识利用角度看数据挖掘

2.2 数据挖掘流程标准

数据挖掘流程是一个复杂的过程，不可能通过简单几步就能完成，一方面，这个过程涉及数据清洗、数据集成、变量选择、数据转换、模型构建、模型验证以及最终结果的知识表达和应用等；另一方面，建立数据挖掘模型所需的数据往往是跨数据源的，需要建立一个统一的数据标准以进行数据整理以及循环多次的模型优化。

由于数据挖掘流程复杂，所以需要制订相应的步骤来控制数据挖掘流程的各个环节，保证数据挖掘的效果。数据挖掘流程在技术上可分为两大步骤：数据准备（预处理）和数据挖掘（建模），如图2-3所示。

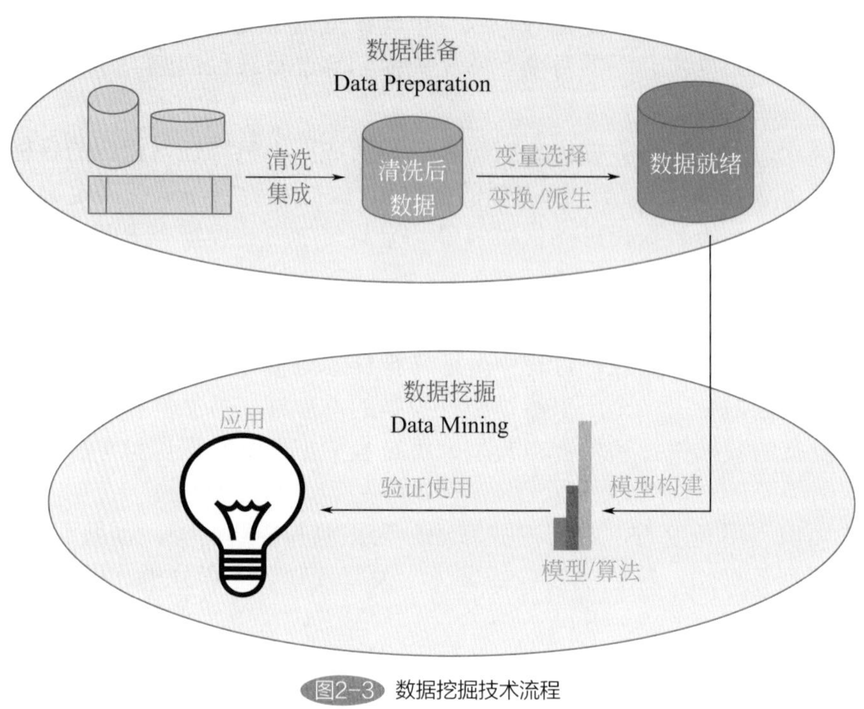

图2-3 数据挖掘技术流程

为了使挖掘过程标准化，创建统一的挖掘平台软件，各个系统厂商先后提出很多数据挖掘标准方法，为数据挖掘系统的迅速发展提供了基础。其中最流行的有SEMMA、5A以及CRISP-DM等。

1）SEMMA

SEMMA是由SAS Institute（全球知名的统计软件及数据挖掘系统开发商）开发的指导数据挖掘流程的标准。“SEMMA”是Sample、Explore、Modify、Model和Assess五个英语单词的首字母组合，代表抽样、探索、修改、模型和评估，这也正是SAS提出的在数据挖掘中要遵循的五个步骤，见图2-4。

这五个步骤的具体任务如下：

➢ Sample：数据采样，是数据挖掘的第一步，选择用于建模的数据集，同时检验数据的质量；选择的样本集应该足够大，包含足够的信息，以便能有效使用；

➢ Explore：通过图形等可视化手段来发现特征（变量）的统计属性、异常情况以及变量之间的相关性等；

➢ Modify：明确要解决的问题以及入模特征变量的选择、派生转换等；

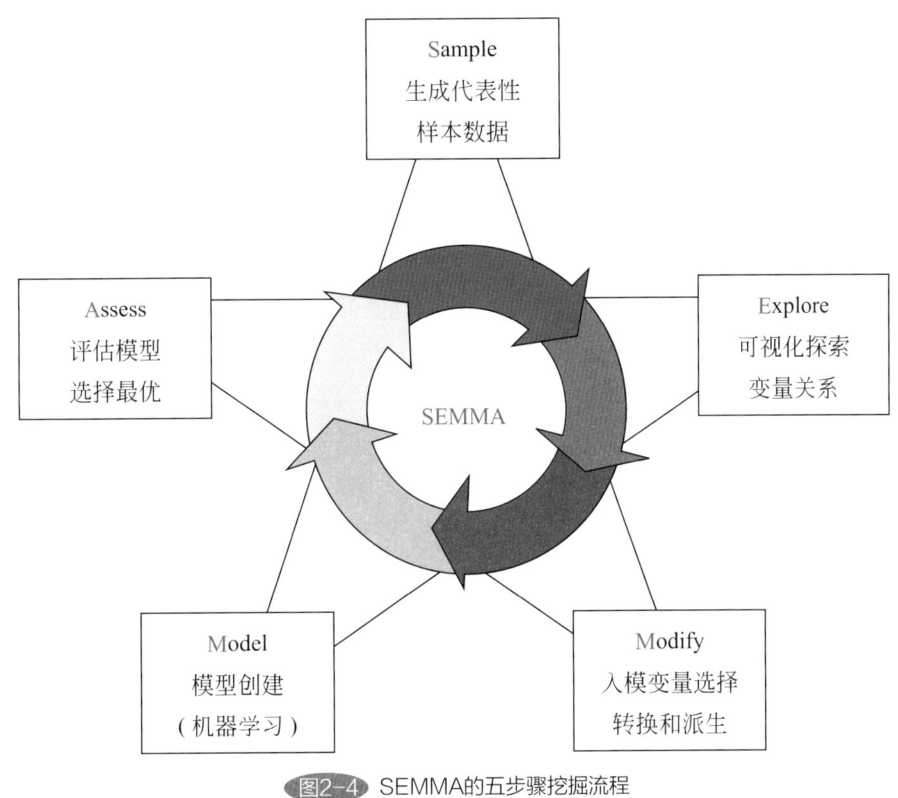

图2-4 SEMMA的五步骤挖掘流程

➢ Model：基于前面准备好的变量，应用各种建模技术（可能使用多种模型算法）创建所需的模型；

➢ Assess：对建模结果进行可靠性和有效性综合评估，找出最优模型。

SEMMA主要关注数据挖掘项目的建模任务本身，而将业务目标排除在外，因为其重点是帮助SAS Enterprise Miner软件用户，所以在Enterprise Miner之外应用时用户可能感觉不方便。

2）5A

5A流程标准由原来的SPSS（Statistical Product and Service Solutions）公司发起。“5A”是Assess、Access、Analyze、Act和Automate五个单词的首字母组合。5A流程包括：

➢ Assess：确定需求并进行客观评价，确定所需要的数据；

➢ Access：实现数据的获取，检查数据质量，并对数据进行预处理；

➢ Analyze：基于获取的数据，运用各种统计分析工具，通过预测或描述算法创建相关挖掘模型；

➢ Act：对创建的模型进行演练和评估，确定最优模型；

➢ Automate：通过系统提供的工具快速显示结果，以便用户更好地决策。

IBM在2009年收购了SPSS。由于IBM也是CRISP-DM（见下面）流程的主要发起人之一，并且IBM目前也在主推CRISP-DM，所以5A标准的市场在逐步缩减。

3）CRISP-DM

CRISP-DM是CRoss Industry Standard Process for Data Mining的缩写，意为“跨行业数据挖掘标准流程”。该标准由SPSS、Teradata、Daimler AG、NCR Corporation和OHRA五家公司领导开发，第一个版本于1999年3月在布鲁塞尔举行的第四届CRISP-DM SIG（Special Interest Group）研讨会上发布。

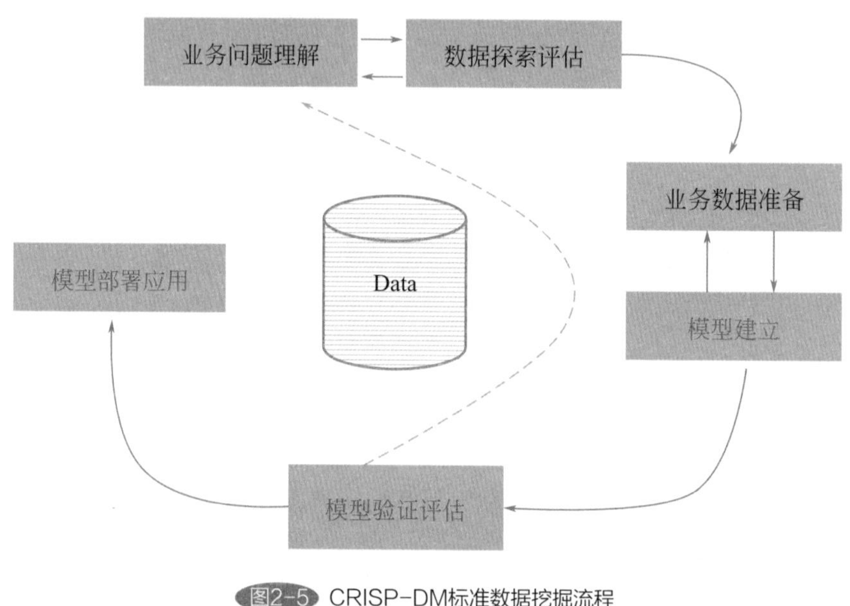

图2-5 CRISP-DM标准数据挖掘流程

与前面讲述的SEMMA相比，CRISP-DM强调数据挖掘由业务目标驱动，重视数据的获取、清洗和管理。图2-5展示了CRISP-DM针对具体业务问题进行数据挖掘或机器学习的标准流程。

CRISP-DM标准数据挖掘流程包括业务问题理解、数据探索评估、业务数据准备、模型建立、模型验证评估以及模型部署应用六个环节，在挖掘过程中每个环节之间可能需要反复交互。

1）业务问题理解阶段

CRISP-DM着重于从商业角度分析理解挖掘目标和需求，在这种分析的基础上确定数据挖掘问题，制订数据挖掘计划。

2）数据探索评估阶段

根据前一阶段的结果，找出影响挖掘目标的各种因素（特征），确定这些因素的数据来源、表现形式以及存储位置，然后探测数据，描述数据，分析数据质量。

3）业务数据准备阶段

根据挖掘目标制订数据质量标准和各种派生规则，对原始数据进行清洗处理，使用各种ETL工具，按照数据挖掘模型所需的数据格式准备样本数据，为模型的创建准备好高质量数据；所谓“Garbage in，Garbage out”，所以一定要保证样本数据的质量。

4）模型建立阶段

选择合适的模型，针对不同模型进行参数的训练和优化，发现数据中隐藏的规律。本阶段可能要对多种模型进行训练，并根据各种指标（如R2、AUC、F1等）寻找最优的模型。在建模阶段可能会发现一些潜在的数据问题，此时就需要返回到数据准备阶段，完善和更新入模数据。

5）模型验证评估阶段

对创建的模型进行测试，从业务目标、预测或分类结果角度进行评估，验证模型的有效性和可靠性，以确保模型应用到实际环境中时不会出现相关的错误。在验证时如果发现模型不能满足业务需求，则可能要返回到业务问题理解阶段进行重新审视，并根据实际情况确定是否重复后续的环节。

6）模型部署应用阶段

把新数据应用到训练后的模型，对新数据进行预测，并根据预测结果进行决策，也可以把模型集成到企业生产环境中进行部署，充分发挥模型的应用价值，完成数据挖掘的目标。

目前CRISP-DM得到众多挖掘系统开发商的支持，在市场上占据着领先位置，已经成为事实上的挖掘标准。

2.3 数据挖掘系统

数据挖掘理论和计算机技术的发展为数据挖掘系统的发展提供了坚实的基础，各行各业对数据价值的深入探索进一步推动了数据挖掘软件的应用，各种数据挖掘系统如雨后春笋般相继出现。这些挖掘系统既有商用的平台软件，如IBM公司的Intelligent Miner，NCR公司的TWM（Teradata Warehouse Miner），SAS公司的Enterprise Miner，Oracle公司的Darwin，Microsoft公司的SQL Server Analysis Service，也有大量的开源挖掘系统，如Weka、Tanagra、RapidMiner、KNIME、Orange、GGobi、JHepWork等。另外还有很多像Python、R等非常适合数据挖掘或机器学习的语言，基于这些语言也有很多专用的挖掘系统，它们应用在不同的领域。

表2-1和表2-2分别列举了部分商用和开源挖掘平台软件。

表2-1 部分商用挖掘平台软件

挖掘平台软件	所属公司
Enterprise Miner	SAS
Intelligent Miner	IBM
SPSS Modeler	IBM（来自收购的SPSS公司）
Statistica Data Miner	Statsoft
DBMiner	DB Miner
TWM(Teradata Warehouse Miner）	NCR
Affinium	Unica
Insightful Miner	Insightful
RIK, EDM and DMSK	Data Miner
Data Mining Suite	Information Discovery
Knowledge Studio	Angoss
Nuggets	Data Mining Technologies
Ghost Miner	Fujitsu
Darwin	Oracle

表2-2 部分开源挖掘平台软件

挖掘平台软件	网址
R	http://www.r-project.org
Tanagra	http://eric.univ-lyon2.fr/~ricco/tanagra/
Weka	http://www.cs.waikato.ac.nz/ml/weka/
RapidMiner（YALE）	http://rapidminer.com/ 或 http://rapid-i.com
KNIME	http://www.knime.org
Orange	http://www.ailab.si/orange
GGobi	http://www.ggobi.org
DataMelt（JHepWork）	https://jwork.org/dmelt/
NLTK	http://www.nltk.org/
Apache Mahout	https://mahout.apache.org/

2.4 PMML的出现

数据挖掘技术目前已经应用到几乎所有行业，并取得巨大成功。但是大多数挖掘系统都是各软件供应商基于各自的发展规划，采用自己的专有技术开发的，所建立的挖掘模型彼此之间往往不兼容，因而不能共享，这对数据挖掘技术的进一步发展和普及造成了一定障碍，具体表现在以下几个方面：

（1）各种数据挖掘平台基于专有的模型和实现技术，平台之间相互独立，平行发展，形成了所谓的“平台孤岛”；

（2）挖掘模型没有一个统一的开放性描述标准，各有各的“描述语言”；

（3）由于“平台孤岛”的存在，挖掘模型很难嵌入到其他应用程序中发挥作用。

随着数据挖掘技术发挥的作用越来越大，数据挖掘平台已经成为很多企业的必备系统，不同系统之间进行模型共享、交换的需求也越来越强烈，因此迫切需要一种通用的挖掘模型描述语言来实现模型描述的标准化和模型平滑移植，使得在某个挖掘平台上训练优化的模型能够顺利应用到其他环境系统中去。

为了解决这个问题，1997年，芝加哥伊利诺伊大学国家数据挖掘中心NCDM（National Center for Data Mining）的Robert Lee Grossman博士（图2-6）开发出了独立于软件供应商的数据挖掘模型的标准语言——PMML（Predictive Model Markup Language），即预测模型标记语言。PMML是一种基于XML规范的开放式挖掘模型表达语言，它消除了模型交换的主要障碍，为不同应用系统提供了定义数据挖掘模型的方法；利用PMML可在各个应用程序中共享模型，用户可在一个软件系统（产品A）中创建预测模型，以符合PMML标准的文档对其进行表达，然后将此文档传递到另外一个系统（产品B）中，在该系统上应用PMML文档描述的模型，实现挖掘技术的传递和共享。图2-7展示了PMML挖掘模型的传递流程。

PMML第一个版本定为Version 0.7；1998年7月发布了Version 0.9，后续的版本转由数据挖掘组织DMG开发和维护，Robert Lee Grossman博士是DMG的创始人之一，并担任主席。

开发一种数据挖掘语言是一个巨大的挑战，因为数据挖掘是一种交叉很多学科的技术，覆盖了数据库、人工智能、数理统计、可视化技术、并行计算等多方面知识，工作任务复杂，包括数据特征化、挖掘模型实现、数据分类、偏差检测等等，并且每个任务都有不同的需求，所以PMML从1.0版开始交由数据挖掘组织DMG（Data Mining Group）负责开发维护。DMG是一个由数据挖掘平台厂商组成的联盟，它的成员都是在数据处理和知识发现领域有突出贡献的公司，包括SIGKDD、IBM、SAS、TIBCO、Alpine Data、FICO、Open Data Group（ODG）、NIST、Salford Systems、Software AG和Tibco等，由位于美国伊利诺伊州的计算科学研究中心（the Center for Computational Science Research）负责日常管理。DMG的官方网站是http://www.dmg.org。

图2-6 Robert Lee Grossman博士

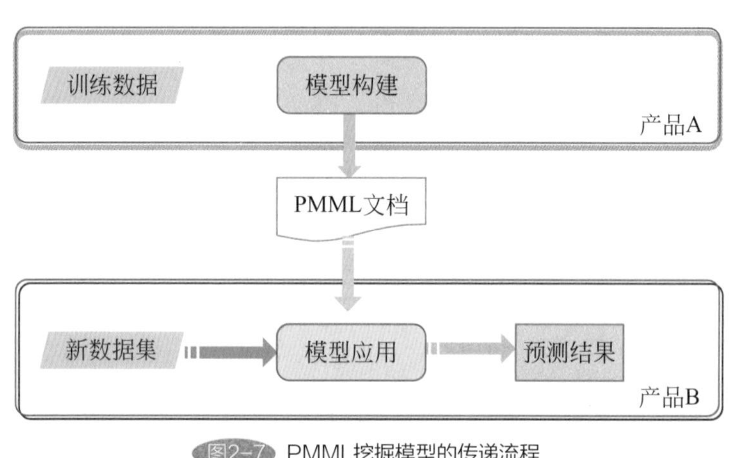

图2-7 PMML挖掘模型的传递流程

由于其特有的独立性和开放性，PMML得到越来越多厂家的支持，也越来越普及，目前已受到所有顶级商业统计工具及开源统计工具的支持。通过PMML语言不仅可表达建模技术，还可用于数据转换，实现异构系统间的模型共享，最大程度地发挥数据挖掘预测分析的作用。目前PMML是W3C标准语言。PMML各版本的推出时间如下。

◆ PMML Version 0.7——1997.7正式亮相（Robert Lee Grossman）。

◆ PMML Version 0.9——1998.8发布（Robert Lee Grossman）。

◆ PMML Version 1.0——1999.7 DMG接手后正式发布的第一个版本，这个版本假设入模数据都经过了预处理。

◆ PMML Version 1.1——2000.8发布，包含6个模型。

◆ PMML Version 2.0——2001.8发布，添加了Transformation Dictionary（数据预处理过程，可衍生新字段）、Naïve Bayes和Sequence模型。

◆ PMML Version 2.1——2003.3发布，开始用XML Schema代替DTD（以前的版本使用DTD）。

◆ PMML Version 3.0——2004.10发布，引入了函数、日期/时间数据类型、模型构成（仅构成树和回归模型）、模型验证、输出、目标、局部转换、SVM、规则集，对现有元素功能进行了扩展。

◆ PMML Version 3.1——2005.12发布，添加了部分统计和挖掘模型，并增强了对数据准备的支持。

◆ PMML Version 3.2——2007.5发布，支持的模型达到了11种，涵盖了关联规则、聚类、分类与预测等。

◆ PMML Version 4.0——2009.6发布，引入了MultipleModels替换ModelComposition，添加了Cox回归模型、ModelExplanation以及支持指数平滑的时间序列模型，同时新增包括“if-then else”的内置函数结构。

◆ PMML Version 4.1——2011.12发布，新增Baseline模型、KNN和ScoreCard。

◆ PMML Version 4.2——2014.2发布，新增文本挖掘模型，对后处理输出进行了简化。

◆ PMML Version 4.3——2016.8发布，新增Gaussian Process和Bayesian Network模型以及一些内置函数。

目前PMML最新版本是Version 4.3，包含了18种模型，下一章将详细介绍。

本章小结

数据挖掘理论和计算机技术的发展加上行业的需求，促进了数据挖掘系统的发展，各行各业对数据价值的深入探索不断推动着数据挖掘软件的应用，各种数据挖掘系统纷纷推出。

从数据挖掘技术的发展来看，主要出现过SEMMA、5A、CRISP-DM三种比较有影响的标准开发流程，目前最有影响力的是CRISP-DM，其挖掘流程包括商业问题理解阶段、数据探索评估阶段、业务数据准备阶段、模型建立阶段、模型验证评估阶段、模型部署应用阶段六个相互关联的环节。

不同的数据挖掘系统之间存在着模型共享的问题，而PMML的出现为解决这个问题带来了方案。1997年Robert Lee Grossman博士推出PMML的第1个版本，经过多次完善，目前PMML由DMG维护，最新版本为4.3，可支持18类挖掘模型，涵盖所有常用的模型，得到几乎所有挖掘平台厂商的支持。

PMML标准架起了不同挖掘平台和应用系统之间的桥梁，使挖掘模型的共享成为可能，最大程度地发挥数据挖掘（机器学习）的应用价值。下一章我们正式开始介绍PMML标准。

3 PMML 基础知识

3.1 PMML概述

PMML（Predictive Model Markup Language，预测模型标记语言）是一个基于XML Schema的挖掘模型定义语言；PMML语言的目标是共享和重用由不同建模工具（模型创建者）生成的挖掘模型；经过二十多年的发展，PMML已成为描述数据挖掘模型的事实上的标准。PMML当前最新版本（PMML 4.3）支持多达18类挖掘模型，如表3-1所示。

表3-1 PMML 4.3能够支持的挖掘模型

序号	支持的模型	模型说明
1	AssociationModel	关联规则模型
2	BayesianNetworkModel	贝叶斯网络模型
3	BaselineModel	基线模型
4	ClusteringModel	聚类模型
5	GaussianProcessModel	高斯过程模型
6	GeneralRegressionModel	广义回归模型
7	MiningModel	（模型组合/模型聚合）
8	NaiveBayesModel	朴素贝叶斯模型
9	NearestNeighborModel	最邻近模型
10	NeuralNetwork	神经网络
11	RegressionModel	回归模型
12	RuleSetModel	规则集模型
13	SequenceModel	序列规则模型
14	Scorecard	评分卡模型
15	SupportVectorMachineModel	SVM（支持向量机）模型
16	TextModel	文本模型
17	TimeSeriesModel	时间序列模型
18	TreeModel	树模型

PMML4.3标准文档是pmml-4-3.xsd，读者可从PMML官方网站下载,网址是：http://www.dmg.org/PMML4.3/pmml-4-3.xsd。PMML标准规定了模型开发和模型使用必须遵守的一致性规范，包括通过何种方式生成何种分析模型，通过何种方式使用何种分析模型；图3-1展示了PMML实例文档在模型开发和模型部署之间的角色。

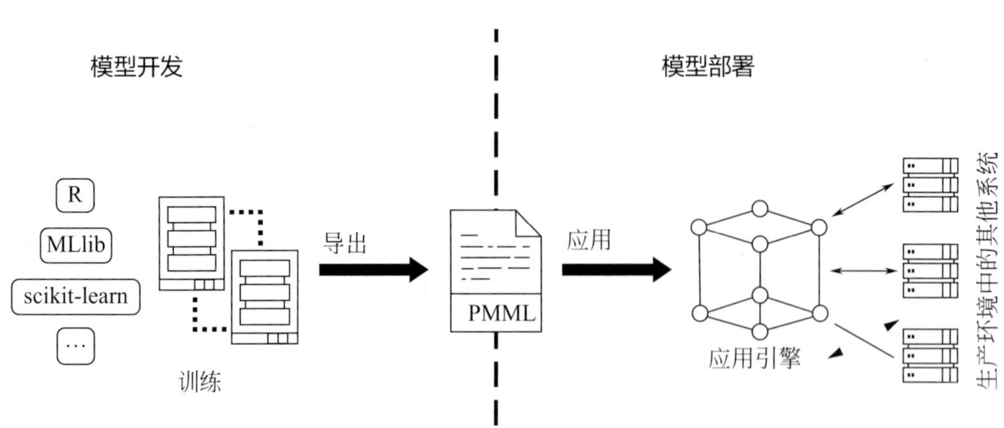

图3-1 PMML实例文档在模型开发和模型部署之间的角色

在模型开发过程中，通过对输入的样本数据进行训练，构建出有效的PMML模型文档，然后将这个模型部署到应用环境中，产生所需要的预测结果（或者更形象地说，得分），这个预测结果必须与在开发环境中产生的预测结果相符，因此还需要验证这个PMML模型的有效性，即检验这个模型在应用环境和开发环境中得分是否一致。

PMML模型文档的验证需要两个步骤。第一步是进行XSD Schema验证，检验这个PMML文档是否符合PMML某个版本的规范（如版本4.3的pmml-4-3.xsd），这一步类似于语法检验；第二步是验证这个PMML文档是否正确表达了某个模型，这一步类似于语义检验，难度上具有一定的挑战性，不仅要验证超过700个PMML元素的组合的正确性，而且要保证模型使用者能够理解和使用它，为了达到这个要求，需要用到XML的XSLT（Extensible Stylesheet Language Transformations）技术。在前面我们讨论过XSLT技术，利用它可把XML文档转换成别的格式，如HTML、PDF等，它最重要的特点是可以进行跨元素浏览，一次可以浏览检视多个XML文档元素。在PMML文档验证过程中，XSLT用来验证PMML的关键特性和功能，保证模型文档满足特定的规则要求，确保在语义上是合理的。

当然以上两个步骤也并不是完美无缺的，XSD验证复杂多变，XSLT验证也很难涵盖所有情形，但是两者结合使用，对某些PMML挖掘模型会产生很高的可信度，正所谓：

验证（XSD+XSLT）＝正确的PMML文档

作为一个已经发展了二十多年的成熟标准，PMML既可以表达挖掘模型的挖掘算法（如人工神经网络和决策树），也可以表达原始输入数据的预处理过程以及模型输出的后处理过程，见图3-2。

在前面一章我们提到数据挖掘的几种标准流程，CRISP-DM是应用最广的一种，它对数据挖掘模型的构建给出了清晰的流程，包括输入数据集（字段）的确认、数据字段的转换及派生、根据业务目标选择模型、模型的验证、模型部署应用等。PMML实例文档的构建与它类似，主要包括以下内容。

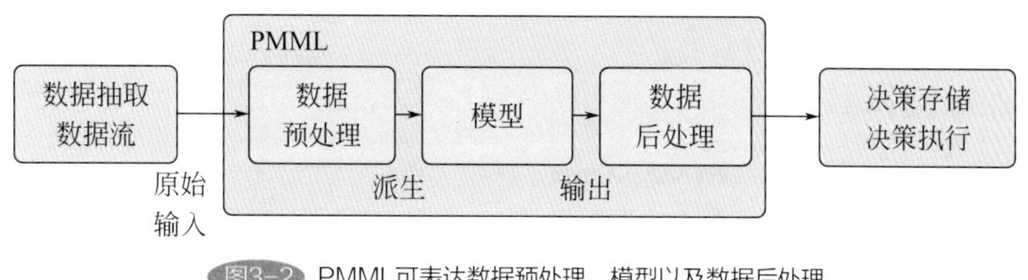

图3-2 PMML可表达数据预处理、模型以及数据后处理

（1）数据字典（Data Dictionary），数据字典是数据分析阶段的产物，它可以用来表示和定义那些对解决目前问题最有用的输入字段，包括连续型字段、定序型字段和分类型字段等。

（2）挖掘模式/架构（Mining Schema），定义了处理缺失值和异常值的方案，因为通常将模型应用于实践时，所输入的数据字段可能为空或异常。

（3）数据转换（Data Transformations），定义了原始输入数据加工以及新字段派生所需的算法。字段的派生是对输入字段进行合并或分解，以获取更多相关信息，例如我们建立一个停车制动预测模型，这个模型可将室外温度和水的状态作为原始输入字段，并将这两个字段结合起来派生出新字段——结冰字段，以判断路上是否结冰，然后把结冰字段作为模型的直接输入来预测停车时需要多大制动力。

（4）模型定义（Model Definition），定义了模型的结构和参数。例如为了呈现一个神经网络，定义了所有神经层和神经元之间的连接权重；对于一个决策树，它定义了所有树节点、简单谓语和复合谓语。

（5）输出（Output），定义了预期输出模型。例如对于一个分类任务，其输出可以包括每个预测类标签及所有相关的概率。

（6）目标（Targets），定义了用于模型输出的后处理方式。例如对于一个回归任务，可将输出转换为很容易理解的得分数（预测结果）。

（7）模型解释（Model Explanation），定义了将测试数据应用到模型时的性能度量标准（与训练数据相对），这些度量标准包括字段相关性、混淆矩阵、提升图（增益图）、接收者操作特征（ROC）曲线等。

（8）模型验证（Model Verification），定义了包含输入数据和模型预期输出结果的示例集。模型在应用程序之间传递时，需要通过匹配测试，以保证在给定相同的输入时，模型在应用系统和开发系统中能产生相同的输出。只有通过了验证，模型才会被投入实际应用。

3.2 PMML文档结构

一个PMML实例文档是以元素PMML为根元素的XML实例文档，它可以包含一个或多个挖掘模型。挖掘模型的结构由PMML规范定义。典型的PMML实例文档结构如下：

```
<?xml version="1.0"?>
<PMML version="4.3"
  xmlns="http://www.dmg.org/PMML-4_3"
  xmlns:xsi="http://www.w3.org/2001/XMLSchema-instance">

  <Header copyright="Example.com"/>
  <DataDictionary> ... </DataDictionary>

  ... 一个或多个模型 ...

</PMML>
```

为了后续描述方便，先介绍一下上述PMML实例文档所采用的PMML规范（Schema文档pmml-4-3.xsd）中的命名空间，它在PMML规范中的定义如下：

```
<xs:schema
    xmlns:xs="http://www.w3.org/2001/XMLSchema"
    xmlns="http://www.dmg.org/PMML-4_3"
    elementFormDefault="unqualified"
    targetNamespace="http://www.dmg.org/PMML-4_3">
```

在这个定义中，xmlns和targetNamespace的内容是一样的。对照上面两段代码可知，在实例文档中目标命名空间将指向http://www.dmg.org/PMML-4_3。

特别说明：PMML实例文档的根元素必须是PMML类型。

在PMML规范（Schema）中，元素PMML是这样定义的：

```
<xs:element name="PMML">
  <xs:complexType>
    <xs:sequence>
      <xs:element ref="Header"/>
      <xs:element ref="MiningBuildTask" minOccurs="0"/>
      <xs:element ref="DataDictionary"/>
      <xs:element ref="TransformationDictionary" minOccurs="0"/>
      <xs:sequence minOccurs="0" maxOccurs="unbounded">
```

```
        <xs:group ref="MODEL-ELEMENT"/>
      </xs:sequence>
      <xs:element ref="Extension" minOccurs="0" maxOccurs="unbounded"/>
    </xs:sequence>
    <xs:attribute name="version" type="xs:string" use="required"/>
  </xs:complexType>
</xs:element>

<xs:group name="MODEL-ELEMENT">
  <xs:choice>
    <xs:element ref="AssociationModel"/>
    <xs:element ref="BayesianNetworkModel"/>
    <xs:element ref="BaselineModel"/>
    <xs:element ref="ClusteringModel"/>
    <xs:element ref="GaussianProcessModel"/>
    <xs:element ref="GeneralRegressionModel"/>
    <xs:element ref="MiningModel"/>
    <xs:element ref="NaiveBayesModel"/>
    <xs:element ref="NearestNeighborModel"/>
    <xs:element ref="NeuralNetwork"/>
    <xs:element ref="RegressionModel"/>
    <xs:element ref="RuleSetModel"/>
    <xs:element ref="SequenceModel"/>
    <xs:element ref="Scorecard"/>
    <xs:element ref="SupportVectorMachineModel"/>
    <xs:element ref="TextModel"/>
    <xs:element ref="TimeSeriesModel"/>
    <xs:element ref="TreeModel"/>
  </xs:choice>
</xs:group>
```

从这个定义来看，一个PMML文档包含六大部分：

- Header
- MiningBuildTask
- DataDictionary
- TransformationDictionary
- MODEL-ELEMENT
- Extension

这六大部分中，Header、DataDictionary是必选的，其他部分是可选的。

根元素PMML有一个必选属性：version，表示这个文档对应的PMML标准版本号，例如当前版本号为“4.3”。

在实际使用中，对于包含多个模型的PMML实例文档，如果应用系统提供了某种按名字选择模型的方法，并且指定了模型的名字，则调用指定的模型，否则调用PMML文档中的第一个模型（这也是默认的情况）。对于不包含模型的PMML实例文档，可以将其作为传递某些原始元数据的媒介使用。

下面我们对PMML文档结构做详细介绍。

3.2.1 头部Header

头部元素Header用来向用户提供整个PMML文档的版本、模型注释等一般描述信息，是PMML文档中必须出现的元素，通常作为第一个元素出现在PMML文档中。首先来看一下头部元素Header在PMML规范中的定义：

```
<xs:element name="Header">
  <xs:complexType>
    <xs:sequence>
      <xs:element ref="Extension" minOccurs="0" maxOccurs="unbounded"/>
      <xs:element minOccurs="0" ref="Application"/>
      <xs:element minOccurs="0" maxOccurs="unbounded" ref="Annotation"/
>
      <xs:element minOccurs="0" ref="Timestamp"/>
    </xs:sequence>
    <xs:attribute name="copyright" type="xs:string"/>
    <xs:attribute name="description" type="xs:string"/>
    <xs:attribute name="modelVersion" type="xs:string"/>
```

```
  </xs:complexType>
</xs:element>

<xs:element name="Application">
  <xs:complexType>
    <xs:sequence>
      <xs:element ref="Extension" minOccurs="0" maxOccurs="unbounded"/>
    </xs:sequence>
    <xs:attribute name="name" type="xs:string" use="required"/>
    <xs:attribute name="version" type="xs:string"/>
  </xs:complexType>
</xs:element>

<xs:element name="Annotation">
  <xs:complexType mixed="true">
    <xs:sequence>
      <xs:element ref="Extension" minOccurs="0" maxOccurs="unbounded"/>
    </xs:sequence>
  </xs:complexType>
</xs:element>

<xs:element name="Timestamp">
  <xs:complexType mixed="true">
    <xs:sequence>
      <xs:element ref="Extension" minOccurs="0" maxOccurs="unbounded"/>
    </xs:sequence>
  </xs:complexType>
</xs:element>
```

在元素Header的定义中，多次出现了对元素Extension的引用，这是PMML用于扩展模型内容的机制，后面会专门讲述。元素Header的各个组成部分如下。

✧ 标签Header：标签Header是头部信息开始的顶级标记。

✧ 属性copyright：模型的版权信息。生成PMML文档的应用程序可允许用户把特定的版权信息放在此处。从PMML 4.1开始此属性是可选的。

✧ 属性description：关于模型的一般性介绍，不包含构建模型的应用信息。它主要用来帮助使用者了解模型，如使用模型时的注意事项等。

✧ 属性modelVersion：模型的版本信息。由于同一个模型可以被构建多次，所以对版本的跟踪就变得很重要。

✧ 子元素Application：包含了对生成模型的应用程序的描述。PMML模型是可移植的，基于同一数据集采用不同的算法，可创建不同的模型，模型的使用者可能会对模型是哪个应用程序生成的感兴趣。从这个元素的定义看，它主要包括name和version两个属性，其中name属性是生成模型的应用程序的名称，version是生成模型的应用程序的版本号。

✧ 子元素Annotation：这个元素用来存放文档修改历史、备注信息等，供用户阅读，内容格式不限，甚至还可以包含Extension子元素等内容，例如：

```
<Annotation>这是2017年客户的流失模型 ...
  <Extension name="author">John Doe</Extension>
</Annotation>
```

✧ 子元素Timestamp：此元素用来保存创建模型的时间戳。其格式可参考第一章“内置简单数据类型”中的内容。

3.2.2 挖掘任务MiningBuildTask

挖掘任务元素MiningBuildTask包含与模型训练相关的信息。它在PMML规范中的定义如下：

```
<xs:element name="MiningBuildTask">
  <xs:complexType>
    <xs:sequence>
      <xs:element ref="Extension" minOccurs="0" maxOccurs="unbounded"/>
    </xs:sequence>
  </xs:complexType>
</xs:element>
```

从定义可以看出，元素MiningBuildTask引用了元素Extension，所以它可以包含任何形式的内容，主要用来描述训练（创建）模型时的配置信息，对模型预测没有影响，并且其内容结构由用户自行定义。对模型的使用者而言，这些信息虽不是必需的，但是在许多情况下它有助于模型的维护和可视化。另外，此元素也可以是定义其他挖掘标准（例如SQL或Java Data Mining）的任务规范的容器。

3.2.3 数据字典DataDictionary

数据字典元素DataDictionary对构建挖掘模型所需要的原始字段进行了定义，并指定了这些字段的数据类型和取值范围。需要强调的是：这些定义都是独立于具体输入数据集的，无论数据来源于哪里，都需要符合数据字典中的定义要求，如变量（字段）的名称、度量类型、数据类型等。

一个数据字典DataDictionary可以被多个挖掘模型共享，每个模型对应的训练数据集的统计信息存储在元素ModelStats和MiningSchema中（它们嵌入在具体挖掘模型的元素中，后面将讲述这两个元素）。

数据字典元素DataDictionary在PMML规范中的定义如下：

```
<xs:element name="DataDictionary">
  <xs:complexType>
    <xs:sequence>
      <xs:element ref="Extension" minOccurs="0" maxOccurs="unbounded"/>
      <xs:element ref="DataField" maxOccurs="unbounded"/>
      <xs:element ref="Taxonomy" minOccurs="0" maxOccurs="unbounded"/>
    </xs:sequence>
    <xs:attribute name="numberOfFields" type="xs:nonNegativeInteger"/>
  </xs:complexType>
</xs:element>

<xs:element name="DataField">
  <xs:complexType>
    <xs:sequence>
      <xs:element ref="Extension" minOccurs="0" maxOccurs="unbounded"/>
      <xs:sequence>
        <xs:element ref="Interval" minOccurs="0" maxOccurs="unbounded"/>
        <xs:element ref="Value" minOccurs="0" maxOccurs="unbounded"/>
```

```
      </xs:sequence>
    </xs:sequence>
    <xs:attribute name="name" type="FIELD-NAME" use="required"/>
    <xs:attribute name="displayName" type="xs:string"/>
    <xs:attribute name="optype" type="OPTYPE" use="required"/>
    <xs:attribute name="dataType" type="DATATYPE" use="required"/>
    <xs:attribute name="taxonomy" type="xs:string"/>
    <xs:attribute name="isCyclic" default="0">
      <xs:simpleType>
        <xs:restriction base="xs:string">
          <xs:enumeration value="0"/>
          <xs:enumeration value="1"/>
        </xs:restriction>
      </xs:simpleType>
    </xs:attribute>
  </xs:complexType>
</xs:element>

<xs:simpleType name="OPTYPE">
  <xs:restriction base="xs:string">
    <xs:enumeration value="categorical"/>
    <xs:enumeration value="ordinal"/>
    <xs:enumeration value="continuous"/>
  </xs:restriction>
</xs:simpleType>

<xs:simpleType name="DATATYPE">
  <xs:restriction base="xs:string">
```

```
      <xs:enumeration value="string"/>
      <xs:enumeration value="integer"/>
      <xs:enumeration value="float"/>
      <xs:enumeration value="double"/>
      <xs:enumeration value="boolean"/>
      <xs:enumeration value="date"/>
      <xs:enumeration value="time"/>
      <xs:enumeration value="dateTime"/>
      <xs:enumeration value="dateDaysSince[0]"/>
      <xs:enumeration value="dateDaysSince[1960]"/>
      <xs:enumeration value="dateDaysSince[1970]"/>
      <xs:enumeration value="dateDaysSince[1980]"/>
      <xs:enumeration value="timeSeconds"/>
      <xs:enumeration value="dateTimeSecondsSince[0]"/>
      <xs:enumeration value="dateTimeSecondsSince[1960]"/>
      <xs:enumeration value="dateTimeSecondsSince[1970]"/>
      <xs:enumeration value="dateTimeSecondsSince[1980]"/>
    </xs:restriction>
  </xs:simpleType>
```

属性numberOfFields表示数据字典DataDictionary中定义的数据字段的个数，用来辅助进行一致性验证。

数据字典DataDictionary中最重要的子元素是字段元素DataField，另外一个子元素Taxonomy用来对数据字段分类。

3.2.3.1 字段元素DataField

数据字段元素DataField有六个属性：name、displayName、optype、dataType、taxonomy和isCyclic，其中displayName和taxonomy是可选的。

➢ 属性name：该属性定义了字段DataField在数据字典DataDictionary中的唯一名称，为必选属性。

➢ 属性displayName：应用程序可以通过属性displayName来引用某个字段(DataField)。这个属性是可选的，如果没有给定，则它的默认值就是属性name的值。例如有一个字段name="CSTAGE"，displayName="Customer age"，则"Customer age"一般用在用户界面上，而"CSTAGE"则用在内部代码使用。

➢ 属性optype：这个属性指定了字段（变量）的"度量尺度"。一个字段（变量）的取值范围或取值类别的集合称为"尺度"（measure），给变量赋值的过程称为"度量"。有时度量类型也称为操作类型。可以按照属性optype指定的度量类型对字段进行分类，属性optype可以取值的范围如下。

◆ continuous：连续型字段。这种字段的取值包括诸如身高、体重、长度等连续型数据以及年龄、学生人数、产品件数等离散型数据。

◆ ordinal：定序型字段。这种类型字段的值具有内在固定大小或高低顺序，与连续型字段不同，它可以用数值或字符表示。例如一个程序员有高级、中级、初级之分，可以用1、2、3来表示，也可以使用A、B、C来区分。人群统计字段可以有老年、中年、青年三个取值，也可以使用1、2、3来表示，这些字段值都有固定大小和高低顺序之分。

◆ categorical：分类型字段。可认为是没有固定大小或高低顺序的定序型字段。例如学生性别包含男、女，可以用1、2表示；中国有56个民族，可以用1、2、3、…、56来表示，这些字段值都没有高低、大小之分，只能进行相等与否的判断。

➢ 属性taxonomy：该属性指向一个分类体系，用来描述数据字段的层次结构，只适用于分类型字段。例如"地区"可按层次划分为区、城市、省、国家。本节后面我们会专门讨论这个属性。

➢ 属性isCyclic：该属性用来说明该字段是否为一个循环字段。所谓循环字段，是指字段值在达到最大值之后重新回到最小值的字段，如每个月份从1号开始，到最大值31号后，又重新回到1号。

下面我们重点介绍一下元素DataField的数据类型属性dataType以及它的两个子元素Value（值元素）和Interval（区间元素）。

1）属性dataType

属性dataType表示数据字段的类型，它的取值来自元素DATATYPE。从前面的定义可以看出，DATATYPE继承了XML Schema规范中定义的多个数据类型，并有所扩展。在PMML规范中，DATATYPE还增添了下面几个数据类型：

- timeSeconds：从午夜零时开始到某个时刻的秒数；
- dateTimeMillisecondsSince[aYear]：从某个基期开始到某个时刻的毫秒数；
- dateTimeSecondsSince[aYear]：从某个基期开始到某个时刻的秒数；
- dateDaysSince[aYear]：从某个基期开始到某个日期的天数；
- dateMonthsSince[aYear]：从某个基期开始到某月的月数；
- dateYearsSince[aYear]：从某个基期开始到某年的年数。

第一个类型timeSeconds是XML Schema规范中time类型的变体，不允许为负值。为了技术处理上的方便，PMML规范允许timeSeconds类型的值大于86400秒（等于24小时），见表3-2。

表3-2　timeSeconds取值示例

序号	小时:分钟:秒	timeSeconds
1	0:00:00	0
2	0:01:00	60
3	0:01:40	100
4	0:03:20	200
5	0:16:40	1000
6	24:00:00	86400
7	24:00:01	86401
8	27:46:40	100000

其他五个新增的数据类型后面都有一个后缀[aYear]，aYear可取值为0、1960、1970和1980，表示计算时间的基期。如aYear=1960，则从1960年1月1日0时0分0秒0毫秒开始计算。如果确有必要使用其他年份作为基期，则可用PMML的内置函数来实现（后面会讨论内置函数）。

PMML规范增添上述新类型的主要原因是便于对构建模型时所输入的日期和时间值进行数学运算。例如某个字段的dataType是dateDaysSince[1960]，则日期“2003-04-01”（2003年4月1日）可以转换为数值15796。

注意：基期aYear的日期对应的数据字段值为0；在基期aYear之前的日期对应的数据字段值为负数。另外上面的计算过程并没有显式指定时区，统一以本地时区为基准。

2）子元素Value和Interval

子元素Value（值元素）和Interval（区间元素）用来定义字段的取值集合或取值范围，通过指定一个集合或集合的补集来定义。

（1）值元素Value

值元素Value在PMML规范中的定义如下：

```
<xs:element name="Value">
  <xs:complexType>
    <xs:sequence>
      <xs:element ref="Extension" minOccurs="0" maxOccurs="unbounded"/>
    </xs:sequence>
    <xs:attribute name="value" type="xs:string" use="required"/>
```

```
    <xs:attribute name="displayValue" type="xs:string"/>
    <xs:attribute name="property" default="valid">
      <xs:simpleType>
        <xs:restriction base="xs:string">
          <xs:enumeration value="valid"/>
          <xs:enumeration value="invalid"/>
          <xs:enumeration value="missing"/>
        </xs:restriction>
      </xs:simpleType>
    </xs:attribute>
  </xs:complexType>
</xs:element>
```

从上面的定义可看出，子元素Value主要有三个属性：value、displayValue、property。

属性value：数据字段的取值，通常用于内部计算，为必选属性；

属性displayValue：用于描述前台界面、模型说明等，与元素DataField的属性displayName很类似；

属性property：字段取值的可访问性，可取值为valid、invalid、missing，默认值为valid。

◆ missing（缺失值）：表示字段数据缺失，例如数据库中某个数据表的字段值为空（null）；

◆ invalid（无效值）：表示字段值不在正确的取值范围内。例如一个人的年龄是10000岁，则可认为此值无效，用“invalid”表示；

◆ valid（有效值）：字段的值在正确的取值范围内。

如果一个分类字段或定序字段包含了多个子元素Value，并且它们的property属性均为“valid”，这些子元素便组成了这个字段的有效值集合。请看下面的例子：

```
<DataField dataType="string" name="Occupation" optype="categorical">
  <Value value="Service"/>
  <Value value="Transport"/>
  <Value value="Clerical"/>
  <Value value="Repair"/>
  <Value value="Executive"/>
```

```
    <Value value="Machinist"/>
    <Value value="Sales"/>
    <Value value="Professional"/>
    <Value value="Support"/>
    <Value value="Cleaner"/>
    <Value value="Farming"/>
    <Value value="Protective"/>
    <Value value="Home"/>
    <Value value="Military"/>
    <Value value="NA"/>
</DataField>
```

从这个例子可以看出，字段Occupation（职业）的数据类型是分类型（categorical），它的可取值集合包括Service、Transport、Clerical、Repair、Executive等。

按照PMML的规范，分类型字段的取值中后导空格是无关紧要的，但是前导空格是有意义的，一般情况下也不应该有后导空格。另外，PMML规范并没有对一个模型解析器如何展示无效值和缺失值进行定义，完全取决于应用系统本身。

（2）区间元素Interval

区间元素Interval在PMML规范中的定义如下：

```
<xs:element name="Interval">
  <xs:complexType>
    <xs:sequence>
      <xs:element ref="Extension" minOccurs="0" maxOccurs="unbounded"/>
    </xs:sequence>
    <xs:attribute name="closure" use="required">
      <xs:simpleType>
        <xs:restriction base="xs:string">
          <xs:enumeration value="openClosed"/>
          <xs:enumeration value="openOpen"/>
          <xs:enumeration value="closedOpen"/>
          <xs:enumeration value="closedClosed"/>
```

```
        </xs:restriction>
      </xs:simpleType>
    </xs:attribute>
    <xs:attribute name="leftMargin" type="NUMBER"/>
    <xs:attribute name="rightMargin" type="NUMBER"/>
  </xs:complexType>
</xs:element>
```

区间元素Interval定义了一个数值的区间范围，它有三个属性：closure、leftMargin、rightMargin。

➢ 属性closure　表示区间的闭合状态，有四种取值：
- openClosed：左开右闭，不包括左边界值，但包括右边界值；
- openOpen：左开右开，既不包括左边界值，也不包括右边界值；
- closedOpen：左闭右开，包括左边界值，但不包括右边界值；
- closedClosed：左闭右闭，既包括左边界值，也包括右边界值。

➢ 属性leftMargin　代表区间的开始值，即左边界值；

➢ 属性rightMargin　代表区间的结束值，即右边界值。

如果一个区间元素Interval的属性closure="closedOpen"，则表示这个区间是一个左闭右开区间，用数学符号表达就是[start,end)。在大部分编程语言中，区间都采用左闭右开这种规则。请看下面的例子：

```
<DataField dataType="double" name="Income" optype="continuous">
  <Interval closure="closedOpen" leftMargin="609.72" rightMargin=
  "481259.5"/>
  <Value property="missing" value="-999"/>
</DataField>
```

这是一个左闭右开区间，表示[609.72，481259.5)，数值范围包括609.72，但不包括481259.5；同时在这个例子中定义了字段Income的缺失值以数值"−999"表示。

一个连续型字段可以用多个区间（甚至无数个区间）来定义其有效数据范围，任何在这些范围之外的数据值都是无效的（缺失值除外）。

区间元素Interval只能应用于连续型字段，不能应用于分类或定序型字段。如果一个连续型变量没有子元素Interval，则默认整个实数轴都是它的取值范围（除去那些明确指明的缺失值或无效值）。

对于连续型字段，也可以用一个有效值序列来表示其取值范围，而不使用区间子元素Interval。例如，一个评级系统具有一组固定的代表等级的值1、2、3、4、5、6，这些数字以外的其他值被认为是无效输入，这里用连续性数据表示等级数据，因此仍然可以进行计算总和、平均值等操作。

注意：只包含两个值的数据字段一般被认为是分类字段。

定序型字段和连续型字段是可以循环取值的，这种情况通常用在聚类模型中，聚类模型中不同值之间的相似性或距离取决于数据的循环特性。对于循环定序字段，子元素Value的序列按升序定义了第一个和最后一个取值；对于循环连续字段，可以使用子元素Interval或子元素Value的序列来定义取值范围。如果使用子元素Interval，则只能包含一个Interval，这个Interval定义了循环周期中的第一个和最后一个取值。

例如，一个1到7的区间元素Interval或者一组1到7的值元素Value序列可以定义一个表示一周内第几天的数据字段，一周的第七天之后是下一周的第一天。

对于定序字段，如果使用了值元素Value序列来定义其取值范围，则认为是按照升序排序的。如下面的例子：

```
<DataField name="Volume" optype="ordinal" dataType="string">
   <Value value="loud"/>
   <Value value="louder"/>
   <Value value="insane"/>
</DataField>
```

根据上面的定义，名为Volume的数据字段取值范围为loud、louder和insane，并且loud < louder < insane。

如果没有使用值元素Value，则字段值总是按照给定数据类型的升序排列。例如，如果字段的数据类型为integer（整型），则其值的顺序默认按升序（自然顺序）排列。如果需要改变排序规则，则需要通过值元素Value序列来表示。这里有一个例外，就是对于数据类型为string（字符串）的定序型字段DataField，必须通过值元素Value来指明取值的排序。

3.2.3.2 元素Taxonomy

本节前面讲述字段元素DataField时提到过这个概念，元素DataField的一个属性是taxonomy，它就是指向一个分类体系元素Taxonomy的实例名称。

我们知道，一个分类字段的取值可以按照层次结构进行组织，比如客户地址可以按照下面的层次组织：

City（城市）→Region（地区）→State（州）→Country（国家）

这种层次结构就是分类体系（taxonomy），或者称为分类图。在PMML规范中，层次结构是基于父子关系来构建的，而分类体系包含由一个或多个父子表组成的序列数据。字段的实际值可以存储在外部表格型数据源中，如CSV（Comma Separated Value）文件、数据库等，通过外部表格数据定位元素TableLocator来引用这些数据，当然这些数据也可以作为PMML文档内容的一部分，此时则使用内联表元素InlineTable来引用。

上述这种分类体系在PMML规范中是通过分类体系元素Taxonomy来表示的。该元素在PMML规范中的定义如下：

```
<xs:element name="Taxonomy">
  <xs:complexType>
    <xs:sequence>
      <xs:element ref="Extension" minOccurs="0" maxOccurs="unbounded"/>
      <xs:element ref="ChildParent" maxOccurs="unbounded"/>
    </xs:sequence>
    <xs:attribute name="name" type="xs:string" use="required"/>
  </xs:complexType>
</xs:element>

<xs:element name="ChildParent">
  <xs:complexType>
    <xs:sequence>
      <xs:element ref="Extension" minOccurs="0" maxOccurs="unbounded"/>
      <xs:element minOccurs="0" maxOccurs="unbounded" ref="FieldColumnPair"/>
      <xs:choice>
        <xs:element ref="TableLocator"/>
        <xs:element ref="InlineTable"/>
      </xs:choice>
    </xs:sequence>
    <xs:attribute name="childField" type="xs:string" use="required"/>
    <xs:attribute name="parentField" type="xs:string" use="required"/>
    <xs:attribute name="parentLevelField" type="xs:string" use="optional"/>
    <xs:attribute name="isRecursive" use="optional" default="no">
      <xs:simpleType>
        <xs:restriction base="xs:string">
          <xs:enumeration value="no"/>
          <xs:enumeration value="yes"/>
```

```
        </xs:restriction>
      </xs:simpleType>
    </xs:attribute>
  </xs:complexType>
</xs:element>

<xs:element name="FieldColumnPair">
  <xs:complexType>
    <xs:sequence>
      <xs:element ref="Extension" minOccurs="0" maxOccurs="unbounded"/>
    </xs:sequence>
    <xs:attribute name="field" type="FIELD-NAME" use="required"/>
    <xs:attribute name="column" type="xs:string" use="required"/>
  </xs:complexType>
</xs:element>

<xs:element name="TableLocator">
  <xs:complexType>
    <xs:sequence>
      <xs:element ref="Extension" minOccurs="0" maxOccurs="unbounded"/>
    </xs:sequence>
  </xs:complexType>
</xs:element>

<xs:element name="InlineTable">
  <xs:complexType>
    <xs:sequence>
      <xs:element ref="Extension" minOccurs="0" maxOccurs="unbounded"/>
      <xs:element ref="row" minOccurs="0" maxOccurs="unbounded"/>
    </xs:sequence>
  </xs:complexType>
</xs:element>
```

```

<xs:element name="row">
  <xs:complexType>
    <xs:complexContent mixed="true">
      <xs:restriction base="xs:anyType">
        <xs:sequence>
          <xs:any processContents="skip" minOccurs="2" maxOccurs="unbounded"/>
        </xs:sequence>
      </xs:restriction>
    </xs:complexContent>
  </xs:complexType>
</xs:element>
```

元素Taxonomy只有一个属性：name，表示分类体系的名称。在实例文档中，其他元素可以通过这个名称来引用。

元素Taxonomy主要包含了一个子元素ChildParent的序列，ChildParent具有以下属性：

➢ 属性childField：必选属性，定义了每条记录中包含child值的字段名称；

➢ 属性parentField：必选属性，定义了每条记录中包含parent值的字段名称；

➢ 属性parentLevelField：可选属性，定义了包含parent级别数的字段名称，最低层的child通常被称为0层成员，也就是说，parent的级别编号从1开始。由于父子之间的层次结构可以由表格数据推导出来，所以这个属性是可选的；

➢ 属性isRecursive：可选属性，标记数据表格是否为递归表，父子关系在一个递归表中就可定义完整的层级关系，在递归表中，parent字段的值可以出现在child字段上。

ChildParent具有以下子元素：

➢ 子元素TableLocator：外部表格数据定位器，帮助应用程序定位外部数据。外部数据可以存储在CSV文件中或数据库的某个表中。目前PMML规范中还没有对此元素做标准的定义，由用户自行扩展；

➢ 子元素InlineTable：内联表，包含嵌入在文档内部的表格形式的数据。目前PMML规范中也没有对此元素做标准定义，由用户自行扩展；

➢ 子元素FieldColumnPair：字段与列配对元素，需要与元素TableLocator或InlineTable组合使用，指定字段与数据表格的哪一列对应。它的属性field指定了字段的名称，属性column指定了元素TableLocator或InlineTable中数据表格的列名称。

下面的例子说明了由ZIP code、Cities和State组成的层次分类体系：

```
<Taxonomy name="ZIP-City-State">

  <ChildParent childField="ZIP code" parentField="City">
    <TableLocator>
      <Extension name="dbname" value="myDB"/>
    </TableLocator>
  </ChildParent>

  <ChildParent childField="cities" parentField="states">
    <TableLocator>
      <Extension name="dbname" value="myDB"/>
    </TableLocator>
  </ChildParent>

  <ChildParent childField="State" parentField="Country">
    <TableLocator>
      <Extension name="dbname" value="myDB"/>
    </TableLocator>
  </ChildParent>

</Taxonomy>
```

在这个例子中，实际的数据由TableLocator定位器中的信息确定，其子元素Extension中的name和value可理解为连接某个数据库表所需的信息，构建模型的系统可通过这些信息连接数据库，获取相应的数据。具体数据类似于表3-3、表3-4、表3-5的形式。

表3-3　ZIP_City的数据

ZIP code	City
CA 95126	San Jose
CA 95020	Gilroy
CA 90806	Long Beach
IL 60463	Oak Lawn
MA 02149	Everett

表3-4 Cities_States的数据

Cities	States
San Jose	CA
Gilroy	CA
Long Beach	CA
Oak Lawn	IL
Everett	MA

表3-5 AllStates的数据

State	Country
CA	USA
IL	USA
MA	USA

上面是为了清晰地展示父子关系而特意把数据放在三个表格中显示的，实际开发过程中没有必要把上面的父子关系数据存储在三个不同的表中。一个层次结构可以用两个表格来实现：一个表格针对0层条目（最低层的child）及其父项，另外一个表格针对上层条目（类别）及其父项。后一个表格是递归的，因为parent列中的值可以出现在child列中，可选属性isRecursive标记了一个表格是否定义了根级别的父子关系。需要注意的是：如果一个递归表格是元素Taxonomy的内容，那么它必须是序列中最后一个表格。

虽然目前PMML还没有给元素TableLocator和InlineTable一个标准的定义，但元素InlineTable中的行应该按照SQL/XML的默认表示形式来编写。一行可以包含一个元素系列，每个元素标记对应一个字段名称，而一个元素的内容就是字段的值。

请参见下面的示例代码：

```
<Taxonomy name="ZIP-City-State">
  <ChildParent childField="ZIP code" parentField="City">
    <TableLocator>
      <Extension name="dbname" value="myDB"/>
      <Extension name="tableName" value="ZIP_City"/>
    </TableLocator>
  </ChildParent>
  <ChildParent childField="member" parentField="group" isRecursive="yes">
    <InlineTable>
      <row><member>San Jose</member><group>CA</group></row>
```

```
        <row><member>Gilroy</member><group>CA</group></row>
        <row><member>Long Beach</member><group>CA</group></row>
        <row><member>Oak Lawn</member><group>IL</group></row>
        <row><member>Everett</member><group>MA</group></row>
        <row><member>CA</member><group>USA</group></row>
        <row><member>IL</member><group>USA</group></row>
        <row><member>MA</member><group>USA</group></row>
      </InlineTable>
    </ChildParent>
  </Taxonomy>
```

最后简单介绍一下SQL/XML。SQL/XML规范是结构化查询语言（SQL）规范的第14部分，是对标准SQL语言（ANSI/ISO）的扩展，它不仅包含有传统预定义的SQL数据类型，如NUMERIC、CHAR、TIMESTAMP，还新引入了数据类型XML以及相应的函数、方法，此外还提供了XML-SQL类型映射功能，以支持在SQL数据库中操作XML数据。下面是一段以XML类型作输出的SQL/XML查询代码：

```
SELECT XMLElement("DEPARTMENT"
                  , XMLForest(department_id as "ID"
                  , department_name as "NAME"
                              )
                  )
FROM departments
WHERE department_id IN (10, 30);
```

对应的输出结果形式如下：

```
<DEPARTMENT><ID>10</ID><NAME>Administration</NAME></DEPARTMENT>
<DEPARTMENT><ID>20</ID><NAME>Marketing</NAME></DEPARTMENT>
<DEPARTMENT><ID>30</ID><NAME>Research and Development</NAME></DEPARTMENT>
```

可以看出，InlineTable元素包含的表格数据与这个输出结果形式是一致的。对SQL/XML感兴趣的读者可参考其他相关书籍深入了解。

3.2.4 转换字典TransformationDictionary

在构建模型时，很多情况下需要把用户的输入数据转换成更方便使用的形式，例如神经元网络模型通常需要将输入的数据转换为0～1范围内的数值，分类型数据会转换为0/1组成的序列指示符（即独热编码One-Hot Encoding，也称一位有效编码）等。PMML规范定义了多种数据转换表达式，包括：

- 标准化（Normalization）：把输入数据映射到一个数值区间，通常为0 ~ 1。输入数据可以是连续型的，也可以是离散型的；
- 离散化（Discretization）：将连续值转换成离散值；
- 值映射（Value mapping）：将离散值转换为另外的离散值；
- 文本索引（Text Indexing）：针对一个词条派生出代表出现频率的值；
- 函数（Functions）：通过函数调用派生新字段；
- 聚合（Aggregation）：按照一定规则计算特定值，例如计算平均值；
- 滞后（Lag）：使用位于指定输入字段前面一定间隔的值。

通常情况下数据在入模前需要进行各种预处理，如派生、有效性检验、离散化、标准化等，而PMML规范中定义的转换表达式不可能覆盖所有这些功能，加之预处理过程的转换表达式多种多样，所以PMML规范中的转换表达式只代表了一个挖掘系统能够自动创建的转换表达式。比较典型的例子有神经元网络模型对输入数据的标准化处理表达式、一个挖掘模型为了把一组分布偏斜的数据转变为分位数区间而创建的离散转换表达式等。

所有的转换都在转换字典元素TransformationDictionary中定义。TransformationDictionary包含了两个子元素：自定义函数元素DefineFunction和派生字段元素DerivedField，其中DefineFunction用来实现PMML文档中功能函数的定义，DerivedField用来定义新字段的转换。下面是元素TransformationDictionary在PMML规范中的定义：

```
<xs:group name="EXPRESSION">
  <xs:choice>
    <xs:element ref="Constant"/>
    <xs:element ref="FieldRef"/>
    <xs:element ref="NormContinuous"/>
    <xs:element ref="NormDiscrete"/>
    <xs:element ref="Discretize"/>
    <xs:element ref="MapValues"/>
    <xs:element ref="TextIndex"/>
    <xs:element ref="Apply"/>
    <xs:element ref="Aggregate"/>
    <xs:element ref="Lag"/>
  </xs:choice>
</xs:group>
```

```

<xs:element name="TransformationDictionary">
  <xs:complexType>
    <xs:sequence>
      <xs:element ref="Extension" minOccurs="0" maxOccurs="unbounded"/>
      <xs:element ref="DefineFunction" minOccurs="0" maxOccurs="unbounde
      d"/>
      <xs:element ref="DerivedField" minOccurs="0" maxOccurs="unbounded"/>
    </xs:sequence>
  </xs:complexType>
</xs:element>

<xs:element name="LocalTransformations">
  <xs:complexType>
    <xs:sequence>
      <xs:element ref="Extension" minOccurs="0" maxOccurs="unbounded"/>
      <xs:element ref="DerivedField" minOccurs="0" maxOccurs="unbounded"/>
    </xs:sequence>
  </xs:complexType>
</xs:element>

<xs:element name="DerivedField">
  <xs:complexType>
    <xs:sequence>
      <xs:element ref="Extension" minOccurs="0" maxOccurs="unbounded"/>
      <xs:group ref="EXPRESSION"/>
      <xs:element ref="Value" minOccurs="0" maxOccurs="unbounded"/>
    </xs:sequence>
    <xs:attribute name="name" type="FIELD-NAME"/>
    <xs:attribute name="displayName" type="xs:string"/>
    <xs:attribute name="optype" type="OPTYPE" use="required"/>
    <xs:attribute name="dataType" type="DATATYPE" use="required"/>
  </xs:complexType>
</xs:element>
```

3.2.4.1 派生字段元素DerivedField

派生字段元素DerivedField是一个通用的元素，它可以出现在不同的模型中，如神经元网络模型和朴素贝叶斯网络模型等。派生字段元素DerivedField的定义与数据字段元素DataField的定义非常类似，它们的属性含义也基本一致，这里不再赘述。当派生字段元素DerivedField包含在元素TransformationDictionary或LocalTransformations中时，其属性name是必选的；当它内嵌在挖掘模型中时，属性name是可选的。与其他字段一样，派生字段也可以采用一个唯一的名称供统计模块或挖掘模型使用。

派生字段元素DerivedField的EXPRESSION（转换表达式）定义了一个新字段的生成；一个转换表达式只需在转换字典元素TransformationDictionary中定义一次，就可以在PMML文档的任何模型中使用；派生字段元素DerivedField的度量类型属性optype是必选的，否则将导致新字段的类型不可预知。下面是一个映射变换的例子：

″cat″ -> ″0.1″

″dog″ -> ″0.2″

″elephant″ -> ″0.3″

……

如果不明确设置optype，那么上述映射转换中的0.1、0.2等序列值既可看作是数值型的，也可看作是字符串型的，这将导致使用这个新字段的表达式或模型产生歧义，造成结果类型不可预知。

也可以使用子元素DerivedField定义一个新的定序型字段，此时需要使用一个子元素Value列表，并且这个列表的顺序是按定序字段值的升序排列。需要注意的是，这种情况下子元素Value不能有属性property，即这里定义的所有值都是有效的（不可能为缺失值和无效值，属性property的默认值“valid”表示取值有效）。

下面是使用派生字段元素DerivedField的一个例子。

```
<DerivedField name="custCredit" optype="ordinal" dataType="string">
  <Value value="low"/>
  <Value value="medium"/>
  <Value value="high"/>
</DerivedField>
```

在这个例子中，我们派生了一个新字段custCredit，它是一个定序型字段，取值从低到高由子元素Value给出。

在后面的内容中我们会经常用到DerivedField这个元素。

3.2.4.2 内置函数（built-in）

如果把数据转换功能直接集成到PMML模型中，那么构建模型前的数据预处理流程的定义会更加稳定可靠，不易出错，否则采用PMML模型的应用程序将不得不在模型使用前对新数据进行这样那样的转换，并且这种转换必须等价于创建模型时的数据转换。

基于此，PMML 语言内置了一套功能函数，这些功能函数可以对数据进行底层处理和转换。表 3-6 中列出了 PMML 语言内置的功能函数及其说明。

表3-6 PMML语言内置的功能函数

分类	内置函数	说明
1	+, −, *, /	算术操作符
2	min, max, sum, avg, median, product	聚合函数
3	log10, ln, sqrt, abs, exp, pow, threshold, floor, ceil, round	数学运算函数
4	isMissing, isNotMissing	布尔运算函数（一）
5	equal, notEqual, lessThan, lessOrEqual, greaterThan, greaterOrEqual	布尔运算函数（二）
6	and, or	布尔运算函数（三）
7	not	布尔运算函数（四）
8	isIn, isNotIn	布尔运算函数（五）
9	if	条件控制函数
10	uppercase	大写转换函数
11	lowercase	小写转换函数
12	substring	取子串函数
13	trimBlanks	清除空白函数
14	concat	字段连接函数
15	replace	字符替换函数
16	matches	模式匹配函数
17	formatNumber	数值格式化函数
18	formatDatetime	日期格式化函数
19	dateDaysSinceYear	
20	dateSecondsSinceYear	
21	dateSecondsSinceMidnight	
22	normalPDF，stdNormalPDF，stdNormalCDF，normalCDF，erf，stdNormalIDF，normalIDF	正态分布函数

PMML 语言中函数的定义基本遵循了 XQuery 中的函数和运算符的设计思路，其中一些深层次的设计理念来自 MathML、XPath、Java 语言的日期格式设计思路。

由于内置函数的使用是通过函数调用元素 Apply 来完成的，所以在讲解各种内置函数前先介绍一下元素 Apply 的内容。函数调用元素 Apply 在 PMML 规范中的定义如下：

```
<xs:element name="Apply">
  <xs:complexType>
    <xs:sequence>
      <xs:element ref="Extension" minOccurs="0" maxOccurs="unbounded"/>
      <xs:group ref="EXPRESSION" minOccurs="0" maxOccurs="unbounded"/>
    </xs:sequence>
    <xs:attribute name="function" type="xs:string" use="required"/>
    <xs:attribute name="mapMissingTo" type="xs:string"/>
    <xs:attribute name="defaultValue" type="xs:string"/>
    <xs:attribute name="invalidValueTreatment"
                  type="INVALID-VALUE-TREATMENT-METHOD"
                  default="returnInvalid"/>
  </xs:complexType>
</xs:element>
```

在这个定义中，元素Apply具有一个必选属性function，它指定了一个函数名称，如min、sum、uppercase等；其他三个属性为可选属性，其中属性mapMissingTo指定了当函数返回结果为缺失值时的处理方式，属性invalidValueTreatment指定了当函数返回结果为无效值时的处理方式，属性defaultValue为函数返回结果的默认值，在函数无法进行计算时使用。

实际上元素Apply本身就是一种表达式元素EXPRESSION，它包含函数使用的具体内容，主要是描述函数的参数序列的表达式，在后面我们会有针对性地讲解这个元素。

1）算术操作符

算术操作符+、-、*、/都属于二元操作符，对应着数学上的加、减、乘、除四种运算，所以它们适用于数值类型字段。

在下面的例子中，我们使用派生字段元素DerivedField定义了一个新字段income。在元素DerivedField中嵌入了函数调用元素Apply，其属性function设置为“-”，意思是返回两个输入字段的差。

```
<DerivedField dataType="double" name="income" optype="continuous">
  <Apply function="-">
    <FieldRef field="revenue" />
    <FieldRef field="cost" />
  </Apply>
</DerivedField>
```

如果revenue=25000.77，cost=15000，则派生字段income的值就是10000.77。

2）聚合函数

聚合函数min、max、sum、avg、median、product分别返回一组数据（数量可变）的最小值、最大值、汇总和、平均值、中位数和连乘积。在下面的代码中，我们派生一个新字段bottom。在元素DerivedField中嵌入了函数调用元素Apply，并且其属性function的值为min，意思是返回输入字段A、B、C的最小值。

```
<DerivedField name="bottom" dataType="double" optype="continuous">
  <Apply function="min">
    <FieldRef field="A" />
    <FieldRef field="B" />
    <FieldRef field="C" />
  </Apply>
</DerivedField>
```

如果A=2.5，B=4，C=1.5，则元素Apply返回的结果为1.5，也就是新字段bottom的值为1.5。

读者需要注意：如果一个字段的值为缺失值，则聚合函数会忽略此字段。例如在上面的代码中，如果B为缺失值，并且使用avg（平均值）函数的话，则返回值为2，也就是在计算时，字段B被过滤掉了。当然，在所有输入值均为缺失值的极端情况下，聚合函数的返回值也是缺失值。

3）数学运算函数

严格意义上讲，上面介绍的聚合函数也是数学运算函数，不过它和本小节介绍的数学运算函数还是有所不同，这些数学运算函数包括log10、ln、sqrt、abs、exp、pow、threshold、floor、ceil、round。

这十个数学运算函数的意义如下（设x是第一输入参数变量，y是第二输入参数变量）。

- log10：返回以10为底的对数值。
- ln：返回以自然常数e为底的对数值。
- sqrt：返回变量x的平方根。
- abs：返回变量x的绝对值。
- exp：返回自然常数e的x次方值。
- pow：返回变量x（底数）的y（指数）次方值。如果x和y都等于0，则返回1。
- threshold：门限函数，如果x > y，则返回1，否则返回0。
- floor：返回小于或等于x的最大整数值。如x=2.72，则返回2，如果x=−1.2，则返回−2。

- ceil：返回大于或等于x的最小整数值。如x=2.72，则返回3；如果x=-1.2，则返回为-1。
- round：四舍五入。返回与x最接近的整数值。如x=2.72，则返回3，如果x=-2.89，则返回-3。

细心的读者可以看出，floor和ceil恰好组成了一个包含输入变量x的区间。

下面的代码可以用来计算一个正方体的体积。这里派生了一个新字段volume，在元素DerivedField中嵌入了函数调用元素Apply，并且其属性function的值为pow。根据幂函数pow的要求，需要输入两个参数，第一个为底数，第二个为指数，结果返回幂函数的值，即正方体的体积。

```
<DerivedField name="volume" dataType="double" optype="continuous">
  <Apply function="pow">
    <FieldRef field="sidelength"/> <!-- 边长 -->
    <Constant dataType="integer">3</Constant>
  </Apply>
</DerivedField>
```

如果此时sidelength=5.0，则字段volume的值为125.0。

4）布尔运算函数（一）

布尔运算函数isMissing和isNotMissing用来判断输入字段的值是否为缺失值。

函数isMissing表示如果输入字段的值是缺失值，则返回true，否则返回false；而函数isNotMissing则正好相反。这两个函数只需要一个输入字段。

下面的代码展示了函数isMissing的用法，用来判断字段strName当前的值是否为缺失值：

```
<Apply function="isMissing">
  <FieldRef field="strName"/>
</Apply>
```

如果字段strName的值为缺失值，则返回true；否则返回false。

5）布尔运算函数（二）

布尔函数equal、notEqual、lessThan、lessOrEqual、greaterThan、greaterOrEqual是用来判断两个输入字段值大小的。设x是第一输入参数变量，y是第二输入参数变量，则这几个数学函数的意义如下。

- equal：判断x与y是否相等，如果相等则返回true，否则返回false。
- notEqual：与equal正好相反。

- lessThan：判断x是否小于y，如果x小于y则返回true，否则返回false。
- lessOrEqual：判断x是否小于等于y，如果是则返回true，否则返回false。
- greaterThan：判断x是否大于y，如果x大于y，则返回true，否则返回false。与lessThan正好相反。
- greaterOrEqual：判断x是否大于等于y，如果是则返回true，否则返回false。

下面的代码判断输入字段fieldA的值是否小于输入字段fieldB的值。如果是则返回true，否则返回false。

```
<Apply function="lessThan">
  <FieldRef field="fieldA"/>
  <FieldRef field="fieldB"/>
</Apply>
```

6）布尔运算函数（三）

布尔运算函数and和or用来评估两个或多个输入字段值的与、或运算结果。评估规则如下：

- 函数and：只有所有输入字段均为true时才返回true，否则返回false；
- 函数or：只要有一个输入字段为true就会返回true，如果所有输入字段均为false，则返回false。

实际上它们也就等同于C、C++等编程语言中的与、或运算符的作用。注意：输入字段值也可以是一个元素Apply调用某个函数的结果。

在下面的例子中，函数调用元素Apply包含了两个子函数调用元素，每个子元素返回一个值；而父元素设置了属性function的值为“and”（与），即判断两个子元素的返回值是否同时为true。

```
<Apply function="and">
  <Apply function="lessThan">
    <FieldRef field="fieldA"/>
    <Constant dataType="integer">30</Constant>
  </Apply>
  <Apply function="greaterOrEqual">
    <FieldRef field="fieldB"/>
    <Constant dataType="integer">40</Constant>
  </Apply>
</Apply>
```

如果字段fieldA小于30，并且字段fieldB大于等于40，则返回结果为true；而其他情况下均返回结果false。

7）布尔运算函数（四）

布尔运算函数not返回与输入字段的值相反的值；如果输入字段值为true，则返回false,反之返回true。下面的代码检查字段fieldA是否不小于fieldB，如果是，则返回true，否则返回false。

```
<Apply function ="not">
  <Apply function ="lessThan">
    <FieldRef field ="fieldA" />
    <FieldRef field ="fieldB" />
  </Apply>
</Apply>
```

这个例子中，外层父元素Apply的属性function的值为“not”，它对子元素Apply（属性设置为“lessThan”）返回的结果取反。如果fieldA=30，fieldA=50，内层函数返回的结果为true，则最终的结果是false。

8）布尔运算函数（五）

布尔运算函数isIn、isNotIn用来评估一个输入字段的值是否包含在一个给定的值列表中。

- 函数isIn：如果输入字段的值存在于一个值列表中，则返回true，否则为false。
- 函数isNotIn：与isIn相反，或者说是对isIn取反。

下面的代码判断输入字段color的当前取值是否存在于列表（red，green，blue）中。如果是，则返回true；否则返回false。

```
<Apply function="isIn">
  <FieldRef field="color"/>
  <Constant dataType="string">red</Constant>
  <Constant dataType="string">green</Constant>
  <Constant dataType="string">blue</Constant>
</Apply>
```

9）条件控制函数

条件控制函数if用来实现IF-THEN-ELSE逻辑，根据表达式值的真假（true/false）选择不同的执行语句（也是表达式）。如果IF部分的值为true，则返回THEN部分的计算值，否则返回ELSE部分的计算值。

在实际使用时，ELSE部分是可选的。在ELSE不存在的情况下，如果IF部分的值为false，则返回一个缺失值。

下面的代码检查字段color是否在列表（red，green，blue）中，如果在列表中，则返回“primary”，否则返回“other”。

```
1.  <Apply function="if">
2.    <Apply function="isIn">
3.      <FieldRef field="color"/>
4.      <Constant dataType="string">red</Constant>
5.      <Constant dataType="string">green</Constant>
6.      <Constant dataType="string">blue</Constant>
7.    </Apply>
8.    <Constant dataType="string">primary</Constant>
9.    <Constant dataType="string">other</Constant>
10. </Apply>
```

在这个例子中，嵌入内部的子元素Apply相当于IF部分，是整个表达式的取值判断部分。而第8行的内容是THEN部分，第9行则是ELSE部分。代码运行时，整个代码会根据子元素Apply的返回值返回结果“primary”或者“other”。

10）大写转换函数

大写转换函数uppercase用来把输入字段（包含字符串）中的小写字符转换为大写，并返回转换后的字符串。下面的代码把输入字段strName中的所有小写字符转换为大写：

```
<Apply function="uppercase">
  <FieldRef field="strName"/>
</Apply>
```

如果输入字段strName=“Owen Pan”，则返回值为“OWEN PAN”。

11）小写转换函数

与uppercase相反，函数lowercase把输入字段（包含字符串）中的大写字符转换为小写，并返回转换后的字符串。下面的代码将把输入字段strName中所有的大写字符转换为小写：

```
<Apply function="lowercase">
  <FieldRef field="strName"/>
</Apply>
```

如果输入字段strName=“Owen Pan”，则返回值为“owen pan”。

12）取子串函数

取子串函数substring的作用是抽取一个输入字符串中的子串。此函数需要两个参数：第一个是抽取开始位置参数startPos，第二个是抽取长度参数length，这两个参数必须为正整数。

如果抽取开始位置startPos超过了字符串的实际长度totalLength，则返回一个缺失值；如果抽取长度length大于从开始位置startPos到字符串结尾部分的长度，则返回实际从开始位置startPos到字符串结尾这部分的内容。

这里说明一下：在PMML中，输入字符串的第一个字符的索引号为1，这和C++、Java等语言不同。

下面的代码从开始位置6开始，返回3个字符：

```
<Apply function="substring">
  <FieldRef field="strName"/>
  <Constant dataType="integer">6</Constant>
  <Constant dataType="integer">3</Constant>
</Apply>
```

如果strName=“Owen Pan”，则返回值为“Pan”。

13）清除空白函数

清除空白函数trimBlanks的作用是删除一个输入字符串的前导空白和后导空白，并返回这个字符串。在PMML中，空白包括按照Unicode编码定义的空格、制表符和换行符。下面的代码展示了如何删除字段strName的前导空白和后导空白。

```
<Apply function="trimBlanks">
  <FieldRef field="strName"/>
</Apply>
```

如果strName=“ Pan ”，则返回值为“Pan”。

14）字段连接函数

字段连接函数concat的作用是把两个或多个输入字段按照字符串方式拼接起来，并返回拼接后的结果。下面的代码展示如何把字段month的值、常量“-”和输入字段year的值拼接为一个整体字段：

```
<Apply function="concat">
  <FieldRef field="month"/>
```

```
    <Constant>-</Constant>
    <FieldRef field="year"/>
</Apply>
```

如果month= “02”，year= “2000”，则返回的结果为：“02-2000”

15）字符替换函数

字符替换函数replace的功能是用指定的字符串替换输入字符串中符合指定模式的子串，并返回替换后的字符串。本函数有三个输入参数：输入字符串input、模式pattern和替换子串replacement。其中模式pattern可以是一个正则表达式（兼容Perl语言规范的正则表达式PCRE）。

关于正则表达式的内容，本书在1.3.2.1中做了一定介绍，读者可以直接访问PCRE的官方网址：http://www.pcre.org/，以获得更全面、更详细的内容。下面的代码展示了用子串“c”替换字符“B”的序列：

```
<Apply function="replace">
    <Constant>BBBB</Constant>  <!-- input -->
    <Constant>B+</Constant>  <!-- pattern -->
    <Constant>c</Constant>  <!-- replacement -->
</Apply>
```

上面的代码执行后，字符“c”将替换符合“B+”模式（这是一个正则表达式，表示匹配一次或多次“B”）的“BBBB”。最终返回结果为单个字符“c”。

16）模式匹配函数

匹配函数matches的功能是判断一个输入字段是否符合某种模式。本函数需要两个参数：第一个是输入字段，第二个是模式字符串。其中模式字符串可以支持兼容Perl语言规范的PCRE正则表达式。最终的返回结果为true或者false。下面的代码将检查字段month的值是否匹配“ary”或“ay”的模式。

```
<Apply function="matches">
    <FieldRef field="month"/>
    <Constant>ar?y</Constant>
</Apply>
```

在这个例子中，模式字符串是“ar?y”，其中的问号表示在这个位置可以匹配零个或者一个字符。如果字段month的值为“January”“February”或者“May”，则结果返回true，否则返回false。

17）数值格式化函数

数值格式化函数formatNumber可以按照一定的模式对一个数值进行格式化，并返回格式化后的字符串。这个函数需要两个参数：第一个为输入的待格式化的字段，第二个为格式化模式字符串。

按照PMML的规范，函数formatNumber的格式化选项应符合POSIX描述符规则（POSIX 是Portable Operating System Interface of UNIX的缩写，表示可移植操作系统接口），POSIX标准定义了操作系统为应用程序提供的接口的标准，旨在提供源代码级别的软件可移植性），也就是C语言中printf函数所使用的格式描述规则，所以这里我们只把与本函数有关的重点内容介绍一下。

在POSIX描述符中，规定格式化字符以百分号"%"开始，后面紧随一个或多个规定的字符，用来确定输出内容的格式。见表3-7。

表3-7 部分POSIX格式化字符（只与数值类型有关的部分）

序号	格式字符	说明
1	%d	十进制有符号整数
2	%u	十进制无符号整数
3	%f	浮点数
4	%e	指数形式的浮点数
5	%x	以十六进制表示的无符号整数（小写），如2ed8
6	%X	以十六进制表示的无符号整数（大写），如2ED8
7	%0	以八进制表示的无符号整数
8	%g	自动选择合适的表示法

格式化字符使用说明如下。

（1）输出宽度控制：在"%"与字母之间插入数字，以表示输出宽度。举例说明如下。

整数的输出宽度：例如"%5d"表示输出宽度为5位的整数，如果变量值长度小于5，则数值右对齐，左边补空格；如果变量值长度大于等于5，则按实际输出。

浮点数的输出宽度：例如"%5.2f"表示输出宽度为5位的浮点数，其中小数位宽度为2，整数位宽度为2，小数点宽度占一位，如输出"87.65"；如果变量值长度（包括小数点）不够5位，则右对齐，左边补空格；如果变量值长度大于等于5，则按实际输出。特别要注意的是：对于浮点数，如果整数部分位数超过了设置的整数位宽度（如这里的5），将按照实际整数位宽度输出，如果小数部分位数超过了设置的小数位宽度（如这里的2），将按照设置的宽度以四舍五入方式输出。

（2）输出补0控制：如果需要在输出值的前面附加一个或几个0，则需要在宽度前加一个0。例如："%05d"表示在输出一个宽度小于5位的数值时，将在前面（左边）补0，使其总宽度达到5位。

（3）输出数值类型控制：可以在“%”与字母之间加小写英文字母l，表示输出的是长整型数值。例如：“%ld”表示输出long整数，“%lf”表示输出double双精度浮点数。

（4）输出对齐方式控制：控制输出形式是左对齐还是右对齐。在“%”和字母之间紧随着添加一个负号“-”可指定输出结果左对齐，如果不添加（默认状态）则为右对齐。例如：“%-5d”表示输出结果为5位整数，并且要左对齐，“%5d”表示输出结果要右对齐。

更详细的内容请读者参考相关书籍，这里不再赘述。

下面的代码将把字段Num的值转换为长度为3的字符串。如果字段Num的数值宽度不够3位，将在前面补充0以达到3位的宽度。

```
<Apply function="formatNumber">
  <FieldRef field="Num"/>
  <Constant>%03d</Constant>
</Apply>
```

如果Num=123，则返回结果为“123”；如果Num=2，则返回结果为“002”。

18）日期格式化函数

日期格式化函数formatDatetime的功能是按照一定的模式格式化日期和时间，并返回格式化后的字符串。这个函数需要两个参数：第一个为输入日期时间的字段，第二个为格式化模式字符串。

按照PMML的规范规定，函数formatDatetime的格式化选项应符合POSIX格式描述规则，也就是C语言中的strftime函数所使用的格式描述规则。这里我们只把其中与本函数相关的重点内容介绍一下。见表3-8。

表3-8 POSIX日期时间格式描述规则

序号	格式符	说明	实例
1	%a	星期几的缩写名称	Sun
2	%A	星期几的完整名称	Sunday
3	%b	月份的缩写名称	Mar
4	%B	月份的完整名称	March
5	%c	日期和时间的完整表示法	Sun Aug 19 02:56:02 2012
6	%d	一月中的第几天（01～31）	19
7	%H	24 小时格式的小时（00～23）	17
8	%I	12 小时格式的小时（01～12）	05
9	%j	一年中的第几天（001～366）	231
10	%m	十进制数表示的月份（01～12）	08

续表

序号	格式符	说明	实例
11	%M	分（00～59）	55
12	%p	AM或PM名称	PM
13	%S	秒（00～61）	02
14	%U	一年中的第几周，以第一个星期日作为第一周的第一天（00～53）	33
15	%w	十进制数表示的星期几，星期日表示为0（0～6）	4
16	%W	一年中的第几周，以第一个星期一作为第一周的第一天（00～53）	34
17	%x	日期表示法	08/19/12
18	%X	时间表示法	02:50:06
19	%y	年份，最后两个数字（00～99）	08
20	%Y	四位数年份	2012
21	%Z	时区的名称或缩写	CDT
22	%%	一个%符号	%

下面的代码通过派生字段元素DerivedField派生了一个新字段startDateUS。内部子元素Apply通过调用日期格式化函数formatDatetime把代表日期的字段startDate按照“月/日/年”格式返回，并赋值给新字段startDateUS。

```
<DerivedField name="startDateUS" dataType="string" optype="categorical">
  <Apply function="formatDatetime">
    <FieldRef field="StartDate"/>
    <Constant>%m/%d/%Y</Constant>
  </Apply>
</DerivedField>
```

例如日期是2017年8月20日，则经上述代码处理后，最终把格式化后的日期赋值给startDateUS，即：startDateUS=“08/20/2017”。

19）dateDaysSinceYear

日期转换函数dateDaysSinceYear的功能与前面讲述数据字典DataDictionary时遇到的dateDaysSince[aYear]一样，它返回从某一个基期开始计算到某一日期的天数。

本函数包括输入字段及基期两个参数，输入字段必须是date或dateTime类型，如果输入字段的日期比基期日期还要早，则返回的是负整数；对于基期参数，1月1日是开始计算的日期，从0开始。

下面的代码将计算从1960年1月1日开始到PurchaseDate表示的日期的天数：

```
<DerivedField name="PurchaseDateDays" dataType="integer" optype="continuous">
  <Apply function="dateDaysSinceYear">
    <FieldRef field="PurchaseDate"/>
    <Constant>1960</Constant>
  </Apply>
</DerivedField>
```

在上面的代码中，如果PurchaseDate=“2003-04-01”，即2003年4月1日，则上述代码将会把15796赋值给派生字段PurchaseDateDays。

20）日期转换函数dateSecondsSinceYear

日期转换函数dateSecondsSinceYear的功能与前面讲述数据字典DataDictionary时遇到的dateTimeSecondsSince[aYear]一样，它将返回从基期aYear开始到某一个时刻的秒数，是一个整型数（integer）。

本函数包括输入字段以及基期两个参数。输入字段必须是date或dateTime类型。如果是date类型，则时间部分默认为“00:00:00”，即从午夜开始。无论是date类型还是dateTime，在计算返回结果时，基期时间被认为是0。如果输入字段的日期比基期日期还要早，则返回的是负整数。

下面的代码将从PurchaseDate字段基于1970年1月1日零时零分零秒（基期）派生一个新字段PurchaseDateSeconds。新字段代表从基期到PurchaseDate的秒数。

```
<DerivedField name="PurchaseDateSeconds" dataType="integer"
               optype="continuous">
  <Apply function="dateSecondsinceYear">
    <FieldRef field="PurchaseDate"/>
    <Constant>1970</Constant>
  </Apply>
</DerivedField>
```

在这个例子中，如果PurchaseDate=“1970-01-03 03:30:03”，即1970年1月3日凌晨3点30分03秒，那么最终结果PurchaseDateSeconds的值是185403。

21）日期转换函数dateSecondsSinceMidnight

日期转换函数dateSecondsSinceMidnight是一个来自类型date的变体函数，其功能与前面讲述数据字典DataDictionary时遇到的timeSeconds一样，它将返回当日从午夜零点整开始计算到某一时刻的秒数。本函数只需要一个输入字段，并且输入字段的数据类型必须是time或者dateTime。

下面的代码将从输入字段PurchaseDate基于所在日期的午夜派生一个新字段PurchaseDateSeconds。

```
<DerivedField name="PurchaseDateSeconds" dataType="integer"
             optype="continuous">
  <Apply function="dateSecondsSinceMidnight">
    <FieldRef field="PurchaseDate"/>
  </Apply>
</DerivedField>
```

在这个例子中，如果PurchaseDate= “1970-01-03 03:30:03”，即1970年1月3日凌晨3点30分03秒，那么最终结果PurchaseDateSeconds的值是12603。

22）正态分布函数

正态分布（Normal Distribution）又叫高斯分布（Gaussian Distribution），也称为“常态分布”，是最常见的一种概率分布，由法国数学家棣莫弗（Abraham de Moivre,1667-1754）首次提出。正态分布在很多领域都有着非常重要的应用。

若随机变量X服从一个数学期望（总体均值）为μ、标准差为σ的分布，且其概率密度函数PDF（Probability Density Function）为

$$f(X|\mu,\sigma^2)=\frac{1}{\sigma\sqrt{2\pi}}\mathrm{e}^{-\frac{(X-\mu)^2}{2\sigma^2}}$$

则称随机变量X为一个正态随机变量，正态随机变量服从的分布称为正态分布，记为

$$X\sim N(\mu,\sigma^2)$$

正态分布示意图如图3-3所示。该图形两头低，中间高，左右对称，非常类似于一个“钟”，所以也可称为“钟形分布”。

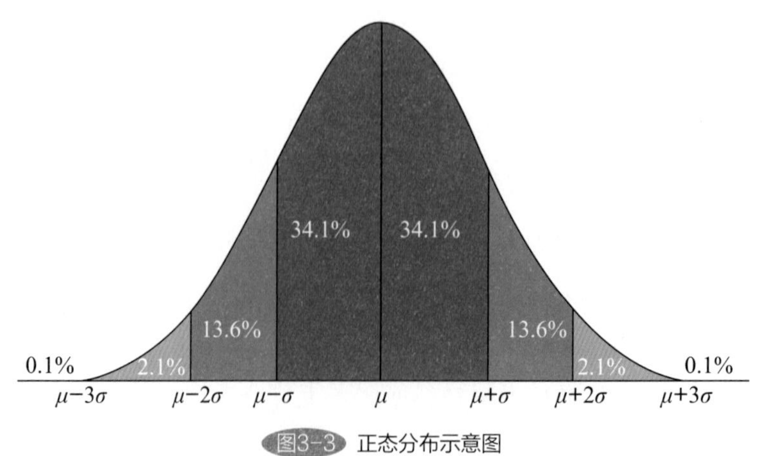

图3-3 正态分布示意图

如果一个正态分布的数学期望μ=0，标准差σ=1，则称为标准正态分布（Standard Normal Distribution），有时也称为单位正态分布，记为

$$X \sim N(0,1)$$

PMML语言专门为正态分布提供了运算函数，包括normalPDF、stdNormalPDF、stdNormalCDF、normalCDF、erf、stdNormalIDF、normalIDF七个，下面介绍其中几个常用的函数。

（1）stdNormalPDF（Probability Density Function of the Standard Normal Distribution），标准正态分布的概率密度函数。公式为

$$\varphi(x)=\frac{1}{\sqrt{2\pi}}\mathrm{e}^{-\frac{x^2}{2}}$$

（2）stdNormalCDF（Cumulative Distribution Function of the Standard Normal Distribution），标准正态分布的累积分布函数，公式为

$$\Phi(x)=\frac{1}{\sqrt{2\pi}}\int_{-\infty}^{x}\mathrm{e}^{-\frac{t^2}{2}}\mathrm{dt}$$

（3）normalCDF（Cumulative Distribution Function of the Normal Distribution），一般正态分布的累积分布函数。normalCDF可以由标准正态分布的累积分布函数stdNormalCDF推导出来，公式为

$$F(x)=\Phi\left(\frac{x-\mu}{\sigma}\right)=\frac{1}{2}[1+erf(\frac{x-\mu}{\sigma\sqrt{2}})]$$

式中，*erf*函数为误差函数。

（4）erf（error function），误差函数，公式为

$$erf(x)=\frac{1}{\sqrt{\pi}}\int_{-x}^{x}\mathrm{e}^{-t^2}\mathrm{d}t$$

标准正态分布的stdNormalCDF和误差函数*erf*有如下关系：

$$\Phi(x)=\frac{1}{2}[1+erf(\frac{x}{\sqrt{2}})]$$

（5）stdNormalIDF（the Inverse of Standard Normal CDF），标准正态分布的分位数函数。stdNormalIDF 为stdNormalCDF的反函数，也称为反累积分布函数或probit函数，可以使用误差函数*erf*的反函数表示，公式为

$$\Phi^{-1}(p)=\sqrt{2}\,erf^{-1}(2p-1) \quad p\in(0,1)$$

（6）normalIDF（the Inverse of Normal CDF），一般正态分布的分位数函数，公式为

$$F^{-1}(p)=\mu+\sigma\Phi^{-1}(p)=\mu+\sigma\sqrt{2}\,erf^{-1}(2p-1) \quad p\in(0,1)$$

以函数normalCDF为例，它需要三个参数，第一个为输入字段，第二个为正态分布的期望值μ，第三个为正态分布的标准差σ。实例代码如下：

```
<Apply function="normalCDF">
  <FieldRef field="age"/>
  <Constant dataType="double">25</Constant>
  <Constant dataType="double">100</Constant>
</Apply>
```

在这个例子中，期望值μ=25，标准差σ=100，此时如果字段age=30，则代码运行后返回的结果为0.519939。

3.2.4.3 自定义函数 DefineFunction

除了预定义的内置函数以外，PMML规范还允许用户进行定制化扩展，自行定义函数。自定义函数实际上是一种以更紧凑的方式编写特定表达式的方法，本质上是一个参数化的表达式，在函数体内包含了其他表达式，以完成特定的功能。自定义函数的使用方式与内置函数没有区别，在使用过程中它的实参由形参的位置来确定。一个自定义函数可以应用于其他表达式中，形成嵌套调用。自定义函数在PMML中的使用方法如下。

（1）使用实际参数（实参）代替函数定义时的形式参数（形参），形成一个没有参数的新表达式；

（2）使用新表达式替换函数名称。

在PMML规范中，自定义函数是通过函数定义元素DefineFunction来声明的。该元素在PMML规范中的定义如下：

```
<xs:element name="DefineFunction">
  <xs:complexType>
    <xs:sequence>
      <xs:element ref="Extension" minOccurs="0" maxOccurs="unbounded"/>
      <xs:element ref="ParameterField" minOccurs="1" maxOccurs="unbounded"/>
      <xs:group ref="EXPRESSION"/>
    </xs:sequence>
    <xs:attribute name="name" type="xs:string" use="required"/>
    <xs:attribute name="optype" type="OPTYPE" use="required"/>
    <xs:attribute name="dataType" type="DATATYPE"/>
  </xs:complexType>
</xs:element>
```

```
<xs:element name="ParameterField">
  <xs:complexType>
    <xs:attribute name="name" type="xs:string" use="required"/>
    <xs:attribute name="optype" type="OPTYPE"/>
    <xs:attribute name="dataType" type="DATATYPE"/>
  </xs:complexType>
</xs:element>

<xs:element name="Apply">
  <xs:complexType>
    <xs:sequence>
      <xs:element ref="Extension" minOccurs="0" maxOccurs="unbounded"/>
      <xs:group ref="EXPRESSION" minOccurs="0" maxOccurs="unbounded"/>
    </xs:sequence>
    <xs:attribute name="function" type="xs:string" use="required"/>
    <xs:attribute name="mapMissingTo" type="xs:string"/>
    <xs:attribute name="defaultValue" type="xs:string"/>
    <xs:attribute name="invalidValueTreatment"
                    type="INVALID-VALUE-TREATMENT-METHOD"
                    default="returnInvalid"/>
  </xs:complexType>
</xs:element>
```

从这个定义中可以看出，函数定义元素DefineFunction主要包括两种子元素序列，分别为ParameterField和EXPRESSION。其中ParameterField为参数字段，至少包含一个；EXPRESSION实际上代表的是函数体，包含了完成特定功能的表达式。注意在函数体内不能引用参数字段元素ParameterField未指定的其他字段。

元素DefineFunction有三个属性：name、optype和dataType。

- 属性name：必选属性。指定了函数的名称，它必须是唯一的，不能与其他任何函数（包括内置函数和自定义函数）的名称发生命名冲突。
- 属性optype：必选属性。指定了函数结果的度量类型。
- 属性dataType：可选属性。指定了函数返回结果的数据类型。

针对函数返回结果的类型，PMML 规范做了以下规定。

◆ 为了实现自定义函数的“多态性”，即一个函数可以适用于多种数据类型，函数的返回值类型继承输入参数（实参）的数据类型。例如内置函数“+”可以应用于 integer（整数）、float（浮点数）或 double（双精度浮点数）类型。

◆ 如果多个输入参数具有不同的数据类型，默认情况下继承限制性最小的数据类型。例如：对于加法函数“+”，如果一个参数类型是 integer，另一个是参数类型是 double，则返回结果的类型是 double。自定义函数的返回类型的继承优先级为：string > double > float > integer。

◆ 除非特别声明，如果输入参数均为缺失值，则自定义函数的返回结果也是缺失值。

◆ 开发者可以显式地声明自定义函数的返回类型。

◆ 在没有显式定义返回结果数据类型的情况下，类型 date、time、dateTime 以及 boolean 不能与其他类型混合使用。

参数字段元素 ParameterField 承载了输入参数接口的功能，它与元素 DefineFunction 有三个相同的属性：name、optype 和 dataType，其中属性 name 是必选属性，表示参数的名称，用在函数表达式中，其他两个是可选属性。

当元素 ParameterField 的属性 dataType 与函数体内引用它的表达式的 dataType 匹配时，不会有任何问题；如果所用表达式的数据类型与参数字段指定的 dataType 不匹配，或它的 dataType 根本没有指定，则需要进一步说明，此时的处理方式与前面函数返回值类型的处理方式类似，具体如下。

➢ 如果元素 ParameterField 指定了属性 dataType，但是它与所用表达式的类型不匹配，则会发生隐含的类型转换，并向限制少的类型转换，方向将按照前面介绍的继承优先级顺序选择。如果 ParameterField 的 dataType 比所用表达式的 dataType 限制更多，则此 PMML 文档不是一个有效的 XML 文档，因为事先无法确定类型的转换是否可行。例如：所用表达式的类型是 integer，ParameterField 的数据类型是 double，这是可以正常转换的；但是一个类型为 double 的表达式不能向一个 integer 的 ParameterField 字段转换。

➢ 如果元素 ParameterField 的 dataType 没有指定，它将继承所用表达式的类型。例如：如果 ParameterField 的属性 dataType 没有指定，并且它通过 FieldRef 引用了定义在 DataDictionary 中的 prodgroup 字段，则 ParameterField 将继承字段 prodgroup 的 dataType 值。

下面的代码使用元素 DefineFunction 在 TransformationDictionary 中定义了一个函数：AMPM。这个函数根据参数 TimeVal 的值（从午夜零时开始计算的秒数），通过离散化分箱操作返回 AM 或者 PM，表示是上午还是下午。代码同时演示了如何通过元素 Apply 使用用户自定义的函数。

```
<TransformationDictionary>

```

```
<!-- 定义一个新函数，名称为：AMPM -->
<DefineFunction name="AMPM" dataType="string" optype="categorical">
  <!-- 函数返回结果类型是：string -->

  <!-- 声明形式参数 -->
  <ParameterField name="TimeVal" optype="continuous" dataType="integer"/>
  <!-- 可以有多个形式参数 -->

  <!-- 下面是函数体，函数体可以为任何表达式 -->
  <!-- 参数名称可以当作字段名称应用在表达式中 -->

  <Discretize field="TimeVal"> <!-- 使用参数的名称 -->
    <DiscretizeBin binValue="AM">
      <Interval closure="closedClosed" leftMargin="0" rightMargin="43199"/>
    </DiscretizeBin>
    <DiscretizeBin binValue="PM">
      <Interval closure="closedOpen" leftMargin="43200" rightMargin="86400"/>
    </DiscretizeBin>
  </Discretize>
</DefineFunction>

<!-- 使用上面定义的函数AMPM创建一个派生字段 -->
<DerivedField name="Shift" dataType="string" optype="categorical">
  <Apply function="AMPM">
    <FieldRef field="StartTime"/>
  </Apply>
</DerivedField>

<!-- 从一个时间类型的值中抽取“小时”片段字符 -->
<DerivedField name="StartHour" dataType="string" optype="categorical">
```

```
    <Apply function="formatDatetime">
      <FieldRef field="StartTime"/>
      <Constant>%H</Constant>
    </Apply>
  </DerivedField>

</TransformationDictionary>
```

上面这个例子中我们假定字段StartTime的类型为"timeSeconds"。对于一个具体的时间而言，如“09:39:02”，StartTime代表一个整数值34742（从午夜零时开始到这个时间点的秒数），此时函数AMPM将返回字符串“AM”，并赋值给派生字段Shift。这个例子中字段StartTime也用在派生字段StartHour的定义中，这个分类型字段将返回值“09”。

最后举一个值映射的例子：

```
<!-- 定义函数 -->
<DefineFunction name="STATEGROUP" dataType="string" optype="categorical">
  <ParameterField name="#1" optype="categorical" dataType="string"/>

  <MapValues outputColumn="Region">
    <FieldColumnPair field="#1" column="State"/>
    <InlineTable>
      <row><State>CA</State><Region>West</Region></row>
      <row><State>OR</State><Region>West</Region></row>
      <row><State>NC</State><Region>East</Region></row>
    </InlineTable>
  </MapValues>
</DefineFunction>

<!-- 使用函数 -->
<DerivedField name="Group" dataType="string" optype="categorical">
  <Apply function="STATEGROUP">
    <FieldRef field="State"/>
  </Apply>
</DerivedField>
```

这段代码定义了一个名为STATEGROUP的函数，它有一个参数。在函数体内使用了表达式MpaValues。它的作用是把一个值映射为另一个值（在下节详述）。例如：如果输入参数为“CA”，则函数的返回结果是“West”。这段代码的最后部分定义了一个新的派生字段Group，函数STATEGROUP的应用结果将赋值给这个新字段。

用户自定义函数的使用与内置函数的使用一样，也是使用元素Apply，在前面讲述PMML内置函数的时候，我们已经对它有所了解，在下一节讲述表达式元素EXPRESSION时我们还会对元素Apply做详细描述。

3.2.4.4 表达式元素EXPRESSION

在讲解转换字典元素TransformationDictionary时我们遇到过EXPRESSION，它是一个组元素，用来表示数据转换的实现方式，应用在PMML文档中的各个部分。为了清晰起见，这里再次列出元素EXPRESSION的定义：

```
<xs:group name="EXPRESSION">
  <xs:choice>
    <xs:element ref="Constant"/>
    <xs:element ref="FieldRef"/>
    <xs:element ref="NormContinuous"/>
    <xs:element ref="NormDiscrete"/>
    <xs:element ref="Discretize"/>
    <xs:element ref="MapValues"/>
    <xs:element ref="TextIndex"/>
    <xs:element ref="Apply"/>
    <xs:element ref="Aggregate"/>
    <xs:element ref="Lag"/>
  </xs:choice>
</xs:group>
```

从它的定义来看，它包含了一个选项列表，这个列表包含了PMML目前支持的各种转换表达式类型，包括Constant、FieldRef、NormContinuous、NormDiscrete、Discretize、MapValues、TextIndex、Apply、Aggregate、Lag等。

1）Constant

常量元素Constant表示一个不变的数值或字符串，它可以用在任何表达式中，常量的实际值由元素Constant的内容给出。在PMML规范中，元素Constant的定义如下：

```
<xs:element name="Constant">
  <xs:complexType>
    <xs:simpleContent>
      <xs:extension base="xs:string">
        <xs:attribute name="dataType" type="DATATYPE"/>
      </xs:extension>
    </xs:simpleContent>
  </xs:complexType>
</xs:element>
```

从定义可以看出，元素Constant有一个可选的属性dataType，用来说明常量值的类型。如果元素Constant没有指明dataType，则常量值的类型将由常量元素的内容推导出来。推导规则如下：

- 如果常量元素的内容纯粹由数字组成，则常量值类型为整型integer；
- 如果常量元素的内容由数字和一个小数点组成，则常量值类型为浮点型float；
- 如果常量元素的内容中存在任何非数字字符，则常量值类型为字符串型string。

例如：

<Constant>1.05</Constant> 代表浮点数1.05；

<Constant dataType="string">3.14</Constant>代表字符串“3.14”。

除了上面的常用方式，还可以采用元素组合定义常量：

<Constant><Value value="1.05"></Constant> 同样代表浮点数1.05。

2）FieldRef

这个元素我们在前面遇到过多次，功能是引用定义在DataDictionary中的字段或者一个派生字段（由DerivedField定义），或者一个计算结果字段。元素FieldRef在PMML规范中的定义如下：

```
<xs:element name="FieldRef">
  <xs:complexType>
    <xs:sequence>
      <xs:element ref="Extension" minOccurs="0" maxOccurs="unbounded"/>
    </xs:sequence>
    <xs:attribute name="field" type="FIELD-NAME" use="required"/>
    <xs:attribute name="mapMissingTo" type="xs:string"/>
  </xs:complexType>
</xs:element>
```

元素FieldRef有一个必选属性field，用来指定引用字段的名称。如果引用字段的值是缺失值，通常情况下也会返回一个缺失值，但是可以用可选属性mapMissingTo来改变这种情况；如果设置了属性mapMissingTo，则当引用字段的值是缺失值时，元素FieldRef返回一个属性mapMissingTo设定的值（字符串类型）。

下面的例子中调用了内置函数“+”（运算符），代码执行后，将返回字段quantity1与quantity2之和。

```
<Apply function="+">
  <FieldRef field="quantity1" />
  <FieldRef field="quantity2" />
</Apply>
```

3）NormContinuous

在构建模型时，输入数据字段往往很多，例如可能包含多个连续型字段，而这些字段的取值范围可能会有较大的差异。比如一个员工的年薪数与其家庭拥有的车辆数明显是不在一个数量级上的，为了确保年薪这类具有较大取值范围的变量和家庭车辆数这类具有较小取值范围的变量能够在建模过程中被平等对待，就需要将连续型数据标准化。

所谓数据标准化，是指将一系列输入数据按照一定的转换规则映射到一个指定的范围内，这个范围通常是0～1。神经元网络模型、聚类模型中的输入变量通常需要这种标准化。

元素NormContinuous的功能就是实现连续型数据的标准化，它在PMML规范中的定义代码如下：

```
<xs:element name="NormContinuous">
  <xs:complexType>
    <xs:sequence>
      <xs:element ref="Extension" minOccurs="0" maxOccurs="unbounded"/>
      <xs:element ref="LinearNorm" minOccurs="2" maxOccurs="unbounded"/>
    </xs:sequence>
    <xs:attribute name="mapMissingTo" type="NUMBER"/>
    <xs:attribute name="field" type="FIELD-NAME" use="required"/>
    <xs:attribute name="outliers" type="OUTLIER-TREATMENT-METHOD"
                  default="asIs"/>
  </xs:complexType>
</xs:element>
```

```

<xs:element name="LinearNorm">
  <xs:complexType>
    <xs:sequence>
      <xs:element ref="Extension" minOccurs="0" maxOccurs="unbounded"/>
    </xs:sequence>
    <xs:attribute name="orig" type="NUMBER" use="required"/>
    <xs:attribute name="norm" type="NUMBER" use="required"/>
  </xs:complexType>
</xs:element>
```

元素NormContinuous定义了利用分段线性插值方法对输入字段的标准化，其属性field是必选属性，指定了欲标准化的字段；其属性mapMissingTo的作用与元素FieldRef的同名属性mapMissingTo类似，即如果输入字段是缺失值，通常NormContinuous也会产生一个缺失值，但可以通过可选属性mapMissingTo来改变这种情况，如果设置了属性mapMissingTo，则当输入字段的值是缺失值时，返回一个属性mapMissingTo设定的值（数值型）。

子元素LinearNorm的序列为分段线性插值函数定义了一个数据点序列。元素NormContinuous必须至少包含两个LinearNorm元素，并且必须严格按照其属性orig的升序排序。

元素LinearNorm包含两个属性：orig和norm，其中orig是原始值，norm是标准化后的值。其标准化原理为：给定两个点（a_1，b_1）和（a_2，b_2），其中b_1，b_2分别是a_1，a_2对应的标准化值。这里a_1，a_2都是orig，而b_1，b_2都是norm。则对于在区间$[a_1, a_2]$内的任意数x，其标准化后的值b_x为：

$$b_x = b_1 + \frac{x - a_1}{a_2 - a_1}(b_2 - b_1)$$

图3-4为元素LinearNorm的线性插值函数原理示意图。

缺失值的输入将会映射为缺失值的输出。如果输入值不在定义的区间$[a_1, a_n]$内，则此输入值将按照异常值属性outliers设置的方式进行处理。属性outliers可以取下面三个值：

➢ asIs　从最近的区间进行推断，对输入值进行标准化，为默认值；

➢ asMissingValues　按照缺失值方式处理；

➢ asExtremeValues　从最近的间隔映射到下一个值，以使该函数连续。

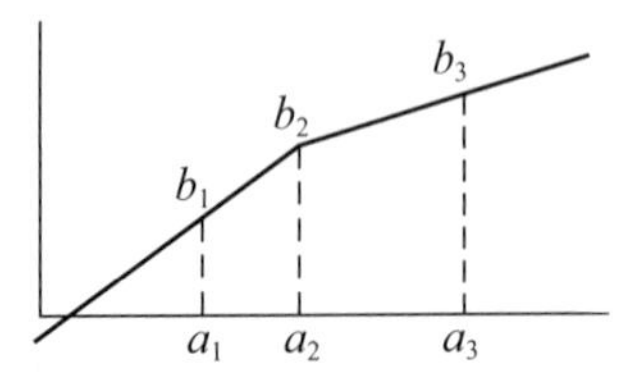

图3-4　元素LinearNorm的线性插值函数原理示意图

属性outliers默认值为asIs。图3-4显示的就是在默认情况下，对于小于a_1或大于a_3的输入值进行外推的处理。

图3-5描绘了在属性outliers设置为asExtremeValues时的情形。

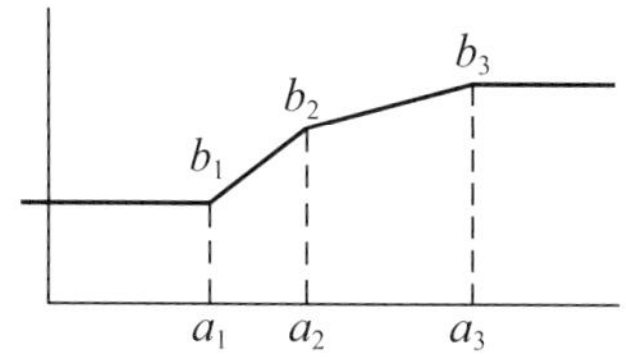

图3-5 outliers设置为asExtremeValues时的情形

下面的例子使用了元素NormContinuous实现z-score变换，其变换式为，$\frac{(x-m)}{s}$，其中m是平均值，s是标准偏差，x为输入字段值。对应的代码如下：

```
<NormContinuous field="X">
  <LinearNorm orig="0" norm="-m/s"/>
  <LinearNorm orig="m" norm="0"/>
</NormContinuous>
```

这个例子中，默认异常值处理方式是“asIs”。

4）NormDiscrete

元素NormDiscrete的功能是对离散数据进行标准化。很多挖掘模型需要把输入的字符串通过编码转换为数值，以便在构建模型时进行数学运算。例如回归和神经网络模型常常需要把分类型和定序型数据转为0/1组成的序列，即独热编码（One-Hot Encoding），或称一位有效编码。经过独热编码之后，一个分类型或定序型变量会变成多个新变量，称为虚拟变量或名义变量，这些虚拟变量会代替原来的分类或定序变量进入后续模型构建过程，在一定程度上起到了扩充特征的作用。

在各种数据分析和建模过程中经常会遇到分类型或定序型数据，例如客户所在区域custArea（东北，华北，华南，中南，西南，西北）、客户性别gender（男，女）、产品类别productCat（IT，书籍，电器，……）、客户信用等级custCredit（低，中，高）等等。建模过程中，一般是先将这类变量转换为数值，然后代入模型，如客户性别gender转换为（0，1）、客户信用等级custCredit转为（0，1，2），但模型往往把这类数值当做连续型数据处理，这肯定是不合理的，与我们划分类别的初衷不一致，因连续型数据本身是有大小之分的。采用独热编码可解决这个问题。

独热编码通过N位0/1序列对一个具有N个类别的变量进行编码，在任何时候只有一位有效，即所谓“独热”，也就是0/1序列中只有一位为1。与此相对的编码方式为独冷编码：One-Cold Encoding。

下面以客户所在区域custArea这一字段为例说明。custArea字段有六个取值，设它们的类别值分别是1、2、3、4、5、6，对应的独热编码如表3-9所示：

表3-9 客户所在区域对应的独热编码

序号	custArea	类别值	独热编码	虚拟变量
1	东北	1	000001	custArea1
2	华北	2	000010	custArea2
3	华南	3	000100	custArea3
4	中南	4	001000	custArea4
5	西南	5	010000	custArea5
6	西北	6	100000	custArea6

custArea经过独热编码转换后，就变成custArea1、custArea2、…、custArea6六个虚拟变量了，这样模型就可以处理分类或定序型数据了。认真的读者可以看出，实际上就是每个类别值（如东北区）对应着一个虚拟变量（如custArea1，其值为000001）。这六个虚拟变量会进入后续的建模过程。独热编码的一个缺点是：当分类或定序变量类别值比较多时，数据经过独热编码转换后可能会变得过于稀疏。

PMML语言对离散数据的标准化是通过元素NormDiscrete实现的，元素NormDiscrete在PMML规范中的定义如下：

```
<xs:element name="NormDiscrete">
  <xs:complexType>
    <xs:sequence>
      <xs:element ref="Extension" minOccurs="0" maxOccurs="unbounded"/>
    </xs:sequence>
    <xs:attribute name="field" type="FIELD-NAME" use="required"/>
    <xs:attribute name="value" type="xs:string" use="required"/>
    <xs:attribute name="mapMissingTo" type="NUMBER"/>
  </xs:complexType>
</xs:element>
```

在这个定义中，属性field和value是必选属性，其中field指明了欲转换的字段，value对应着字段field的一个类别值。

属性mapMissingTo是用来处理输入缺失值的。如果输入值是缺失值，并且指定了属性mapMissingTo，则返回结果是mapMissingTo设定的值；如果没有设置mapMissingTo，则返回缺失值。

请看下面的例子：

```
<DerivedField dataType="double" name="CustType0" optype="categorical">
  <NormDiscrete field="CustType" value="1"/>
```

```
</DerivedField>
<DerivedField dataType="double" name="CustType1" optype="categorical">
  <NormDiscrete field="CustType" value="2"/>
</DerivedField>
<DerivedField dataType="double" name="CustType2" optype="categorical">
  <NormDiscrete field="CustType" value="3"/>
</DerivedField>
<DerivedField dataType="double" name="CustType3" optype="categorical">
  <NormDiscrete field="CustType" value="4"/>
</DerivedField>
```

在这个例子中，字段CustType（客户类型）按照取值的不同被编码成四个不同的变量，在后续的建模过程中，CustType会被CustType0、CustType1、CustType2、CustType3四个变量所替代。

5）Discretize

连续数值型数据的离散化是通过元素Discretize来定义的，它通过使用区间范围把连续数值映射到不同的离散值。在PMML规范中，元素Discretize的定义如下：

```
<xs:element name="Discretize">
  <xs:complexType>
    <xs:sequence>
      <xs:element ref="Extension" minOccurs="0" maxOccurs="unbounded"/>
      <xs:element ref="DiscretizeBin" minOccurs="0" maxOccurs="unbounded"/>
    </xs:sequence>
    <xs:attribute name="field" type="FIELD-NAME" use="required"/>
    <xs:attribute name="mapMissingTo" type="xs:string"/>
    <xs:attribute name="defaultValue" type="xs:string"/>
    <xs:attribute name="dataType" type="DATATYPE"/>
  </xs:complexType>
</xs:element>

<xs:element name="DiscretizeBin">
```

```
  <xs:complexType>
    <xs:sequence>
      <xs:element ref="Extension" minOccurs="0" maxOccurs="unbounded"/>
      <xs:element ref="Interval"/>
    </xs:sequence>
    <xs:attribute name="binValue" type="xs:string" use="required"/>
  </xs:complexType>
</xs:element>
```

在该定义中，元素Discretize包含一个子元素DiscretizeBin和四个属性，其中属性field是必选的，其他三个都是可选的。各属性的含义如下：

- 属性field：必选属性。指定了输入字段名称；
- 属性dataType：可选属性。指定了转换后结果的类型；
- 属性defaultValue：可选属性。为返回结果定义了一个默认离散值；
- 属性mapMissingTo：可选属性。表示输入值是缺失值时所对应的输出结果。如果没有设置，则输入值是缺失值时输出结果也将是缺失值。

子元素DiscretizeBin则定义了一组映射：从第i个区间Interval映射到第i个binValue。也就是说，如果输入字段的值包含在第i个区间Interval内，则返回值是第i个binValue的值。

两个不同的区间Interval可以映射到同一个离散值（分类值），而一个输入数值只能映射到一个离散值。另外，所有的区间Interval必须是不相交的，并且应覆盖整个输入值的范围。表3-10列出了输入值与输出结果的对应关系。

表3-10　输入值与输出结果的对应关系

输入值	匹配的区间	defaultValue	mapMissingTo	结果
val	Interval_i	*	*	binValue_i
val	none	someVal	*	someVal
val	none	未指定	*	missing
missing	*	*	someVal	someVal
missing	*	*	未指定	missing

注：“*”代表任何组合。

下面的例子中，以Profit为输入字段，当Profit小于0时，输出“negative”；当Profit大于等于0时，输出“positive”。如果Profit为缺失值，则输出为缺失值。（属性mapMissingTo没有设置）。

```
<Discretize field="Profit">
  <DiscretizeBin binValue="negative">
    <Interval closure="openOpen" rightMargin="0"/>
    <!-- 左边界默认为负无穷大 -->
  </DiscretizeBin>
  <DiscretizeBin binValue="positive">
    <Interval closure="closedOpen" leftMargin="0"/>
    <!-- 右边界默认为正无穷大 -->
  </DiscretizeBin>
</Discretize>
```

作为一个小技巧，可以使用元素Discretize为连续型变量创建缺失值指示符。此时DiscretizeBin元素是多余的，无需出现。示例代码如下：

```
<DerivedField name="Age_mis" displayName="Age missing or not"
              optype="categorical" dataType="string">
  <Discretize field="Age" mapMissingTo="Missing" defaultValue="Not missing"/>
</DerivedField>
```

6）MapValues

使用值对列表可以将任何离散值映射到其他离散值，例如把一个月份简称字段映射到月份全称字段，像“Jan”映射为“January”。这个功能可以通过元素MapValues来实现。值对列表可以通过由一系列XML标记组成的内联表InlineTable表示，也可以通过外部数据定位器元素TableLocator引用一个外部表来表示，这里采用的技术与元素Taxonomy中采用的技术是一样的。Taxonomy的内容在前面讲述过。

元素MapValues在PMML规范中的定义如下：

```
<xs:element name="MapValues">
  <xs:complexType>
    <xs:sequence>
      <xs:element ref="Extension" minOccurs="0" maxOccurs="unbounded"/>
      <xs:element minOccurs="0" maxOccurs="unbounded" ref="FieldColumnPair"/>
      <xs:choice minOccurs="0">
        <xs:element ref="TableLocator"/>
        <xs:element ref="InlineTable"/>
```

```
      </xs:choice>
    </xs:sequence>
    <xs:attribute name="mapMissingTo" type="xs:string"/>
    <xs:attribute name="defaultValue" type="xs:string"/>
    <xs:attribute name="outputColumn" type="xs:string" use="required"/>
    <xs:attribute name="dataType" type="DATATYPE"/>
  </xs:complexType>
</xs:element>

<xs:element name="FieldColumnPair">
  <xs:complexType>
    <xs:sequence>
      <xs:element ref="Extension" minOccurs="0" maxOccurs="unbounded"/>
    </xs:sequence>
    <xs:attribute name="field" type="FIELD-NAME" use="required"/>
    <xs:attribute name="column" type="xs:string" use="required"/>
  </xs:complexType>
</xs:element>
```

元素MapValues可以选择使用元素InlineTable或者元素TableLocator来定义值对列表数据，它们是由XML标记表示的二维表（table）。

在这个定义中，元素MapValues有四个属性：outputColumn、mapMissingTo、defaultValue、dataType，其中outputColumn是必选的，其他三个都是可选的。各属性的含义如下：

- 属性outputColumn：必选属性。指定元素MapValues映射值对应的字段，即返回值对应的字段；
- 属性mapMissingTo：可选属性。当输入值是缺失值时所对应的输出结果。如果没有设置，则输入值是缺失值时输出缺失值。
- 属性defaultValue：可选属性。为默认输出值。
- 属性dataType：返回结果的数据类型。

子元素FieldColumnPair用来指定输入字段与数据表格的哪一列进行配对。其属性field指定了字段名称，属性column则指定了数据表格的列名称，数据表格由元素TableLocator或InlineTable指定。

不同的字符串值可以映射到同一个输出值。但如果在表格形式的数据中用于映射的条目（行）不是唯一的，则认为是错误的。另外，映射的值可以是不完整的，例如输入值没有对应的输出值，则结果可能是缺失值。表3-11列出了元素MapValues的映射输出结果。

表3-11 元素MapValues的映射输出结果

输入值	匹配值	defaultValue	mapMissingTo	result
val	匹配第*i*行	*	*	第*i*行中outputColumn对应的值
val	none	someVal	*	someVal
val	none	未指定	*	missing
missing	*	*	someVal	someVal
missing	*	*	未指定	missing

注：“*”代表任何组合。

下面的例子把输入字段gender中的性别简称转换为全称。

```
<MapValues outputColumn="longForm">
  <FieldColumnPair field="gender" column="shortForm"/>
  <InlineTable>
    <row><shortForm>m</shortForm><longForm>male</longForm>
    </row>
    <row><shortForm>f</shortForm><longForm>female</longForm>
    </row>
  </InlineTable>
</MapValues>
```

下面举一个多个维度对应某个指标的例子。表3-12列出了不同州的不同薪酬级别下的薪水，所在州state、薪酬级别band代表不同的维度，根据维度的不同取值，可以映射到不同的薪水salary。

表3-12 维度state、band与薪水salary的对应关系

state	band(1)	band(2)
MN	10,000	20,000
IL	12,000	23,000
NY	20,000	30,000

代码如下：

```
<DerivedField dataType="double" optype="continuous">
  <MapValues outputColumn="out" dataType="integer">
    <FieldColumnPair field="BAND" column="band"/>
    <FieldColumnPair field="STATE" column="state"/>
    <InlineTable>
      <row>
        <band>1</band>
        <state>MN</state>
        <out>10000</out>
      </row>
      <row>
        <band>1</band>
        <state>IL</state>
        <out>12000</out>
      </row>
      <row>
        <band>1</band>
        <state>NY</state>
        <out>20000</out>
      </row>
      <row>
        <band>2</band>
        <state>MN</state>
        <out>20000</out>
      </row>
      <row>
        <band>2</band>
        <state>IL</state>
        <out>23000</out>
      </row>
      <row>
        <band>2</band>
```

```
            <state>NY</state>
            <out>30000</out>
          </row>
        </InlineTable>
      </MapValues>
    </DerivedField>
```

与元素Discretize可以为连续型变量创建缺失值指示符类似，可以使用元素MapValues为分类型变量创建缺失值指示符。此时只需要一个FieldColumnPair即可，并且属性column可以省略。示例代码如下：

```
<DerivedField name="LSTROPEN_MIS" optype="categorical" dataType="string">
  <MapValues mapMissingTo="Missing" defaultValue="Not missing"
                  outputColumn="none">
    <FieldColumnPair field="LSTROPEN" column="none"/>
  </MapValues>
</DerivedField>
```

7）TextIndex

为了充分利用模型中的文本输入字段，我们可以通过对元素TextIndex的属性进行配置，从文本输入字段中提取给定词条的频率信息，这些配置涵盖大小写敏感性、标准化以及其他设置。

TextIndex内嵌一个表达式元素EXPRESSION，用来包含要查找的词条，这个表达式通常是一个常量元素Constant。元素TextIndex在PMML规范中的定义如下：

```
<xs:element name="TextIndex">
  <xs:complexType>
    <xs:sequence>
      <xs:element ref="Extension" minOccurs="0" maxOccurs="unbounded"/>
      <xs:element ref="TextIndexNormalization" minOccurs="0"
                       maxOccurs="unbounded"/>
      <xs:group ref="EXPRESSION"/>
    </xs:sequence>
    <xs:attribute name="textField" type="FIELD-NAME" use="required"/>
    <xs:attribute name="localTermWeights" default="termFrequency">
```

```
      <xs:simpleType>
        <xs:restriction base="xs:string">
          <xs:enumeration value="termFrequency"/>
          <xs:enumeration value="binary"/>
          <xs:enumeration value="logarithmic"/>
          <xs:enumeration value="augmentedNormalizedTermFrequency"/>
        </xs:restriction>
      </xs:simpleType>
    </xs:attribute>
    <xs:attribute name="isCaseSensitive" type="xs:boolean" default="fal
    se"/>
    <xs:attribute name="maxLevenshteinDistance" type="xs:integer" default="0"/>
    <xs:attribute name="countHits" default="allHits">
      <xs:simpleType>
        <xs:restriction base="xs:string">
          <xs:enumeration value="allHits"/>
          <xs:enumeration value="bestHits"/>
        </xs:restriction>
      </xs:simpleType>
    </xs:attribute>
    <xs:attribute name="wordSeparatorCharacterRE" type="xs:string"
                        default="\s"/>
    <xs:attribute name="tokenize" type="xs:boolean" default="true"/>
  </xs:complexType>
</xs:element>
<xs:element name="TextIndexNormalization">
  <xs:complexType>
    <xs:sequence>
      <xs:element ref="Extension" minOccurs="0" maxOccurs="unbounded"/>
      <xs:choice minOccurs="0">
        <xs:element ref="TableLocator"/>
        <xs:element ref="InlineTable"/>
      </xs:choice>
```

```
    </xs:sequence>
    <xs:attribute name="inField" type="xs:string" default="string"/>
    <xs:attribute name="outField" type="xs:string" default="stem"/>
    <xs:attribute name="regexField" type="xs:string" default="regex"/>
    <xs:attribute name="recursive" type="xs:boolean" default="false"/>
    <xs:attribute name="isCaseSensitive" type="xs:boolean"/>
    <xs:attribute name="maxLevenshteinDistance" type="xs:integer"/>
    <xs:attribute name="wordSeparatorCharacterRE" type="xs:string"/>
    <xs:attribute name="tokenize" type="xs:boolean"/>
  </xs:complexType>
</xs:element>
```

每个属性的含义如下。

● 属性textField：必选属性。包含输入文本的字段名称。

● 属性localTermWeights：给定词条出现频率的返回方式。这个属性可取下列四个值（设x为返回值，$freq_i$为给定词条出现的次数）。

◆ termFrequency：返回给定词条在输入文本中出现的次数，为默认值。

$$x=freq_i$$

◆ binary：如果词条出现，则返回1，否则返回0。

$$x=X(freq_i)$$

◆ logarithmic：给定词条在文本中出现的次数加1后取对数（以10为底），返回这个对数：

$$x=\log_{10}(1+freq_i)$$

这里加1是为了防止词条出现次数为0时无法进行对数计算。

◆ augmentedNormalizedTermFrequency：与binary值和词条出现次数值$freq_i$有关，返回binary值与给定词条出现次数归一化后的值之和的一半。这里归一化是相对于出现次数最高的词条计算的。

$$x=0.5\left(X(freq_i)+\frac{freq_i}{max_k(freq_k)}\right)$$

● 属性isCaseSensitive：指定在进行词条匹配时是否考虑字符的大小写。默认值为false，不考虑大小写。

● 属性maxLevenshteinDistance：设置编辑距离。所谓编辑距离，是指两个字符串之间由一个转成另一个所需的最少编辑次数，又称为Levenshtein距离。通过设置一定的距离（为整数），可以容忍一些小的拼写差错，如一定数量的字符冗余、遗漏和字符错误。默认值为0。

● 属性wordSeparatorCharacterRE：匹配给定词条的正则表达式。为了能够更方便地定位复合词条，可以使用此属性来传递包含单词分隔符的正则表达式。例如给定词条“user friendly”，如果将此属性设置为“[\s\-]”，则字符串“user-friendly”“user friendly”都可以是匹配结果。默认值是“\s”，表示空格字符。

● 属性tokenize：控制属性wordSeparatorCharacterRE发生作用的范围。如果tokenize=false，则属性wordSeparatorCharacterRE只对给定的词条起作用；如果tokenize=true，则属性wordSeparatorCharacterRE可同时应用于属性textField指定的文本字段的内容（即输入文本）和给定的词条。这个过程将删除输入文本中的标点符号，产生一个无标点符号的单词序列。此属性的默认值为true。

● 属性CountHits：在计算一个给定词条的频率时，属性CountHits的值将影响给定词条在输入文本中的命中次数，即hit数。一个hit即表示在满足属性isCaseSensitive、maxLevenshteinDistance设定的条件下词条在输入文本中出现一次。例如：假设给定词条为“brown fox”，输入文本值为“The quick browny foxy jumps over the lazy dog. The brown fox runs away and to be with another brown foxy”，如果属性maxLevenshteinDistance设置为“1”，则字符串“browny foxy”不是一个hit，因为它的Levenshtein距离（编辑距离）是2（因为输入文本标记化后，字符串“browny foxy”的编辑距离是词语“browny”和“foxy”的编辑距离之和）。而字符串“brown fox”和“brown foxy”都是一个hit，因为这两个字符串的Levenshtein距离都小于等于1（一个是0，一个是1）。

属性CountHits可取下列值：

● allHits　统计所有命中（hit）次数，这是默认值；
● bestHits　统计Levenshtein距离最短的所有命中次数。

例如，假设给定的词条是“dog”，输入文本字段的值是“I have a doog. My dog is white. The doog is friendly”，并且属性maxLevenshteinDistance设置为“1”。如果属性countHits设置为“allHits”，则对词条“dog”的命中次数为3；如果设置为“bestHits”，则命中次数为1。

在下面的例子中，通过派生字段元素DerivedField派生了一个名为sunFrequency的字段，该字段的值等于词条“sun”在输入字段myTextField中命中的次数（忽略大小写，最多可有一个拼写错误）。代码如下：

```
<MiningSchema>
  <MiningField name="myTextField"/>
  ...
```

```
</MiningSchema>
<LocalTransformations>
  <DerivedField name="sunFrequency">
    <TextIndex textField="myTextField" localTermWeights="termFrequency"
       isCaseSensitive="false" maxLevenshteinDistance="1" >
      <Constant>sun</Constant>
    </TextIndex>
  </DerivedField>
  ...
```

上面这个例子中，假如字段myTextField的值是“The Sun was setting while the captain’s son reached the bounty island, minutes after their ship had sunk to the bottom of the ocean”，则派生字段sunFrequency的值为3，因为在忽略大小写、最多允许一个错误的情况下，“Sun”“son”“sunk”都是词条“sun”的hit。

如果Levenshtein距离设置为0，即属性maxLevenshteinDistance=0，则只有“Sun”一个命中结果，即派生字段sunFrequency的值为1。

很多使用文本字段作为输入变量（特征）的预测模型往往需要搜索多个词条，这种情况下使用元素TextIndex编写一个函数，然后通过元素Apply进行调用是非常方便的一种方法。请看下面的代码：

```
...
<TransformationDictionary>
  <DefineFunction name="myIndexFunction">
    <ParameterField name="text"/>
    <ParameterField name="term"/>
    <TextIndex textField="text" localTermWeights="termFrequency"
               isCaseSensitive="false" maxLevenshteinDistance="1" >
      <FieldRef field="term"/>
    </TextIndex>
  </DefineFunction>
</TransformationDictionary>
...
<MiningSchema>
  <MiningField name="myTextField"/>
  ...
```

```
</MiningSchema>
<LocalTransformations>
  <DerivedField name="sunFrequency">
    <Apply function="myIndexFunction">
      <FieldRef field="myTextField"/>
      <Constant>sun</Constant>
    </Apply>
  </DerivedField>
  <DerivedField name="rainFrequency">
    <Apply function="myIndexFunction">
      <FieldRef field="myTextField"/>
      <Constant>rain</Constant>
    </Apply>
  </DerivedField>
  <DerivedField name="windFrequency">
    <Apply function="myIndexFunction">
      <FieldRef field="myTextField"/>
      <Constant>wind</Constant>
    </Apply>
  </DerivedField>
  ...
```

在这段代码中使用元素DefineFunction创建了一个函数myIndexFunction，这样就可以在后面的代码中通过元素Apply直接调用了。这样的代码简洁明了，也容易维护和扩充。

元素TextIndex还有一个可选的子元素TextIndexNormalization，它是用来对输入字段中的文本进行规范化的。尽管Levenshtein距离的设置（通过属性maxLevenshteinDistance）有助于容忍小的拼写错误，但它不一定适合捕捉同一词条的不同形式，例如名词、动词的变化，甚至同义词。对于这类情况，可以在元素TextIndex中内嵌一个或多个TextIndexNormalization元素，将输入文本标准化（规范化），转换为对词条而言更容易处理的形式。

通过元素TextIndexNormalization的定义可以看出它提供了许多高级的方法，用来把输入文本规范化到对给定词条来说更容易处理的词汇列表中。规范化操作是通过转换表来实现的，而转换表是通过元素TableLocator或InlineTable来描述的。

如果在输入文本（由父元素TextIndex的属性textField指定）中出现了属性inField

的值，则它将被属性outField的值替换；如果设置了属性regexField，并且regexField指定列的值为“true”，则属性inField的值将被看作一个PCRE表达式（兼容Perl语言规范的正则表达式）。对于inField是正则表达式的情况，元素TextIndex的属性maxLevenshteinDistance和isCaseSentive将被忽略。

默认情况下转换表使用一次，从上到下每行只使用一次。但是如果递归属性recursive设置为“true”，则转换表的各行会被重复使用，直到不再导致输入文本发生变化为止。

如果定义了多个TextIndexNormalization规范化元素，它们将按定义的顺序使用，上一个TextIndexNormalization元素的输出将作为下一个TextIndexNormalization元素的输入。这对处理多种类型的转换是非常方便的，比如第一个标准化步骤用来处理形态转换，将每个单词转换成某种基本形式（词干），第二个标准化步骤用来处理同义词的情形，第三个步骤可能是寻找上述标准化标记的特定序列，依此类推。

默认情况下，元素TextIndexNormalization继承了父元素TextIndex的属性isCaseSensitive、maxLevenshteinDistance、wordSeparatorCharacterRE和tokenize的设置，但是这些设置都可以被每个TextIndexNormalization元素本身的设置所覆盖。

对于正则表达式行，元素TextIndexNormalization的属性wordSeparatorCharacterRE的设置不适用于inField和outField，而对于非正则表达式行，它同时适用于inField和outField。这里所谓的正则表达式行，是指属性regexField指定列的值为true的情况。请看下面多个TextIndexNormalization元素的例子。

```
...
<TransformationDictionary>
  <DefineFunction name="myIndexFunction" optype="continuous">
    <ParameterField name="reviewText"/>
    <ParameterField name="term"/>
    <TextIndex textField="reviewText" localTermWeights="binary"
               isCaseSensitive="false">

      <TextIndexNormalization inField="string" outField="stem"
                              regexField="regex">
        <InlineTable>
          <row>
            <string>interfaces?</string>
            <stem>interface</stem>
            <regex>true</regex>
          </row>
```

```
            <row>
              <string>is|are|seem(ed|s?)|were</string>
              <stem>be</stem>
              <regex>true</regex>
            </row>
            <row>
              <string>user friendl(y|iness)</string>
              <stem>user_friendly</stem>
              <regex>true</regex>
            </row>
          </InlineTable>
        </TextIndexNormalization>

        <TextIndexNormalization inField="re" outField="feature"
                                regexField="regex">
          <InlineTable>
            <row>
               <re>interface be (user_friendly|well designed|excellent)</
re>
              <feature>ui_good</feature>
              <regex>true</regex>
            </row>
          </InlineTable>
        </TextIndexNormalization>

        <FieldRef field="term"/>

      </TextIndex>
    </DefineFunction>
</TransformationDictionary>
...
<MiningSchema>
  <MiningField name="Review"/>
```

```
  ...
</MiningSchema>
<LocalTransformations>
  <DerivedField name="isGoodUI">
    <Apply function="myIndexFunction">
      <FieldRef field="Review"/>
      <Constant>ui_good</Constant>
    </Apply>
  </DerivedField>
  ...
```

在这个例子中，假如输入文本为“Testing the app for a few days convinced me the interfaces are excellent!”，对于第一个TextIndexNormalization标准规范代码块，其结果是“Testing the app for a few days convinced me the interface be excellent!”；对于第二个TextIndexNormalization标准规范代码块，其结果是“Testing the app for a few days convinced me the ui_good!”，此时派生字段isGoodUI的值将是1。

8) Apply

元素Apply的作用是定义一个函数的应用，我们在前面很多地方用到过它。在PMML规范中，元素Apply的定义如下：

```
<xs:element name="Apply">
  <xs:complexType>
    <xs:sequence>
      <xs:element ref="Extension" minOccurs="0" maxOccurs="unbounded"/>
      <xs:group ref="EXPRESSION" minOccurs="0" maxOccurs="unbounded"/>
    </xs:sequence>
    <xs:attribute name="function" type="xs:string" use="required"/>
    <xs:attribute name="mapMissingTo" type="xs:string"/>
    <xs:attribute name="defaultValue" type="xs:string"/>
    <xs:attribute name="invalidValueTreatment"
                  type="INVALID-VALUE-TREATMENT-METHOD"
                  default="returnInvalid"/>
  </xs:complexType>
</xs:element>
```

在这个定义中，元素Apply的属性function指明了调用函数的名称，而函数的实际参数（实参）序列形成了这个元素的内容。每一个实参的实际值由一个表达式EXPRESSION给定，且实参出现的顺序与函数定义时参数（形参）出现的顺序必须是一致的。

可选属性mapMissingTo是针对函数的输入参数中出现缺失值的情况而设计的。如果设置了这个属性，只要函数的输入参数中任何一个参数值为缺失值，则函数不再进行运算，而是直接返回mapMissingTo的值。这对那些不能处理缺失值的函数特别有用。

可选属性defaultValue定义了如果函数计算结果是一个缺失值，则元素Apply返回defaultValue设定的值（当然前提是设定了这个属性）。

一个函数在使用时也许会返回一个无效值（如被零整除），这种情况下可以用属性invalidValueTreatment进行处理，这个属性可以取下面三个值：

- returnInvalid：如果遇到无效值，则返回一个无效结果，为默认值；
- asIs：不做任何处理。等同于returnInvalid；
- asMissing：按照缺失值处理。即当函数计算结果为无效值时，元素Apply返回一个缺失值。注意，在此种情况下如果同时设置了属性defaultValue，则defaultValue的优先级高（即不会返回一个缺失值）。表3-13列出了元素Apply的各种输出情况。

表3-13　元素Apply的各种输出情况

函数输入	mapMissingTo	defaultValue	invalidValueTreatment	函数输出	Apply的输出
至少有一个缺失值	map_missing_val	*	*	不运行	map_missing_val
没有缺失值	空值	*	*	运行结果	函数运行结果
		default_val	*		default_val
			returnInvalid	无效结果	returnInvalid
			asMissing	无效结果	
		defaut_val	asMissing	无效结果	defaut_val

注：表中，“*”代表任何组合；空白代表没有值（空值）。

数据挖掘过程中，数据清洗是最常见的准备工作，其中一些简单的准备工作可以直接在PMML模型中进行。下面的例子使用了内置函数uppercase把输入参数prodgroup（代表产品组的名称）的内容全部转换为大写形式，并赋值给一个新的衍生字段PGNorm。

```
<DerivedField name="PGNorm" dataType="string" optype="categorical">
  <Apply function="uppercase">
    <FieldRef field="prodgroup"/>
  </Apply>
</DerivedField>
```

此例中，假如prodgroup的内容是“Non-Food”，则派生的字段PGNorm的值为“NON-FOOD”。

9）Aggregate

关联规则和序列模型的研究对象是项集（项目集合），而项集可以通过输入记录集的聚合来定义。在PMML规范中，可以通过元素Aggregate来实现各种聚合功能，并且它所实现的转换功能非常类似于SQL语言中带有GROUP BY子句的聚合语法功能。下面的代码为SQL语言中带有GROUP BY子句的查询语句：

```
SELECT column_name, aggregate_function(column_name)
FROM table_name
WHERE column_name operator value
GROUP BY column_name
```

这里，“GROUP BY”会根据紧随其后的column_name的不同取值对数据进行分组，也就是把一个数据集划分成若干个“小区域”，然后针对每个“小区域”进行聚合处理。

在PMML规范中，元素Aggregate的定义如下：

```
<xs:element name="Aggregate">
  <xs:complexType>
    <xs:sequence>
      <xs:element ref="Extension" minOccurs="0" maxOccurs="unbounded"/>
    </xs:sequence>
    <xs:attribute name="field" type="FIELD-NAME" use="required"/>
    <xs:attribute name="function" use="required">
      <xs:simpleType>
        <xs:restriction base="xs:string">
          <xs:enumeration value="count"/>
          <xs:enumeration value="sum"/>
          <xs:enumeration value="average"/>
          <xs:enumeration value="min"/>
          <xs:enumeration value="max"/>
          <xs:enumeration value="multiset"/>
        </xs:restriction>
      </xs:simpleType>
    </xs:attribute>
```

```
        <xs:attribute name="groupField" type="FIELD-NAME"/>
        <xs:attribute name="sqlWhere" type="xs:string"/>
    </xs:complexType>
</xs:element>
```

在这个定义中，元素Aggregate有四个属性：field、function、groupField和sqlWhere。它们的含义如下。

◆ 属性field：必选属性，指定要进行聚合的字段。

◆ 属性function：必选属性，指定聚合函数，与属性field结合使用。目前PMML规范支持6种聚合函数，分别是：

● count：统计记录数，适合数值型字段；

● sum：求和，适合数值型字段；

● average：计算平均值，适合数值型字段；

● min：求最小值，适合数值型字段；

● max：求最大值，适合数值型字段；

● multiset：创建多重项集（允许一个项目出现在多个项集中），适合离散型字段，针对分组字段（由属性groupField指定）的每一个值，生成一个关于聚合字段（由属性field指定）值的集合（主要用于关联规则和序列规则模型）。

◆ 属性groupField：可选属性，指定分组字段。如果分组字段的值为缺失值，元素Aggregate会忽略其所在的记录。

◆ 属性sqlWhere：可选属性，指定必须执行转换的数据子集。实际上就是过滤条件。

下面是一个简单例子：

```
<Aggregate field ="item" function="multiset" groupField="transaction"/>
```

这里例子对每个不同的transaction值分别创建一个项目集合。

10）Lag

滞后元素Lag返回一个给定字段当前值前面某个间隔的值。如果此值不存在，则返回缺失值。

需要注意的是：只有输入字段的值已经按照要求的顺序进行了排序（通常是时间），使用Lag元素才有意义。

元素Lag在PMML规范中的定义如下：

```
<xs:element name="Lag">
    <xs:complexType>
        <xs:sequence>
```

```
            <xs:element ref="Extension" minOccurs="0" maxOccurs="unbounded"/>
            <xs:element ref="BlockIndicator" minOccurs="0" maxOccurs="unbounded"/>
      </xs:sequence>
      <xs:attribute name="field" type="FIELD-NAME" use="required"/>
      <xs:attribute name="n" type="xs:positiveInteger" default="1"/>
    </xs:complexType>
</xs:element>

<xs:element name="BlockIndicator">
    <xs:complexType>
      <xs:attribute name="field" type="FIELD-NAME" use="required"/>
    </xs:complexType>
</xs:element>
```

在滞后元素Lag的定义中，属性field是将被“滞后”的输入字段。而在子元素BlockIndicator中，其属性field是用于指定记录块的字段名称，即根据属性field指定的字段定义一个记录块（数据子集），其中包含了一个或多个连续记录，“滞后”值只能从这个记录块中获取。

属性n指定了返回当前记录之前n条记录中的值。属性n的值必须是正整数，默认值为1。如果定义了一个或多个BlockIndicator元素，则当前记录值必须在记录块中，否则元素Lag返回值为缺失值。

下面是一个简单的元素Lag的应用示例：

```
<Lag field ="Receipts"/>
```

这个示例返回前一个记录的Receipts值。如果当前记录是第一条记录，则返回值为缺失值。

再看一个设置属性n的示例：

```
<Lag field="Receipts" n="2"/>
```

这个示例返回前面第二个记录的Receipts值。如果当前是第一条或第二天记录，则返回值为缺失值。

最后我们看一个带有BlockIndicator元素的示例：

```
<Lag field="AmtPaid" n="1">
  <BlockIndicator field="CustomerID"/>
</Lag>
```

在这个示例中，如果当前记录中的字段CustomerID与其前一条记录中的CustomerID具有相同的值，则返回当前记录的前一条记录的AmtPaid值；否则为缺失值。

3.2.5 MODEL-ELEMENT序列

元素MODEL-ELEMENT本身只是一个挖掘模型（元素）的枚举集合，类似于数据类型元素DATATYPE，负责描述模型参数和预测逻辑信息的是具体的模型元素。PMML 4.3共定义了18种挖掘模型，一个PMML实例文档可以包括其中的一个或多个模型。元素MODEL-ELEMENT在PMML规范中的定义如下：

```
<xs:group name="MODEL-ELEMENT">
  <xs:choice>
    <xs:element ref="AssociationModel"/>
    <xs:element ref="BayesianNetworkModel"/>
    <xs:element ref="BaselineModel"/>
    <xs:element ref="ClusteringModel"/>
    <xs:element ref="GaussianProcessModel"/>
    <xs:element ref="GeneralRegressionModel"/>
    <xs:element ref="MiningModel"/>
    <xs:element ref="NaiveBayesModel"/>
    <xs:element ref="NearestNeighborModel"/>
    <xs:element ref="NeuralNetwork"/>
    <xs:element ref="RegressionModel"/>
    <xs:element ref="RuleSetModel"/>
    <xs:element ref="SequenceModel"/>
    <xs:element ref="Scorecard"/>
    <xs:element ref="SupportVectorMachineModel"/>
    <xs:element ref="TextModel"/>
    <xs:element ref="TimeSeriesModel"/>
    <xs:element ref="TreeModel"/>
  </xs:choice>
</xs:group>
```

其中MiningModel是一种通用的模型，通常用于多个模型的融合（聚合）。

对于所有PMML规范支持的模型，其顶层模型元素的结构都是相似的。下面的代码展示了所有模型共有的一些子元素和属性。

```
<xs:element name="ExampleModel">
  <xs:complexType>
    <xs:sequence>
      <xs:element ref="Extension" minOccurs="0" maxOccurs="unbounded"/>
      <xs:element ref="MiningSchema"/>
      <xs:element ref="Output" minOccurs="0"/>
      <xs:element ref="ModelStats" minOccurs="0"/>
      <xs:element ref="Targets" minOccurs="0"/>
      <xs:element ref="LocalTransformations" minOccurs="0" />
      ...
      <xs:element ref="ModelVerification" minOccurs="0"/>
      <xs:element ref="Extension" minOccurs="0" maxOccurs="unbounded"/>
    </xs:sequence>
    <xs:attribute name="modelName" type="xs:string" use="optional"/>
    <xs:attribute name="functionName" type="MINING-FUNCTION"
    use="required"/>
    <xs:attribute name="algorithmName" type="xs:string" use="optional"/>
  </xs:complexType>
</xs:element>
```

任何一个模型都可以包含modelName、functionName、algor ithmName三个属性，其中属性functionName是必选的，其他两个属性是可选的，它们的含义如下。

✧模型名称属性modelName：可选属性，标识挖掘模型的名称，由模型构建者自由定制，甚至可以是一段描述性的短文本；在整个PMML文档中必须唯一。

✧算法名称属性algor ithmName：可选属性，创建模型时所使用算法的名称。

✧功能名称属性functionName：必选属性，指定了模型能够实现的功能的类型；类型为MINING-FUNCTION。

由于不同挖掘模型实现的功能不同，有的模型用于对数值数据的预测，有的用于对目标的分类，所以PMML规范根据挖掘模型所实现的功能进行了分类，定义了七个功能类别，每个挖掘模型必须属于其中的一个类别，这个类别通过模型属性functionName来指定。属性functionName可取枚举类型MINING-FUNCTION中的一个值，其定义如下：

```
<xs:simpleType name="MINING-FUNCTION">
  <xs:restriction base="xs:string">
    <xs:enumeration value="associationRules"/>
    <xs:enumeration value="sequences"/>
    <xs:enumeration value="classification"/>
    <xs:enumeration value="regression"/>
    <xs:enumeration value="clustering"/>
    <xs:enumeration value="timeSeries"/>
    <xs:enumeration value="mixed"/>
  </xs:restriction>
</xs:simpleType>
```

一个挖掘模型除了上面的共有属性外，还会有一些特殊属性，我们会在另外一本书中对每个挖掘模型给予详细的介绍。一个挖掘模型还可以包含子元素MiningSchema、Output、ModelStats、Targets、LocalTransformations、ModelVerification，先粗略介绍一下：

◆ 挖掘模式元素MiningSchema，用来定义构建挖掘模型时所用的字段列表；

◆ 输出元素Output，给出了模型运行的结果列表以及内部使用的结果，如置信度、概率等等；

◆ 模型统计元素ModelStats，包含了有关构建模型所用数据的统计信息；

◆ 目标集元素Targets，记录了目标值的信息以及诸如先验概率等相关数据；

◆ 本地转换元素LocalTransformations，记录了仅适用于本模型的派生字段；

◆ 模型验证元素ModelVerification，承载了一个样本数据和预期的挖掘结果，以便使用者验证模型的有效性。

一个完整的PMML实例文档还会包含一些可选的内容，我们会在后面的章节中说明。

3.2.6 扩展Extension

元素Extension代表了PMML规范的扩展模型内容的机制。在PMML的规范中，它的定义如下：

```
<xs:element name="Extension">
  <xs:complexType>
    <xs:complexContent mixed="true">
```

```
      <xs:restriction base="xs:anyType">
        <xs:sequence>
          <xs:any processContents="skip" minOccurs="0" maxOccurs="unbounded"/>
        </xs:sequence>
        <xs:attribute name="extender" type="xs:string" use="optional"/>
        <xs:attribute name="name" type="xs:string" use="optional"/>
        <xs:attribute name="value" type="xs:string" use="optional"/>
      </xs:restriction>
    </xs:complexContent>
  </xs:complexType>
</xs:element>
```

从上面的定义可以看出，扩展元素Extension可以包含任何内容（xs:any），例如可以包含某个应用软件供应商自定义的扩展元素；需要注意的是：这些供应商自定义的扩展元素必须以“x-”开头，以避免与PMML标准未来扩展中产生的命名发生冲突。

在PMML文档中，如果一个元素或组需要包含子元素Extension，则元素Extension必须作为第一个子元素，这样就可在子元素Extension中存放与剩余代码处理方式相关的信息。为了最大程度地提高灵活性，每个模型中的主要元素都应该把扩展元素Extension作为第一个和最后一个子元素；将最后一个子元素设为Extension可便于使用者做最后的善后工作。扩展元素Extension可带有属性name和value，用来指定单个扩展属性，其中name指定扩展属性的名称，value为对应属性的值。

截止到PMML 2.1版，任何以“x-”扩展的元素均可以带有extension属性，现在这种方式已经过时，应该使用扩展元素Extension，不过为了兼容性，采用旧规范的PMML文档仍然有效，只是不会被PMML的XML Schema所验证（可以采用XSLT技术移除所有“x-”扩展属性，这样就可以被PMML的规范验证）。

下面的代码展示了对元素DataField添加一个名为format的扩展：

```
<DataField name="foo" dataType="double" optype="continuous">
  <Extension name="format" value="%9.2f"/>
</DataField>
```

下面的代码展示了一个名为DataFieldSource的扩展元素添加到元素DataField中：

```
<DataField name="foo" dataType="double" optype="continuous">
  <Extension>
    <DataFieldSource sourceKnown="yes">
```

```
        <Source>derivedFromInput</Source>
      </DataFieldSource>
    </Extension>
  </DataField>
```

3.3 PMML规范中的命名规则

由于PMML规范是基于XML Schema的一种标准，所以其元素、属性等的命名规范应当遵循XML的命名要求，不过PMML在此基础上还做了一些特殊规定，具体如下：

◆ 元素名称是大小写混合的，其中第一个字母大写；
◆ 属性名称是大小写混合的，其中第一个字母小写；
◆ 枚举类型中的常量值也是大小写混合的，第一个字母小写；
◆ 简单数据类型的名称中所有字母均大写。
◆ 尽量不要使用连字符“-”，以免和减法符号混淆。

另外，如果一个PMML实例文档需要使用命名空间，则命名空间的名称不能以“PMML”或“DMG”开头，也不能以它们的任何变体开头，如pMML、PmmL、dMg、dmG等，因为在PMML规范中它们是被保留的，以备将来使用。

3.4 PMML规范中的数据类型

PMML规范中定义了一些PMML实例文档所特有的数据类型，包括基本数据类型、简单数组类型、稀疏数组类型和矩阵类型四类，这些定义起源于XML Schema，极大地方便了数据处理和模型构建。下面逐一介绍。

3.4.1 基本数据类型

基本数据类型包括NUMBER、INT-NUMBER、REAL-NUMBER、PROB-NUMBER、PERCENTAGE-NUMBER 五种。

1）NUMBER

NUMBER类型是基于XML Schema的double类型。NUMBER类型的数据可以有一个前导符号、分数和一个指数部分。XML Schema中的浮点类型可以支持INF（正无穷大）、-INF（负无穷大）和NaN（非数值）三个标志，但是PMML的NUMBER类型不支持这几个标志。NUMBER在PMML规范中的定义如下：

```
<xs:simpleType name="NUMBER">
  <xs:restriction base="xs:double">
  </xs:restriction>
</xs:simpleType>
```

2）INT-NUMBER

INT-NUMBER代表一个整数类型，它没有分数或指数部分。INT-NUMBER在PMML规范中的定义如下：

```
<xs:simpleType name="INT-NUMBER">
  <xs:restriction base="xs:integer">
  </xs:restriction>
</xs:simpleType>
```

3）REAL-NUMBER

REAL-NUMBER可以代表C/C++语言中的float、long或double类型，可以用科学计数法表示，如1.23e4。与NUMBER类型一样，它也不支持INF（正无穷大）、-INF（负无穷大）和NaN（非数值）三个标志。REAL-NUMBER在PMML规范中的定义如下：

```
<xs:simpleType name="REAL-NUMBER">
  <xs:restriction base="xs:double">
  </xs:restriction>
</xs:simpleType>
```

4）PROB-NUMBER

PROB-NUMBER实际上是一个REAL-NUMBER，但是它的取值范围为[0.0, 1.0]，通常用来描述概率值。PROB-NUMBER在PMML规范中的定义如下：

```
<xs:simpleType name="PROB-NUMBER">
  <xs:restriction base="xs:double">
  </xs:restriction>
</xs:simpleType>
```

5）PERCENTAGE-NUMBER

PERCENTAGE-NUMBER实际上也是一个REAL-NUMBER，但是其值范围为[0.0, 100.0]，通常用来表示百分数的值。PERCENTAGE-NUMBER在PMML规范中的定义如下：

```
<xs:simpleType name="PERCENTAGE-NUMBER">
  <xs:restriction base="xs:double">
  </xs:restriction>
</xs:simpleType>
```

PMML没有强制XML解析器对基本数据类型进行检查，但它们仍然是一个有效的PMML实例文档要求的一部分。

在PMML实例文档中，很多元素都包含了对输入字段的引用。但是PMML文档并没有使用XML Schema规范中的IDREF来引用字段，因为对于一个有效的XML实例文档来说，IDREF并不是必需的标志符（详见前面的“内置简单数据类型”）。所以PMML规范定义了一个元素FIELD-NAME，专门用来表达一个字段的名称，其定义如下：

```
<xs:simpleType name="FIELD-NAME">
  <xs:restriction base="xs:string">
  </xs:restriction>
</xs:simpleType>
```

这样从模式语法中可以明显看出是对输入字段的引用。

在PMML文档中，一个模型可以引用两种输入字段。一种是在元素MiningSchema（一个挖掘模型的子元素）中定义的MiningField字段；另一种是在TransformationDictionary或者LocalTransformations中定义的DerivedField字段，与PMML文档中其他元素一样，这些字段名称是大小写敏感的，所以要注意区分大小写。

3.4.2 简单数组类型

挖掘模型通常包含大量的样本数据，而数组Array作为一个容器类型，能以比较紧凑的方式容纳大量的数值和字符串数组，实际上它是一个一维数据表格。数组Array在PMML规范中的定义如下：

```
<xs:complexType name="ArrayType" mixed="true">
  <xs:attribute name="n" type="INT-NUMBER" use="optional"/>
```

```
  <xs:attribute name="type" use="required">
    <xs:simpleType>
      <xs:restriction base="xs:string">
        <xs:enumeration value="int"/>
        <xs:enumeration value="real"/>
        <xs:enumeration value="string"/>
      </xs:restriction>
    </xs:simpleType>
  </xs:attribute>
</xs:complexType>

<xs:element name="Array" type="ArrayType"/>
```

元素Array的内容是一个以空白符分割的数据序列，连续多个空白符相当于一个空白符。在上面的定义中，属性n是可选的，如果给定了属性n，则它必须与序列中元素项的个数相等，否则这个PMML文档将是无效的；如果没有给定，元素项个数会被应用程序自动计算。

属性type是必选的，用来指定数组类型，也就是数组所包含的数据的类型。一旦指定了数组元素项的数据类型，则对数组的解析会变得非常简单，尤其是对基于SAX的解析器而言。字符串值可以用双引号括起来（例如在值中包含空白符的情况下），而双引号不会被作为值的一部分，如果字符串值中需要包含双引号，则须用反斜杠字符“\”进行转义（这种转义机制与C/C++非常类似）。

下面是一个数组Array的例子：

```
<Array n="3" type="int">1 22    3</Array>
<Array n="3" type="string">ab  "a b"   "with \"quotes\" "</Array>
```

其中第一个Array包括了三个整数：1、22和3，注意在第二个元素项22和第三个元素项3之间的空格有多个，但仍被看作是一个元素项分隔符。第二个Array包括了三个字符串，其中第二个字符串中包括了一个空格，第三个字符串中包括了两个双引号。

和上面的基本数据类型一样，PMML规范也定义了具体的数组类型，包括NUM-ARRAY、INT-ARRAY、REAL-ARRAY、STRING-ARRAY四种。它们在PMML规范中的定义如下：

```
<xs:group name="NUM-ARRAY">
  <xs:choice>
    <xs:element ref="Array"/>
```

```
    </xs:choice>
  </xs:group>

  <xs:group name="INT-ARRAY">
    <xs:choice>
      <xs:element ref="Array"/>
    </xs:choice>
  </xs:group>

  <xs:group name="REAL-ARRAY">
    <xs:choice>
      <xs:element ref="Array"/>
    </xs:choice>
  </xs:group>

  <xs:group name="STRING-ARRAY">
    <xs:choice>
      <xs:element ref="Array"/>
    </xs:choice>
  </xs:group>
```

其中NUM-ARRAY代表数值型数组，其他三个分别代表整数、实数和字符串型数组。

3.4.3 稀疏数组类型

有一种比较特殊的简单数组类型，其特点是数组中大部分元素项的值为0，这种数组称为稀疏数组。为了保证数组存储数据的紧凑性，PMML规范对稀疏数组进行了专门定义。

按照存储元素项的类型，稀疏数组分为整型稀疏数组INT-SparseArray和实数型稀疏数组REAL-SparseArray两种。它们在PMML规范中的定义如下：

```
 <xs:element name="INT-SparseArray">
   <xs:complexType>
     <xs:sequence>
       <xs:element ref="Indices" minOccurs="0"/>
```

```
            <xs:element ref="INT-Entries" minOccurs="0"/>
        </xs:sequence>
        <xs:attribute name="n" type="INT-NUMBER" use="optional"/>
        <xs:attribute name="defaultValue" type="INT-NUMBER"
                              use="optional" default="0"/>
    </xs:complexType>
</xs:element>

<xs:element name="REAL-SparseArray">
    <xs:complexType>
        <xs:sequence>
            <xs:element ref="Indices" minOccurs="0"/>
            <xs:element ref="REAL-Entries" minOccurs="0"/>
        </xs:sequence>
        <xs:attribute name="n" type="INT-NUMBER" use="optional"/>
        <xs:attribute name="defaultValue" type="REAL-NUMBER"
                              use="optional" default="0"/>
    </xs:complexType>
</xs:element>

<xs:element name="Indices">
    <xs:simpleType>
        <xs:list itemType="xs:int"/>
    </xs:simpleType>
</xs:element>

<xs:element name="INT-Entries">
    <xs:simpleType>
        <xs:list itemType="xs:int"/>
    </xs:simpleType>
</xs:element>

```

```
<xs:element name="REAL-Entries">
  <xs:simpleType>
    <xs:list itemType="xs:double"/>
  </xs:simpleType>
</xs:element>
```

两种稀疏数组具有相同的属性，都包括属性n和defaultValue。其中可选属性n指定了稀疏数组的长度，这在没有明确指定最后一个元素项的情况下很有用；可选属性defaultValue是为那些没有明确赋值的索引位置设定的默认值，一般情况下这个默认值为0。

稀疏数组包括两个列表子元素：一个是索引列表Indices，另一个是整型元素项列表INT-Entries或实数元素项列表REAL-Entries。其中索引列表Indices包含了稀疏数组中不等于defaultValue（默认值）的元素项索引，索引号从1开始；INT-Entries或REAL-Entries列表则包含了Indices指定索引位置对应的数据值，所以Indices的长度肯定要等于INT-Entries或REAL-Entries的长度。

如果Indices和INT-Entries（或REAL-Entries）都省略了，则表示稀疏数组的所有元素项都等于默认值（defaultValue）。

下面的例子表示整型稀疏数组共有7个元素项，除第2个、第5个元素项外，其余元素项均为0。

```
<INT-SparseArray n="7">
  <Indices>2 5</Indices>
  <INT-Entries>3 42</INT-Entries>
</INT-SparseArray>
```

下面这个例子则表示一个元素项值全为0的整型稀疏数组。

```
<INT-SparseArray n="7"/>
```

3.4.4 矩阵类型

矩阵（Matrix）是一个二维数据表格，其横向的元素组称为行（row），纵向的称为列（column）。在一个矩阵中，所有元素项（行列交叉处的矩阵单元）的数据类型都是相同的。矩阵适合表示数值型数据。PMML规范使用元素Matrix来表示矩阵类型数据。矩阵元素Matrix在PMML规范中的定义如下：

```
<xs:element name="Matrix">
  <xs:complexType>
```

```
    <xs:choice minOccurs="0">
      <xs:group ref="NUM-ARRAY" maxOccurs="unbounded"/>
      <xs:element ref="MatCell" maxOccurs="unbounded"/>
    </xs:choice>
    <xs:attribute name="kind" use="optional" default="any">
      <xs:simpleType>
        <xs:restriction base="xs:string">
          <xs:enumeration value="diagonal"/>
          <xs:enumeration value="symmetric"/>
          <xs:enumeration value="any"/>
        </xs:restriction>
      </xs:simpleType>
    </xs:attribute>
    <xs:attribute name="nbRows" type="INT-NUMBER" use="optional"/>
    <xs:attribute name="nbCols" type="INT-NUMBER" use="optional"/>
    <xs:attribute name="diagDefault" type="REAL-NUMBER" use="optional"/>
    <xs:attribute name="offDiagDefault" type="REAL-NUMBER" use="optional"/>
  </xs:complexType>
</xs:element>

<xs:element name="MatCell">
  <xs:complexType>
    <xs:simpleContent>
      <xs:extension base="xs:string">
        <xs:attribute name="row" type="INT-NUMBER" use="required"/>
        <xs:attribute name="col" type="INT-NUMBER" use="required"/>
      </xs:extension>
    </xs:simpleContent>
  </xs:complexType>
</xs:element>
```

从上面的定义上看，矩阵是数组Array或矩阵单元MatCell的序列。如果使用数组Array，则一个数组代表矩阵的一行；如果使用矩阵单元MatCell，则MatCell包含了由行row和列col指定的矩阵单元的值。注意行、列单元的索引都是从1开始的。

为了节约存储空间，可以用对角矩阵（主对角线之外的元素皆为0的矩阵）或者稀疏矩阵（大多数元素为0的矩阵）来存储数据。如果使用稀疏矩阵，则必须为属性diagDefault（主对角线单元的默认值）或offDiagDefault（主对角线之外的单元的默认值）设置一个值，这个值用来填充那些没有明确赋值的矩阵单元。

可选属性nbRows和nbCols分别指定了矩阵Matrix的行和列的维度，如果只给定了这两个属性中的一个，则另一个属性可以根据矩阵的表现形式自动推导出。在使用MatCell表现稀疏矩阵的情况下，矩阵的行列维度由相应的最大填充条目给出。

矩阵Matrix的具体表现形式由其属性kind确定，kind可取如下值。

➢ diagonal：表示一个对角矩阵。此时内容只有一个数组，数组的值代表了对角线上元素的值。

➢ symmetric：表示一个对称矩阵。此时内容必须是一个数组Array序列。其中第一个数组包含矩阵单元M（1,1），第二个数组包含矩阵单元M（2,1）、M（2,2），依此类推。其他元素由对称矩阵确定。

➢ any：使用数组Array序列表示所有单元值，或者使用MatCell填充稀疏矩阵。

一般按照下面的步骤确定矩阵单元M（i,j）的值：

（1）由设定row=i，col=j的MatCell明确指定，或通过在第i个Matrix数组的第j个元素中明确给出；

（2）矩阵Matrix的属性kind设置为symmetric，并且由矩阵单元M（i,j）明确指定；

（3）矩阵Matrix的属性diagDefault或属性offDiagDefault中给出默认值；

（4）如果到了这一步还没有确定，则需要其他额外的信息才能确定。

例如下面是一个5×5的矩阵：

```
0  0  0 42  0
0  1  0  0  0
5  0  0  0  0
0  0  0  0  7
0  0  9  0  0
```

这个矩阵可以按照下面的方式表现（非稀疏矩阵和稀疏矩阵）：

```
<Matrix nbRows="5" nbCols="5">
  <Array type="real">0 0 0 42 0</Array>
  <Array type="real">0 1 0 0 0</Array>
  <Array type="real">5 0 0 0 0</Array>
```

```
  <Array type="real">0 0 0 0 7</Array>
  <Array type="real">0 0 9 0 0</Array>
</Matrix>

<Matrix diagDefault="0" offDiagDefault="0">
  <MatCell row="1" col="4">42</MatCell>
  <MatCell row="2" col="2">1</MatCell>
  <MatCell row="3" col="1">5</MatCell>
  <MatCell row="4" col="5">7</MatCell>
  <MatCell row="5" col="3">9</MatCell>
</Matrix>
```

3.5 变量的作用范围

在编程语言中，变量的作用范围也称为作用域，是定义变量在程序代码中可见（能够被访问）的上下文环境，这对允许具有相同名称变量的程序来说至关重要。在PMML规范中，PMML的变量也称为字段，并且有一个预定义的作用范围。从PMML的发展历史看，命名冲突开始时并不是什么问题，因为PMML规范并不鼓励字段名称的重用，但是自从PMML 2.0引入变量转换后，这个问题开始得到重视。在PMML 2.0中有如下声明：元素TransformationDictionary中的派生字段DerivedField，以及DataDictionary中的字段DataField，必须具有全局唯一的名称。

由于MiningField元素与DataField可以共享同一名称，只要遵循上面的规则，就可以消除命名冲突的问题。而自从PMML 3.0引入元素LocalTransformations后，上面的声明就修改为：元素TransformationDictionary或LocalTransformations中的派生字段DerivedField，以及DataDictionary中的字段DataField，必须具有全局唯一的名称。

PMML 3.0还引入了一种用于聚合回归和分类树子模型的方法，称为“模型合成”，并用元素MiningModel表示。在这种合成模型中，使用元素ResultField在子模型间传递结果。但是由于此时回归和分类树子模型缺少类似MiningSchema这样的关键特性，所以它们不是解决命名冲突的恰当模型，这使得字段作用域很难实现。不过这种模型合成方式从PMML 4.2开始已不再鼓励使用。

PMML 4.0完善和扩展了元素类型MiningModel，它使用元素Segmentation来创建子模型，称为Segment，这些子模型可以组成一个聚合模型（ensemble）——种可以并行使用的子模型的集合，这些子模型使用相同的模型元素，因此在字段名称重用方面具有更大的灵活性。

PMML 4.0中有如下声明：元素DataDictionary和TransformationDictionary中的字段一起使用唯一的名称来标识，模型中的其他元素可以按名称引用这些字段，一个PMML文档中的多个模型可以共享元素TransformationDictionary中的相同字段，而一个模型也可以在元素LocalTransformations中定义自己的派生字段。

图3-6展示了数据在PMML模型中的流转图，也展示了不同数据在不同环节（元素）的应用范围。图中包含了顶层模型及其子模型。

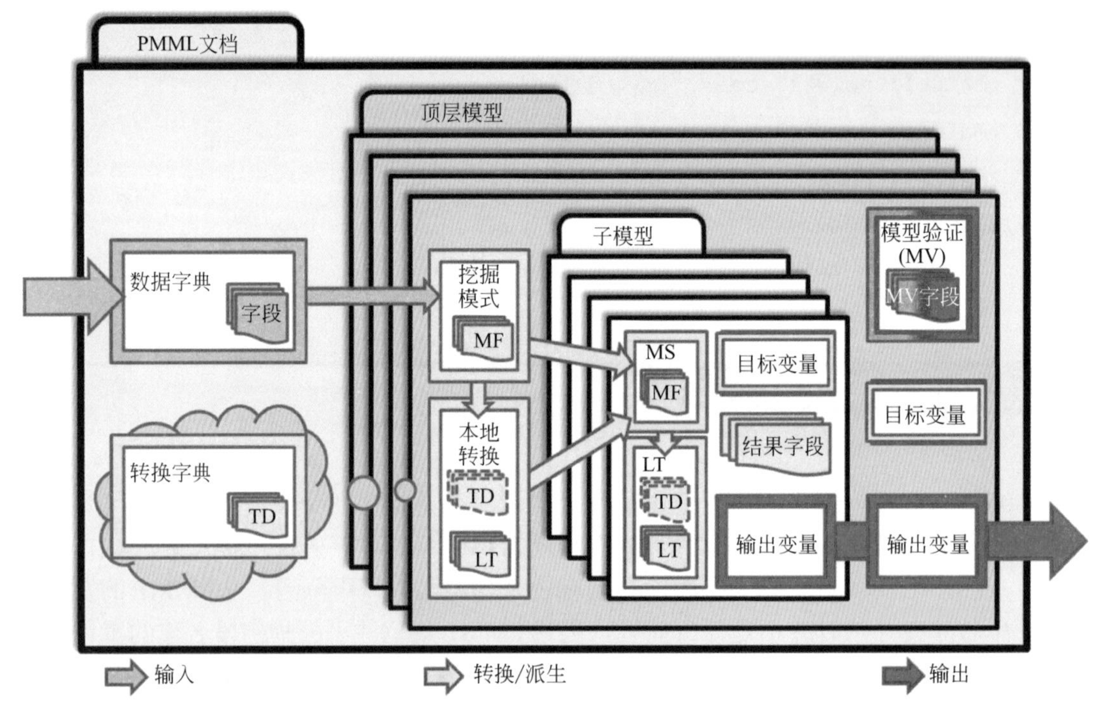

图3-6 PMML模型中数据流转示意图

图3-6中的各字母组合代表的含义如下：

① TD：TransformationDictionary，转换字典元素；

② MS：MiningSchema，挖掘模式元素；

③ MF：MiningField，挖掘字典元素；

④ LT：LocalTransformations，本地转换元素；

⑤ MV：ModelVerification，模型验证元素。

类似于一般编程语言的变量作用域，PMML规范制定了控制字段（变量）作用范围，但它不像C、Java等语言那样允许变量出现在各种范围内（如全局、友元和本地），而是把字段固定在几个预定义范围的组合中。具体解释如下。

➢ 数据字段元素DataDictionary和转换字典元素TransformationDictionary中定义的字段是全局性的，它们对所有模型元素是可见的；同时，在这两个元素内部定义的字段必须具有全局唯一名称。

➢ 每个模型元素（顶层模型和子模型）都包含一个必选的挖掘模式元素 MiningSchema 和一个可选的本地转换元素 LocalTransformations；当数据在模型元素之间传递时，这些元素对其进行处理。虽然看起来作用范围是局部的，但当一个模型元素中包含其他模型元素时，作用范围就会起作用。例如在 MiningModel 元素中就属于这种情况。

➢ 一个挖掘模型可以包含 Output 元素，用来输出模型产生的各种结果。通常而言，模型元素中包含的 Output 元素是本地化的，而当一个模型元素包含在元素 MiningModel 中，与其他模型形成一个“模型链”时，一个片段模型（元素 Segment 中的模型）产生的输出 Output 成为封闭模型链范围的一部分，可以作为后续片段模型的输入。

➢ 模型元素可以包含 Targets 和 VerificationFields 元素，它们引用的都是在其他元素内定义过的字段。

下面的五条规则对理解 PMML 文档中变量的作用范围至关重要。

（1）一般前向应用（在字段定义之前使用它们）是不允许的，字段在被引用时，必须在前面已经被定义过。不过以下情况是个例外：PMML 模型中具有 feature=“transformedValue”的 OutputField 可以引用该模型的 LocalTransformations 中定义的 DerivedField 以及其范围内定义的其他字段。

（2）元素 TransformationDictionary 中的 DerivedField 仅仅是一个定义，只有在被引用时，这些派生字段的转换才会执行，实现字段的实例化，这完全类似于一个汉语字典中对字词的定义。这种模式允许派生字段 DerivedField 被定义一次后在 PMML 实例文档中的其他地方（模型元素中）使用，这可以减小包含多个模型元素的 PMML 实例文档的大小。

在一个模型中，来自元素 TransformationDictionary 的一个派生字段 DerivedField 在被引用时会被实例化，无论它是被直接引用还是通过其他派生字段间接引用。例如：在元素 TransformationDictionary 中，一个派生字段 B 的定义中引用了派生字段 A（已经定义过）。当字段 B 在模型中被直接引用时，B 被实例化的同时 A 也会被实例化。

一个模型元素内部被实例化时，元素 TransformationDictionary 中的派生字段 DerivedField 总是被认为出现在本地转换字典 LocalTransformationary 中定义的任何其他派生字段之前。

一个模型元素内部被实例化时，元素 TransformationDictionary 中的派生字段 DerivedField 只能引用下面两类字段：

✓ 定义在元素 MiningSchema 中的 MiningField 字段；
✓ 定义在 TransformationDictionary 元素中的其前面的派生字段。

在元素 TransformationDictionary 中定义的派生字段 DerivedField 如果没有被引用（无论是直接引用还是间接引用），那么它们在这个模型中不会被实例化。

不管定义在 TransformationDictionary 中的派生字段是否被引用，都要符合 PMML 文档的规范，以保证 PMML 实例文档的有效性。例如：对于 TransformationDictionary 中的派生字段DerivedField，如果使用了循环引用或使用了没有定义过的函数，无论它们是否有机会被实例化，这个PMML实例文档都不是一个有效的PMML文档。

（3）元素MiningSchema是一个“守门员”。在一个模型元素中，所有数据变量必须通过它的MiningSchema导入。MiningSchema形成了模型元素之间的边界，区隔了PMML文档中字段的使用范围。由于MiningField具有处理缺失值、无效值或异常值的功能，因此在顶层模型中处理的值将不会进入子模型。

（4）一个模型的MiningSchema元素可以引用其父类模型的任何字段。

对于顶层模型，其MiningSchema只能引用PMML文档中的数据字典元素DataDictionary中的字段；

对于任何一个子模型，它的MiningSchema可引用在父类模型范围内定义的任何字段。包括以下几种情况：

✓父类模型中的MiningField；

✓父类模型中定义在LocalTransformations元素中的DerivedField；

✓对于一系列子模型（如在MiningModel元素中具有属性multipleModel Method="modelChain"的Segmentation），定义在元素Segment中，且出现在前面的输出字段OutputField。注意，子模型序列的排序方式应能使每个子模型在其所依赖的子模型之后定义。

（5）一般来说，PMML实例文档中字段的名称应是唯一的，必须避免字段名称冲突，如在TransformationDictionary中的派生字段DerivedField是绝对不允许重复的。不过考虑到MiningModel的特性，在下面两种情况下允许出现具有相同名称的字段：

➢ 在两个平行（兄弟）子模型中的LocalTransformations中，可以有相同名称的DerivedField，只要在各自的范围内没有相同名称的派生字段即可；

➢ 对于模型聚合，不同平行（兄弟）子模型的输出字段OutputField可以有相同的名称，然而这种情况下强烈建议它们代表同一个指标（如具有相同的名称、相同的输出特性、相同的数据类型等）。注意在模型链中不能出现相同名称的字段。

最后对PMML文档中字段名称的命名规则作一个归纳：

◆ 在DataDictionary中的DataField必须有唯一的名称；在TransformationDictionary中的DerivedField必须有唯一的名称；

◆ 在一个模型元素中，MiningField的名称必须是唯一的；

◆ 在TransformationDictionary中的DerivedField必须在整个PMML文档中有唯一的名称；

◆ 在LocalTransformations中的DerivedField必须在其所在的模型范围内有唯一的名称；

◆ 输出字段OutputField的名称必须在其范围内是唯一的，例如在一个模型中、在一个模型片段（Segment）中、在一个模型链的所有模型片段中，OutputField的名称必须是唯一的。

3.6 非评分模型

构建一个有效的数据挖掘模型的过程通常是一个反复试错的过程，因而创建模型时出现失误是一件在所难免的事情，特别是在对数据变量进行探索的阶段。在数据变量探索阶段，为了满足某个目标，我们需要对各种各样的变量反复进行测试，以找到最合适的；可以说，大多数数据挖掘算法都必须满足某些要求才能正常运行，如果训练数据不足或者数据中存在问题，算法可能根本不会产生模型。

许多数据挖掘工具（如SPSS Modeler、SAS）都包括了某些数据处理功能，如自动去除那些不符合标准要求的变量、采取某些措施强化模型最低要求等。

PMML规范中包含两个帮助用户理解模型质量的子元素：具有统计功能的元素ModelStats和模型说明元素ModelExplanation，它们对于理解一个失败的建模过程更有用，我们会在后面专门讨论这两个元素。

举个例子，在构建一个回归模型过程中，如果所有独立变量都未能满足最小重要性importance这一条件，则模型构建会失败，此时元素MiningField的用途类别属性usageType将被设置为supplementary（而不是active），而且创建者（构建模型的工具）将为每个MiningField生成一个UnivariateStats元素，其中包括了这个变量被剔除的原因等有价值的统计信息。

如果所构建的模型不能满足一些最小标准要求，则创建者（构建模型的工具）也会在ModelExplanation中包含详细的解释性信息。这种情况下创建者也会生成一个有效的回归模型的PMML文档，但此模型不包含任何独立的变量，并且是一个截距为零的模型。对于这样的模型，在PMML 4.1版之前，使用者如果进行了部署，将无法知道它不能用于评估新数据（即不能用于评分）。因此从PMML 4.1版本开始，每个模型元素都有一个可选属性isScorable。如果isScorable的值为true（也是默认值），则说明这个模型可以被正常使用；如果设置为false，则说明这个模型只用于提供描述信息，而不是用于评估新数据。这种isScorable设置为false的模型称为非评分模型（Non-Scoring Models）。模型使用者可以选择不部署非评分模型，或者仅仅为了数据可视化而不是为了评分目的来使用它。

注意：模型属性isScorable即使被设置为false，也需要包含定义一个正确的PMML文档所必需的一些元素。例如无论isScorable设置为false还是true，每个模型元素必须包含一个MiningSchema子元素和特定模型的元素（如回归模型必须至少包含一个RegressionTable子元素，TreeModel模型中必须包含一个Node子元素），也就是说，这些元素都是特定模型所必需的内容，与属性isScorable的设置无关。

本章小结

PMML（Predictive Model Markup Language）是一个基于XML Schema的挖掘模型共享标准，最新版本是4.3。PMML主要用于跨平台、跨（开发）语言的模型共享和交互，对于模型快速部署、上线应用具有非常重要的意义。目前PMML几乎被所有世界顶级数据挖掘系统或平台所支持，广泛应用在各种分析场景中。本章重点介绍了以下内容。

➤ PMML实例文档的结构：PMML实例文档的根元素必须是元素PMML，它可以包含一个或多个挖掘模型。一个完整的PMML实例文档通常包括头部Header、挖掘任务MiningBuildTask、数据字段DataDictionary、转换字典TransformationDictionary、一个或多个挖掘模型（MODEL-ELEMENT）、扩展Extension 六个部分。其中Header、DataDictionary两部分是必须有的，其他是可选的。

➤ PMML 4.3支持十八种模型：最新的PMML规范版本是4.3，除了支持关联规则、贝叶斯网络、神经网络、回归等十七种应用广泛的模型，还支持可以串联多种模型组合于一个文档的聚合模型MiningModel，基本涵盖了常用的机器学习算法，完全能够胜任各种实战需求。

➤ PMML文档组成部分：结合实例代码，以“庖丁解牛”的方式解析了组成PMML文档的各个部分，理解和把握PMML规范的精髓。

➤ PMML规范中的数据类型：PMML规范基于XML Schema，并针对数据挖掘领域的特点进行了数据类型扩展，以方便数据处理，适应数据分析、模型构建的需要。PMML规范中的数据类型包括基本数据类型（如NUMBER、REAL-NUMBER、PROB-NUMBER等）、简单数组类型（Array、INT-ARRAY等）、稀疏数组类型（INT-SparseArray、REAL-SparseArray等）以及矩阵Matrix。

➤ PMML文档中变量的作用域：和C++、Java等语言一样，任何一个出现在PMML文档中的变量都有作用范围，其中定义在数据字典DataDictionary和转换字典元素TransformationDictionary中的字段是全局性的，必须具有全局唯一的名称。而在其他元素如MiningSchema、LocalTransformations、Output中定义的字段则有相对的作用范围。

➤ 非评分模型（Non-Scoring Models）：在构建一个挖掘模型的过程中，如果所有独立变量都未能满足最小重要性importance这一条件，则模型构建会失败，但此时也能生成一个有效的PMML实例文档，只是模型中不会包含任何独立的变量，这种模型称为非评分模型。这个模型的存在是为了提供描述信息，而不是用于评估新数据。

从下章开始，我们将讲解与挖掘模型相关的各个重要元素，包括挖掘模式元素MiningSchema、目标集元素Targets、输出元素Output、模型统计元素ModelStats、模型验证元素ModelVerification、模型解释元素ModelExplanation等，这些元素都是挖掘模型的子元素。

4 模型的输入和输出

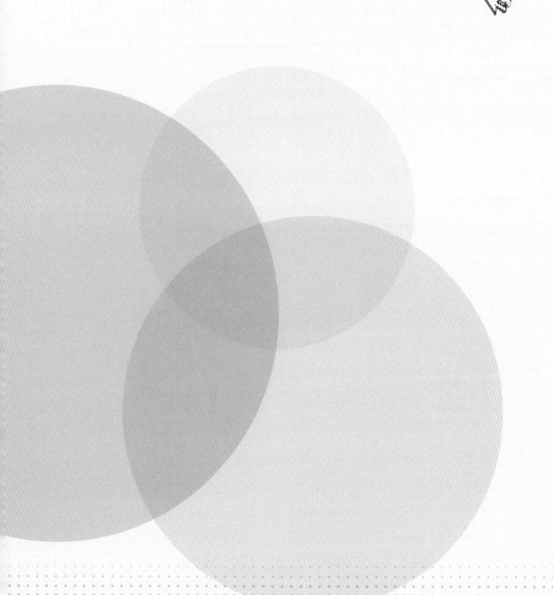

一个模型的构建是从确定模型的输入字段（变量）开始的。PMML规范中使用挖掘模式元素MiningSchema来定义构建某个模型所需的所有字段；而对于挖掘模型的预测结果的输出，则由目标集元素Targets来定义；另外PMML规范中还定义了一个输出元素Output，用来输出目标变量外的其他信息，如预测结果的置信度、分类目标中每个预测结果的概率等。本章将围绕着这三个主要元素展开。

4.1 元素MiningSchema

挖掘模式元素MiningSchema是挖掘模型的“守门员”，所有进入挖掘模型的字段（变量）必须在MiningSchema中定义，也就是说每个挖掘模型必须包含一个MiningSchema元素，它定义了构建挖掘模型所需要的变量。与元素DataDictionary相比，MiningSchema中定义的字段是针对某个具体挖掘模型的；而DataDictionary中定义的字段是对于整个PMML文档的，其中的任何一个模型都可以引用。

另外元素MiningSchema也定义了每个字段的用途，同时定义了当字段出现缺失值、无效值、异常值时的处理策略。挖掘模式MiningSchema元素在PMML规范中的定义如下：

```
<xs:element name="MiningSchema">
  <xs:complexType>
    <xs:sequence>
      <xs:element ref="Extension" minOccurs="0" maxOccurs="unbounded"/>
      <xs:element maxOccurs="unbounded" ref="MiningField"/>
    </xs:sequence>
  </xs:complexType>
</xs:element>

<xs:element name="MiningField">
  <xs:complexType>
    <xs:sequence>
      <xs:element ref="Extension" minOccurs="0" maxOccurs="unbounded"/>
    </xs:sequence>
    <xs:attribute name="name" type="FIELD-NAME" use="required"/>
    <xs:attribute name="usageType" type="FIELD-USAGE-TYPE" default="active"/>
```

```
    <xs:attribute name="optype" type="OPTYPE"/>
    <xs:attribute name="importance" type="PROB-NUMBER"/>
    <xs:attribute name="outliers" type="OUTLIER-TREATMENT-METHOD"
                  default="asIs"/>
    <xs:attribute name="lowValue" type="NUMBER"/>
    <xs:attribute name="highValue" type="NUMBER"/>
    <xs:attribute name="missingValueReplacement" type="xs:string"/>
    <xs:attribute name="missingValueTreatment"
                  type="MISSING-VALUE-TREATMENT-METHOD"/>
    <xs:attribute name="invalidValueTreatment"
                  type="INVALID-VALUE-TREATMENT-METHOD"
                  default="returnInvalid"/>
  </xs:complexType>
</xs:element>

<xs:simpleType name="FIELD-USAGE-TYPE">
  <xs:restriction base="xs:string">
    <xs:enumeration value="active"/>
    <xs:enumeration value="predicted"/>
    <xs:enumeration value="target"/>
    <xs:enumeration value="supplementary"/>
    <xs:enumeration value="group"/>
    <xs:enumeration value="order"/>
    <xs:enumeration value="frequencyWeight"/>
    <xs:enumeration value="analysisWeight"/>
  </xs:restriction>
</xs:simpleType>

<xs:simpleType name="OUTLIER-TREATMENT-METHOD">
  <xs:restriction base="xs:string">
    <xs:enumeration value="asIs"/>
    <xs:enumeration value="asMissingValues"/>
```

```
    <xs:enumeration value="asExtremeValues"/>
  </xs:restriction>
</xs:simpleType>

<xs:simpleType name="MISSING-VALUE-TREATMENT-METHOD">
  <xs:restriction base="xs:string">
    <xs:enumeration value="asIs"/>
    <xs:enumeration value="asMean"/>
    <xs:enumeration value="asMode"/>
    <xs:enumeration value="asMedian"/>
    <xs:enumeration value="asValue"/>
  </xs:restriction>
</xs:simpleType>

<xs:simpleType name="INVALID-VALUE-TREATMENT-METHOD">
  <xs:restriction base="xs:string">
    <xs:enumeration value="returnInvalid"/>
    <xs:enumeration value="asIs"/>
    <xs:enumeration value="asMissing"/>
  </xs:restriction>
</xs:simpleType>
```

元素MiningSchema主要包含一个子元素MiningField的序列。这里我们着重描述一下元素MiningField的各种属性。

（1）属性name：字段名称，是必选属性。它引用的字段必须是在元素MiningSchema所在模型的父级元素的范围内定义过。

（2）属性usageType：用途类别属性，可选属性。可取下列值：

◆ active：活跃字段，可以进入模型构建过程。是默认值；

◆ target：标签字段（目标字段），监督学习中的目标字段；

◆ predicted：预测字段，模型预测的结果字段（PMML 4.2版后被target替代，PMML 4.3版为了兼容性，暂时保留）；

◆ supplementary：补充字段，不进入模型构建，但是提供了额外的描述信息，在构建模型前，当某个字段需要进行预处理转换时，通常使用补充字段来描述原始字段值的统计信息；

◆ group：分组字段，类似于SQL语言中的GROUP BY字段。例如在关联模型AssociationModel和序列模型SequenceModel中，通过customerID或者transactionID对字段变量进行分组。

◆ order：次序字段，目前用在序列模型SequenceModel和时间序列模型TimeSeriesModel中，用来定义字段或事务的顺序。作用类似于SQL语言中的ORDER BY字段。

◆ frequencyWeight和analysisWeight：复制权重字段和分析权重字段。在构建模型时，这两种字段可以提供重要的建模信息，但是它们并不参与模型预测（即评分）过程。其中frequencyWeight具有正整数值，称为“复制权重”，可理解为每条记录可重复出现在样本数据中的次数。分析权重analysisWeight也称为回归权重，实际上是一个比例缩放参数，可以用在回归模型或分类树模型中，用于估算缺失值，可以把它理解成模型中不同样本实例的重要程度，也可以作为度量目标字段在各个水平上的方差差异的一种指标。例如在元素ModelStats和Partition中可以通过复制权重frequencyWeight进行计数，并使用复制权重值和回归权重值计算样本数据的均值和标准偏差值。

注意：在元素MiningSchema中，标签字段（usageType=target）不是必需的，而且大多数情况下标签字段对模型评分没有影响；而对于有监督学习模型，它是有用的，因为它与其他入模字段一起提供训练数据中实际目标值的相关信息以及预测由模型计算的目标值的相关信息。此外，在下列情况下它是必需的：

✓挖掘模型具有多个目标字段，并且需要消除歧义，如KNN模型的情况；
✓挖掘模型需要计算残差值作为输出（因为残差值的计算需要目标字段的参与）。

（3）属性optype：度量类型，可选属性。此属性值会覆盖在数据字典DataDictionary中定义的DataField的对应属性值。也就是说，一个DataField在不同的模型中可以有不同的度量类型optype。例如一个0/1值，在回归模型中作为数值类型使用，在分类树模型中可以用作分类字段使用。度量类型optype的取值有categorical、ordinal、continuous三个。

（4）属性importance：可选属性。主要用来在预测模型中衡量每个字段的贡献程度，其取值范围为[0.0,1.0]，1.0表示这个字段与目标字段直接相关，0.0表示这个字段与目标字段完全不相关。属性importance的值不能为负值，这点与Pearson相关系数不同。虽然没有度量数值和分类字段的相关度的普适标准，但是属性importance仍然提供了一种特征（变量）选择的机制。某些挖掘标准如JDM（Java Data Mining）提供了计算输入字段重要性的算法，它们的计算结果可以使用此属性来表示。

（5）属性outliers：异常值处理方式，可选属性。可取下列值：

◆ asIs：对异常值按照字面内容进行处理，这是默认值；

◆ asMissingValues：对异常值按照缺失值处理；

◆ asExtremeValues：将异常值映射到由属性highValue或lowValue指定的最高值或最低值。

（6）属性highValue和lowValue：均为可选属性。当属性outliers取asExtremeValues或asMissingValues时，这两个属性与outliers配合使用，一起处理异常值的情况。使用策略为：若x（字段值）<lowValue，则 x=lowValue；若x>highValue，则 x=highValue。

注意：异常值属性outliers只能应用在定义于MiningSchema中的字段元素上，而不能定义在派生字段元素DerivedField上。

（7）属性missingValueReplacement和missingValueTreatment：用来设置处理缺失值的策略。两个均为可选属性。

我们知道，元素DataDictionary由一系列DataField组成，DataField引用了元素Value。而元素Value的属性property定义了一个值为valid（有效值）、invalid（无效值）还是missing（缺失值）。在PMML规范中，对有效值（valid）一般不做特殊处理，但是对无效值（invalid）和缺失值（missing）一般做特殊处理。

属性missingValueReplacement指定了缺失值的替换值，即当原始字段为缺失值时使用此值替换。属性missingValueTreatment则提供了一个提示性信息，表示如何处理缺失值。对于模型的使用者来说，属性missingValueReplacement只起到参考作用，对使用者没有任何约束，因为模型使用者并不总是知道实际的平均值、众数、中位数等信息，这个属性给出了一定的参考信息，可以取下列值：

- asIs：替换值是样本数据中的一般值；
- asMean：替换值是样本数据的平均值；
- asMode：替换值是样本数据的众数值；
- asMedian：替换值是样本数据的中位数值；
- asValue：等同于asIs。

例如，如果希望预测模型使用平均值来替换缺失值，并且已知训练数据中的平均值为3.14，则可编写如下代码：

```
<MiningField name="foo" missingValueReplacement="3.14"
             missingValueTreatment="asMean"/>
```

在PMML规范中对缺失值的处理总的原则如下。

◆ 如果缺失值的表现形式没有在PMML中直接定义，那么PMML模型使用者可以在数据库中将它们转换为空值，或者在文件中表示为空字符串。

◆ 可以在元素DataDictionary中设置一个缺失值列表，如可以使用字符串“–”或“NA”表示缺失值。一旦设置了缺失值列表，则PMML模型使用者在遇到此类输入数据时，应当按照缺失值进行相应处理。

◆ 一旦在元素MiningSchema内部定义了一个缺失值的替换值，那么PMML模型使用系统在遇到缺失值时，必须以这个替换值代替。

◆ 对于每种PMML模型，都有一种特定的方法来处理缺失值。

（8）属性 invalidValueTreatment：无效输入值的处理方式。可取下列值。

◆ returnInvalid：遇到无效输入值时，模型应返回一个表明无效结果的值。此为默认值。

◆ asIs：不做任何处理。

◆ asMissing：按照缺失值处理，具体方式参见上面的内容。如果属性 invalidValueTreatment 设置为 asMissing，但是没有设置相应的属性 missingValueReplacement，则缺失值会被传递到下一个环节进行处理。

4.2 模型目标变量集合

目标变量是挖掘模型的预测对象。在分类算法中目标变量通常是离散型的，在回归算法中通常是连续型的。对于有监督学习来说，在训练样本集中必须明确目标变量，以便挖掘模型或机器学习算法建立入模变量（或称为特征）和目标变量之间的关系。

预测结果出现的位置依赖于具体的挖掘模型。例如，对于回归模型（RegressionModel），目标变量在元素 RegressionTable 中指定；对于树分类模型（TreeModel），目标变量定义在节点元素 Node 内；而对于朴素贝叶斯模型（NaiveBayesModel），目标变量在元素 TargetValueCounts 内描述。

在 PMML 规范中，元素 Targets 为所有挖掘模型提供了一种表示目标变量的语法。目标变量除了在数据字典 DataDictionary 或挖掘模式 MiningScheam 中定义外，还可以在目标集元素 Targets（由子元素 Target 组成的序列）中指定。请先看一个例子：

```
<Targets>
  <Target field="response" optype="categorical">
    <TargetValue value="YES" displayValue="Yes" priorProbability="0.02"/>
    <TargetValue value="NO" displayValue="No" priorProbability="0.98"/>
  </Target>

  <!-- 连续类型的目标变量 -->
  <Target field="amount" optype="continuous">
    <TargetValue defaultValue="543.21"/>
  </Target>
</Targets>
```

在这个例子中，在目标变量元素 Target 中定义了一个名为“response”的分类目标字段，它有两个类别值：YES 和 NO。此外还定义了一个连续型目标字段，其默认值为 543.21。

4.2.1 目标变量集元素Targets

目标变量集元素Targets是由目标变量子元素Target组成的。目标变量集元素Targets在PMML规范中的定义如下：

```
<xs:element name="Targets">
  <xs:complexType>
    <xs:sequence>
      <xs:element ref="Extension" minOccurs="0" maxOccurs="unbounded"/>
      <xs:element ref="Target" maxOccurs="unbounded"/>
    </xs:sequence>
  </xs:complexType>
</xs:element>

<xs:element name="Target">
  <xs:complexType>
    <xs:sequence>
      <xs:element ref="Extension" minOccurs="0" maxOccurs="unbounded"/>
      <xs:element ref="TargetValue" minOccurs="0" maxOccurs="unbounded"/>
    </xs:sequence>
    <xs:attribute name="field" type="FIELD-NAME"/>
    <xs:attribute name="optype" type="OPTYPE"/>
    <xs:attribute name="castInteger">
      <xs:simpleType>
        <xs:restriction base="xs:string">
          <xs:enumeration value="round"/>
          <xs:enumeration value="ceiling"/>
          <xs:enumeration value="floor"/>
        </xs:restriction>
      </xs:simpleType>
    </xs:attribute>

    <xs:attribute name="min" type="xs:double"/>
```

```
    <xs:attribute name="max" type="xs:double"/>
    <xs:attribute name="rescaleConstant" type="xs:double" default="0"/>
    <xs:attribute name="rescaleFactor" type="xs:double" default="1"/>
  </xs:complexType>
</xs:element>

<xs:element name="TargetValue">
  <xs:complexType>
    <xs:sequence>
      <xs:element ref="Extension" minOccurs="0" maxOccurs="unbounded"/>
      <xs:element ref="Partition" minOccurs="0"/>
    </xs:sequence>
    <xs:attribute name="value" type="xs:string"/>
    <xs:attribute name="displayValue" type="xs:string"/>
    <xs:attribute name="priorProbability" type="PROB-NUMBER"/>
    <xs:attribute name="defaultValue" type="NUMBER"/>
  </xs:complexType>
</xs:element>
```

从上面的定义可以看出：目标变量集元素Targets没有任何属性，其内容是由一系列目标变量元素Target组成的。

4.2.2 目标变量元素Target

目标变量元素Target可由一个或多个目标变量值元素TargetValue组成，并且具有field、optype、castInteger、min、max、rescaleConstant、rescaleFactor七个属性。先看一下这个几个属性的含义。

◆ 属性field：引用字段。field必须引用一个已经定义过的DataField或DerivedField的名称。当一个模型出现在聚合模型MiningModel中的Segment中，且其输入数据中没有一个真正的目标字段时，其元素Target的field属性可以为空，当然对预测值的转换是必要的。

◆ 属性optype：度量类型，可选属性。如果元素Target指定了属性optype的值，则它将覆盖属性field引用的字段的optype值；如果没有指定属性optype的值，则它将继承引用字段的optype值。

◆ 属性castInteger：整数转换规则。如果一个回归模型所要预测的值为整数，则属性castInteger的值可以控制对小数位的处理。其取值可以为round、ceiling和floor，其意义如下：

- round：舍入到最接近预测目标值的整数，如2.718转换为3，−2.89转换为−3；
- ceiling：大于等于预测目标值的最小整数，如2.718转换为3，−1.2转换为−1；
- floor：小于等于预测目标值的最大整数，如2.718转换为2，−1.2转换为−2。

◆ 属性min：最小值，可选属性。一旦设置了min，则如果模型的预测值小于min值，便把预测值修正为min设定的值。

◆ 属性max：最大值，可选属性。一旦设置了max，则如果模型的预测值大于max值，便把预测值修正为max设定的值。

◆ 属性rescaleFactor和rescaleConstant：缩放因子和缩放常数，其中rescaleFactor默认值为1，rescaleConstant默认值为0。这两个属性用于对预测目标值进行简单缩放转换：先将预测目标值乘以rescaleFactor，然后与rescaleConstant相加。

注意属性castInteger、min、max、rescaleConstant和rescaleFactor仅适用于回归类型的模型，并且它们必须按照规定的顺序使用：

min 和 max → rescaleFactor → rescaleConstant → castInteger。

4.2.3 目标变量值元素Targetvalue

前面讲过，每一个目标变量元素Target可以包括一个或多个目标变量值元素Targetvalue，对于分类模型来说，Targetvalue是必需的，而对于回归类型的模型来说，Targetvalue则是可选的。

元素TargetValue有一个子元素Partition及四个属性value、displayValue、priorProbability和defaultValue。其中子元素Partition包含了每个类别标签所对应的样本实例的统计分布信息，是一个可选项，这个元素我们将在后面详述。这里主要介绍一下元素TargetValue的四个属性。

◆ 属性value和displayValue：在分类模型中，属性value对应着类别标签，类同于回归模型中的RegressionTable、树分类模型的Node、神经网络中的NeuralOutput及贝叶斯网络中的TargetValueCounts。需要注意的是，属性value的定义对应着原始输入数据的值，它没有被标准化或格式化过。

与属性value不同，属性displayValue可能被转换过，以更便于阅读的形式出现在PMML模型使用系统的评分结果中，它只是一个内在值的外部表现形式而已。所以在一个模型中，不同的displayValue值可以映射到同一个value值。例如，“Yes”和“正确”都可以映射到同一个value值“YES”。因此displayValue属性是不能用于标识模型预测的目标类别的。

◆ 属性priorProbability：这个属性为每一个目标类别标签指定一个默认概率，这个概率在模型不能产生有效结果的情况下使用。例如：如果输入值是缺失值，当没有指定处理缺失值的方式时，模型就无法产生一个有效的结果，此时类别标签就对应着这个默认概率值。这个值的具体使用规则由具体的挖掘模型自行指定。

注意：这个属性只有在它的父元素Target的optype属性设置为categorical（分类型）、ordinal（定序型）时有效。

◆ 属性defaultValue：预测值的默认值。这个属性的使用情况与属性priorProbability类似。在模型无法产生结果的情况下，预测值将使用这个默认值。只不过这个属性只有在它的父元素Target的optype属性设置为continuous（连续型）时有效。通常这个值设定为训练数据集中目标变量的平均值。

4.2.4 实例介绍

下面我们举例说明目标变量集Targets的使用。例如一个回归模型中有下面的Targets元素内容：

```
<Targets>
  <Target field="amount" rescaleConstant="10" rescaleFactor="3.14"/>
</Targets>
```

这段代码描述了一个缩放函数$f(x)=10+3.14x$，例如预测值为8时，最后的结果将是35.12。

再看下面的例子：

```
<Targets>
  <Target field="amount" rescaleConstant="10" rescaleFactor="3.14" min="-10"
          max="10.5" castInteger="round"/>
</Targets>
```

这个例子在前面例子的基础上同时设置了预测值的上限、下限以及舍入规则。假设模型返回的预测值是8。由于8处于上限、下限之间，所以上下限不起作用，经过缩放和舍入处理后，最后的结果是35。（注意前面讲述的min和max、rescaleFactor、rescaleConstant、castInteger几个属性起作用的顺序）。

如果模型返回的预测值是12.97。则上限将发挥作用，预测值被修正为10.5，经过缩放和舍入后，最后的值为43。

最后，请注意以下几点：

➢ 目标变量的类别标签可以与原始训练数据中出现的不同；

➢ 目标变量的类别标签必须是定义在数据字典DataDictionary中的有效值列表的子

集（可以不是真子集）；

➢ 同一个目标变量，在不同的挖掘模型中可以有不同的目标变量设置，如priorProbability可以不同。

定义在TargetField中的TargetValue列表非常类似于在DataField中定义的有效值列表。但是DataField中定义的有效值列表是用于构建模型的输入，而TargetValue列表定义的是一个挖掘模型的预测结果。另外，默认的概率值priorProbability和defaultValue也不一定必须是训练数据中的统计数据。例如，defaultValue可以是训练数据中真实的平均值，也可以是中位数或者任何其他值；priorProbability同样如此，它可以是训练数据中目标类别标签的先验概率，也可以是任何其他经过修正的概率。

4.3 模型输出变量集合

一个挖掘模型正常运行之后，除目标变量值外，可能还有很多其他输出信息，如预测结果的置信度、分类目标中每个预测结果的概率等。挖掘模型的结果输出元素Output描述了模型返回结果的集合，其子元素OutputField定义了输出字段的名称、类型以及计算特定结果特征的规则等等。下面是一个通过输出元素Output输出结果的例子：

```
<Output>
   <OutputField name="P_responseYes" optype="continuous" dataType="double"
                targetField="response" feature="probability" value="YES"/>

   <OutputField name="P_responseNo" optype="continuous" dataType="double"
                targetField="response" feature="probability" value="NO"/>

   <OutputField name="I_response" optype="categorical" dataType="string"
                 targetField="response" feature="predictedValue"/>

   <OutputField name="U_response" optype="categorical" dataType="string"
                 targetField="response" feature="predictedDisplayValue"/>
</Output>
```

因为PMML实例文档用作模型使用系统的输入文档，所以如果一个挖掘模型包含了这个Output元素，则模型的使用者可以将这个由OutputField组成的输入表映射到一个包含列P_responseYes、P_responseNo等的输出表。其中字段P_responseYes的值将是目标字段response的值为“YES”时的概率，其他各列依此类推。

4.3.1 结果输出元素Output

结果输出元素 Output 是模型输出结果的容器，该元素在 PMML 规范中的定义如下：

```
<xs:element name="Output">
  <xs:complexType>
    <xs:sequence>
      <xs:element ref="Extension" minOccurs="0" maxOccurs="unbounded"/>
      <xs:element ref="OutputField" minOccurs="1" maxOccurs="unbounded"/>
    </xs:sequence>
  </xs:complexType>
</xs:element>

<xs:element name="OutputField">
  <xs:complexType>
    <xs:sequence>
      <xs:element ref="Extension" minOccurs="0" maxOccurs="unbounded"/>
      <xs:sequence minOccurs="0" maxOccurs="1">
        <xs:element ref="Decisions" minOccurs="0" maxOccurs="1"/>
        <xs:group ref="EXPRESSION" minOccurs="1" maxOccurs="1"/>
      </xs:sequence>
    </xs:sequence>
    <xs:attribute name="name" type="FIELD-NAME" use="required"/>
    <xs:attribute name="displayName" type="xs:string"/>
    <xs:attribute name="optype" type="OPTYPE"/>
    <xs:attribute name="dataType" type="DATATYPE" use="required"/>
    <xs:attribute name="targetField" type="FIELD-NAME"/>
    <xs:attribute name="feature" type="RESULT-FEATURE"
                  default="predictedValue"/>
    <xs:attribute name="value" type="xs:string"/>
    <xs:attribute name="ruleFeature" type="RULE-FEATURE"
                  default="consequent"/>
```

```
    <xs:attribute name="algorithm" default="exclusiveRecommendation">
      <xs:simpleType>
        <xs:restriction base="xs:string">
          <xs:enumeration value="recommendation"/>
          <xs:enumeration value="exclusiveRecommendation"/>
          <xs:enumeration value="ruleAssociation"/>
        </xs:restriction>
      </xs:simpleType>
    </xs:attribute>
    <xs:attribute name="rank" type="INT-NUMBER" default="1"/>
    <xs:attribute name="rankBasis" default="confidence">
      <xs:simpleType>
        <xs:restriction base="xs:string">
          <xs:enumeration value="confidence"/>
          <xs:enumeration value="support"/>
          <xs:enumeration value="lift"/>
          <xs:enumeration value="leverage"/>
          <xs:enumeration value="affinity"/>
        </xs:restriction>
      </xs:simpleType>
    </xs:attribute>
    <xs:attribute name="rankOrder" default="descending">
      <xs:simpleType>
        <xs:restriction base="xs:string">
          <xs:enumeration value="descending"/>
          <xs:enumeration value="ascending"/>
        </xs:restriction>
      </xs:simpleType>
    </xs:attribute>
    <xs:attribute name="isMultiValued" default="0"/>
    <xs:attribute name="segmentId" type="xs:string"/>
    <xs:attribute name="isFinalResult" type="xs:boolean" default="true"/>
  </xs:complexType>
</xs:element>
```

```

<xs:simpleType name="RESULT-FEATURE">
  <xs:restriction base="xs:string">
    <xs:enumeration value="predictedValue"/>
    <xs:enumeration value="predictedDisplayValue"/>
    <xs:enumeration value="transformedValue"/>
    <xs:enumeration value="decision"/>
    <xs:enumeration value="probability"/>
    <xs:enumeration value="affinity"/>
    <xs:enumeration value="residual"/>
    <xs:enumeration value="standardError"/>
    <xs:enumeration value="clusterId"/>
    <xs:enumeration value="clusterAffinity"/>
    <xs:enumeration value="entityId"/>
    <xs:enumeration value="entityAffinity"/>
    <xs:enumeration value="warning"/>
    <xs:enumeration value="ruleValue"/>
    <xs:enumeration value="reasonCode"/>
    <xs:enumeration value="antecedent"/>
    <xs:enumeration value="consequent"/>
    <xs:enumeration value="rule"/>
    <xs:enumeration value="ruleId"/>
    <xs:enumeration value="confidence"/>
    <xs:enumeration value="support"/>
    <xs:enumeration value="lift"/>
    <xs:enumeration value="leverage"/>
  </xs:restriction>
</xs:simpleType>

<xs:element name="Decisions">
  <xs:complexType>
    <xs:sequence>
      <xs:element ref="Extension" minOccurs="0" maxOccurs="unbounded"/>
      <xs:element ref="Decision" minOccurs="1" maxOccurs="unbounded"/>
```

```
    </xs:sequence>
    <xs:attribute name="businessProblem" type="xs:string"/>
    <xs:attribute name="description" type="xs:string"/>
  </xs:complexType>
</xs:element>

<xs:element name="Decision">
  <xs:complexType>
    <xs:sequence>
      <xs:element ref="Extension" minOccurs="0" maxOccurs="unbounded
      "/>
    </xs:sequence>
    <xs:attribute name="value" type="xs:string" use="required"/>
    <xs:attribute name="displayValue" type="xs:string"/>
    <xs:attribute name="description" type="xs:string"/>
  </xs:complexType>
</xs:element>

<xs:simpleType name="RULE-FEATURE">
  <xs:restriction base="xs:string">
    <xs:enumeration value="antecedent"/>
    <xs:enumeration value="consequent"/>
    <xs:enumeration value="rule"/>
    <xs:enumeration value="ruleId"/>
    <xs:enumeration value="confidence"/>
    <xs:enumeration value="support"/>
    <xs:enumeration value="lift"/>
    <xs:enumeration value="leverage"/>
    <xs:enumeration value="affinity"/>
  </xs:restriction>
</xs:simpleType>
```

从这个定义中可以看出，结果输出元素Output是由一个或多个输出字段元素OutputField组成的序列。而OutputField是由决策集子元素Decisions（将在下一节讲述Decisions元素）和表达式子元素EXPRESSION（前面我们介绍过EXPRESSION）组成的序列，Decisions又由决策元素Decision组成。这样层层嵌套，共同组成了一个完整的输出结果集的内容。其中输出字段元素OutputField的内涵最为丰富，属性最多，是理解整个模型输出结果集的关键点，下面我们详细介绍一下。

4.3.2 输出字段元素OutputField

输出字段元素OutputField有众多的属性，包括name、displayName、optype、dataType、targetField、feature、value、ruleFeature、algorithm、rank、rankBasis、rankOrder、isMultiValued、segmentId、isFinalResult等，其中有些属性之间具有一定的相互关系，从而使输出字段的操作变得更加灵活。

➢ 属性name：指定输出字段的名称，为必选属性。

➢ 属性displayName：指定输出字段的界面展示名称，为可选属性。

➢ 属性optype：指定输出字段的度量类型，可为categorical（分类型）、ordinal（定序型）、continuous（连续型）。这个属性可用来选择对输出字段值进行何种操作，因为不同的度量类型需要不同的操作。此属性为可选属性。

➢ 属性dataType：指定输出字段的数据类型，是必选属性。注意它与optype的不同，例如一个clusterId字段（分类结果簇ID），其dataType可以为整型（integer），但是度量类型optype是分类型（categorical）。

➢ 属性targetField：指定输出字段值映射的目标字段。如果设置了这个属性，它必须引用某个属性usageType="target"的MiningField或定义在目标集合Targets中的目标字段。如果一个模型有多个目标字段，则属性targetField是必须要设置的。

➢ 属性feature：输出结果特征属性，指定从挖掘结果集中获取的值，通常与属性value结合使用。这个属性可以取下列值。

◆ predictedValue：选择原始预测值。只有一个模型有多个预测字段时，才可能有多个feature为predictedValue的输出字段（OutputField）。

◆ predictedDisplayValue：选择与原始预测值对应的外部表现值（面向用户的）。对于大多数模型来说，表现值可由目标变量元素Target在其子元素Targetvalue中明确指定。如果没有指定此属性，默认返回原始预测值（等同于predictedValue）。

◆ transformedValue：指示对输出字段的值进行某些变换操作。一旦设置了这个属性，输出字段OutputField必须包含一个表达式EXPRESSION，除非输出字段通过segmentID属性引用了一个段元素Segment包含的模型的转换值。最终的转换值就是表达式的计算结果。通常通过比例缩放把一个值转换为方便用户阅读的数据。例如把一个0～1的数据转换为0～100的数据。

◆ decision：从挖掘模型的输出派生一个决策元素Decision。和transformedValue类似，一旦设置了这个属性值，输出字段OutputField必须包含一个表达式EXPRESSION，除非它通过segmentID属性引用了一个段元素Segment包含的模型的决策元素Decision。此表达式的计算结果就是一个决策Decision。如果选择了decision，则必须使用决策元素

Decision引用表达式计算产生的所有可能值。

◆ probability：选择由属性value给定的目标变量值的预测概率。此时，属性value的值为目标变量的类别标签之一。

◆ residual：选择目标变量值的残差（residual）。对于数值型预测模型，残差就是目标变量的实际值减去预测值；对于分类型预测模型，它等于“{实际值=目标变量值}-目标取值的预测概率”，如果实际值与目标变量值相同，则{实际值=目标变量值}定义为1.0，否则定义为0.0。注意:为了计算残差值，输入数据必须包括目标值。

◆ standardError：选择数值型预测目标的标准误差。在回归模型中这个值是表达式xVx的平方根，其中x是参数系数向量，V是参数系数的协方差矩阵。

◆ clusterId：选择一个基于1的索引，代表预测类别（簇）在聚类模型结果中的位置。从PMML 4.1开始clusterId已经过时，建议改用entityId。

◆ clusterAffinity：聚类相关性。代表距离或相似程度，取决于聚类模型的上下文设置。需要注意的是，对于聚类模型而言，输出的是簇内数据点到由clusterId指定的中心点的距离，而不是到最近的中心点。从PMML 4.1开始，clusterAffinity已经过时，建议改用affinity。

◆ entityId：选择为各种模型定义的预测实体，包括聚类簇（组）、树节点、神经元节点、kNN、规则集。对于树分类模型，输出获胜树节点的id；对于聚类模型，输出获胜聚类组索引（基于1的隐式标识符）；对于kNN分类模型，输出案例ID变量的值（如果已经定义）；对于神经网络，输出获胜神经元OutputNeuron的ID；对于规则集模型，输出触发规则的ID；对于关联规则模型，输出获胜规则的ID。

◆ affinity：选择给定数据集与模型预测实体的距离或相似度。

◆ entityAffinity：与clusterAffinity类似，从PMML 4.1开始，clusterAffinity已经过时，建议改用affinity。

◆ warning：任何警告字符串信息，如“缺失值太多”等等。

◆ ruleValue：选择由属性ruleFeature指定的规则值。由于一个规则可由很多实体组成（如前项、后项、置信度等等），因此这个属性值就是用来指定某个实体的。此属性从PMML 4.2开始已经过时，在PMML 4.3中，仅适用于关联规则模型的ruleFeature已经被feature替代。

◆ reasonCode：选择排名靠前的原因代码或由属性rank值指定的原因代码。

◆ antecedent：只适用于关联规则模型。选择胜出规则的前项（默认），或者由属性rank值指定规则的前项。

◆ consequent：只适用于关联规则模型。选择胜出规则的后项（默认），或者由属性rank值指定规则的后项，这与predictedValue的输出相同。

◆ rule：只适用于关联规则模型。选择胜出规则（默认），或者由属性rank值指定规则。这个结果特征的输出将返回一个对规则的描述，格式如下：

{<前项>} → {<后项>}

◆ ruleId：只适用于关联规则模型。选择胜出规则的ID（默认），或者由属性rank值指定规则的ID。如果被选择的规则没有ID，则返回一个基于1的索引值。此属性从PMML 4.2开始已经过时。在PMML 4.3中建议使用entityId。

◆ confidence：只适用于关联规则模型。选择胜出规则的置信度（默认），或者由rank值指定规则的置信度。这个选项与probability等同。

◆ support：只适用于关联规则模型。选择胜出规则的支持度（默认），或者由rank值指定规则的支持度。

◆ lift：只适用于关联规则模型。选择胜出规则的提升度（默认），或者由rank值指定规则的提升度。

◆ leverage：只适用于关联规则模型。选择胜出规则的杠杆率（默认），或者由rank值指定规则的杠杆率。

➤ 属性value：该属性通常与结果特征属性feature结合使用，说明返回具有某个特定含义的值。例如，当feature="probability",value属性设置为预测类别的某个标签值时，将返回与此类别标签对应的概率值。如果没有设置这个属性，则预测类别标签的概率将作为返回值。

➤ 属性isFinalResult：此属性是PMML 4.3新引入的。说明输出字段的值是最终结果（即直接传递给最终用户）还是仅作为另一个输出字段OutputField的输入。默认值为true，说明本输出字段是最终结果。

➤ 属性ruleFeature：此属性指定了返回关联规则的哪一个属性，只适用于关联规则模型。一个输出字段可以包含一个关联规则或规则中的某个特征（如前项，置信度等）。此属性从PMML 4.2开始已经过时。在PMML 4.3中已经被feature替代。

➤ 属性algorithm：只适用于关联规则模型。对于给定的关联规则模型和输入项集，指定在确定输出规则时使用哪种评分（评判）算法。可取recommendation、exclusiveRecommendation、ruleAssociation 三个值之一：

● 值recommendation：对于一个给定的输入项集，如果一条规则的前项包含在输入项集中，则选中此规则。

● 值exclusiveRecommendation：对于一个给定的输入项集，如果一条规则的前项包含在输入项集中，但是后项没有包含在输入项集中，则选中此规则。这是默认值。

● 值ruleAssociation：对于一个给定的输入项集，如果一条规则的前项和后项均包含在输入项集中，则选中此规则。

关于这三个取值的详细含义和使用方式，我们将在以后讲解关联规则模型AssociationModel时进行详细说明。

➤ 属性rank：指定输出挖掘结果特征的排序级别。它可以应用在对输出结果进行级别划分的模型上（如分类、聚类、评分卡、关联规则、kNN等）。如果没有指定此属性，则将返回胜出的输出结果；如果指定了，则将返回指定级别的输出结果。例如：根据评分卡的复杂程度，评分卡可以返回多个原因代码，如果指定rank="1"，则返回第一原因代码；如果指定rank="2"，则返回第二原因代码，依次类推。注意属性rank不能和属性value同时使用。

➤ 属性rankOrder：指定对输出结果进行排序的规则，可取descending（降序）或者ascending（升序）。默认值为descending，表示具有最高级别（rank）的输出结果将排在第一位置。

➢ 属性rankBasis：只适用于关联规则模型，用于指定对输出结果排序的标准。例如：排序结果可以按照置信度confidence、支持度support、提升度lift等进行排序。它可取下面五个值之一：

- confidence：置信度；
- support：支持度；
- lift：提升度；
- leverage：杠杆率；
- affinity：相关度。

➢ 属性isMultiValued：指定输出字段是否能够代表多个输出结果值，默认值为0。此属性从PMML 4.2开始已经过时，不再建议使用。

➢ 属性segmentId：此属性适用于使用Segmentation元素的MiningModel模型。这个属性提供了一种方法，用来处理每个Segment的结果，以避免每个Segment都实现独立的输出（Output）。如果属性segmentId的值与该模型内某个Segment的属性id值匹配（相等），并且如果此Segment的谓词（predicate，即有效的筛选表达式）为true，那么输出字段OutputField将从segmentId指定的Segment包含的子模型中返回特定的结果特征；如果没有Segment的id与segmentId相匹配，或者相匹配的Segment的谓词为false，则按照惯例，输出字段OutputField传递的结果将是缺失值。

当结果特征属性feature的值为decision或transformedValue时，可以与segmentId一起使用，用来引用某个特定Segment内模型的输出值，这种情况下必须对属性value进行设置，并且它必须引用这个Segment段的输出字段的名称。

4.3.3 决策集元素Decisions

我们知道，在输出元素Output中可以对输出结果进行一定的后处理，将预测值转换为用户或其他下游应用程序更容易理解和使用的形式；一个决策（decision）就是一个表达式的计算结果，决策集元素Decisions与表达式EXPRESSION一起对具有feature="decision"的输出字段进行转换处理，用于描述业务问题和相关决策信息。Decisions有两个属性：businessProblem和description。其中属性businessProblem为应用模型处理的业务问题指定一个名称，属性description用来对业务问题进行更详细的描述。

元素Decisions的子元素Decision对应于决策的每一个可能值，它的属性value是一个由表达式EXPRESSION返回的值，属性displayValue是一个与value相对应的可展示的字符串，属性description则对决策进行了更详细的描述。

4.3.4 模型输出结果表

表4-1展示了PMML规范中每类模型及其输出结果。由于PMML规范在不断发展和完善，本表内容将来可能会不断变化。

表4-1 PMML模型及其输出结果（√代表有效的输出，X代表不适用）

模型类型 \ 属性feature	predicted-Value	trans-formed-Value	deci-sion	predicted Display-Value	proba-bility	resi-dual	stan-dard-Error	enti-tyld	affinity	war-ning	reason-Code	antecedent consequent rule confidence support lift leverage
关联规则	√	√	√	×	√	√	×	×	√	√	×	√
基线模型	√	√	√	×	×	×	×	×	×	√	×	×
贝叶斯网络	√	√	√	√	√	√	×	×	×	√	×	×
聚类	√	√	√	√	×	×	×	√	√	√	×	×
高斯过程模型	√	√	√	×	×	√	×	×	×	√	×	×
广义回归（回归）	√	√	√	×	×	√	√	×	×	√	×	×
广义回归（分类）	√	√	√	√	√	√	×	×	×	√	×	×
k-NN（回归）	√	√	√	×	×	×	×	√	√	√	×	×
k-NN（分类）	√	√	√	√	×	×	×	√	√	√	×	×
k-NN（聚类）	√	√	√	√	×	×	×	√	√	√	×	×
朴素贝叶斯	√	√	√	√	√	√	×	×	×	√	×	×
神经网络（回归）	√	√	√	×	×	√	√	√	√	√	×	×
神经网络（分类）	√	√	√	√	√	√	×	√	√	√	×	×
回归模型（回归）	√	√	√	×	×	√	√	×	×	√	×	×
回归模型（分类）	√	√	√	√	√	√	×	×	×	√	×	×
规则集	√	√	√	×	√	√	×	√	√	√	×	×
评分卡	√	√	√	×	×	×	×	×	×	√	√	×
序列	×	×	×	×	×	×	×	×	×	√	×	×
支持向量机（回归）	√	√	√	×	×	√	√	×	×	√	×	×
支持向量机（分类）	√	√	√	√	√	√	×	×	×	√	×	×
树模型（回归）	√	√	√	×	×	√	×	√	√	√	×	×
树模型（分类）	√	√	√	√	√	√	×	√	√	√	×	×

注：对于使用模型链元素modelChain的挖掘模型，属性feature的设置通常是针对模型链中最后一个模型。除非输出字段OutputField的属性segmentId明确指定了段元素Segment。

4.3.5 实例介绍

下面通过三个例子展示如何使用OutputField和表达式EXPRESSION的结合完成对预测值的后处理，包括对预测值进行简单缩放和利用阈值进行业务决策。

例1：假定我们现在已经有了一个回归模型，包含了输出元素Output。代码如下：

```
<Output>
  <OutputField name="RawResult" optype="continuous" dataType="double"
               feature="predictedValue" isFinalResult="false"/>
  <OutputField name="FinalResult" optype="continuous" dataType="double"
               feature="transformedValue" isFinalResult="true">
    <NormContinuous field="RawResult">
      <LinearNorm orig="-100" norm="-304"/>
      <LinearNorm orig="100" norm="324"/>
    </NormContinuous>
  </OutputField>
</Output>
```

在这个例子中，元素NormContinuous的内容是一个表达式元素EXPRESSION，它表示的是对连续值的线性标准化，根据前面对LinearNorm的讲解可以知道，其标准化的斜率计算公式如下：

$$a=\frac{(324-(-304))}{(100-(-100))}=3.14$$

根据斜率a，可以推导出截距b，其公式如下：

$$b=324-100a=324-314=10$$

因此上面的代码实际上是描述了一个对已经定义过的字段RawResult的值进行缩放的函数：

$$f(x)=3.14x+10$$

同时设置了缩放函数的适用范围为−100～100。此时如果原始预测值为8，最后的计算结果将是35.12。

例2：下面的代码在例1的基础上增加了上下限以及舍入规则。

```
<Output>
  <OutputField name="RawResult" optype="continuous" dataType="double"
```

```
                    feature="predictedValue"/>
    <OutputField name="FinalResult" optype="continuous" dataType="double"
                    feature="transformedValue">
      <Apply function="round">
        <NormContinuous field="RawResult">
          <LinearNorm orig="-100" norm="-21.4"/>
          <LinearNorm orig="-10" norm="-21.4"/>
          <LinearNorm orig="10.5" norm="42.97"/>
          <LinearNorm orig="100" norm="42.97"/>
        </NormContinuous>
      </Apply>
    </OutputField>
  </Output>
```

在这个例子中，元素NormContinuous的内容表示的是对连续值的分段线性标准化，如图4-1所示。

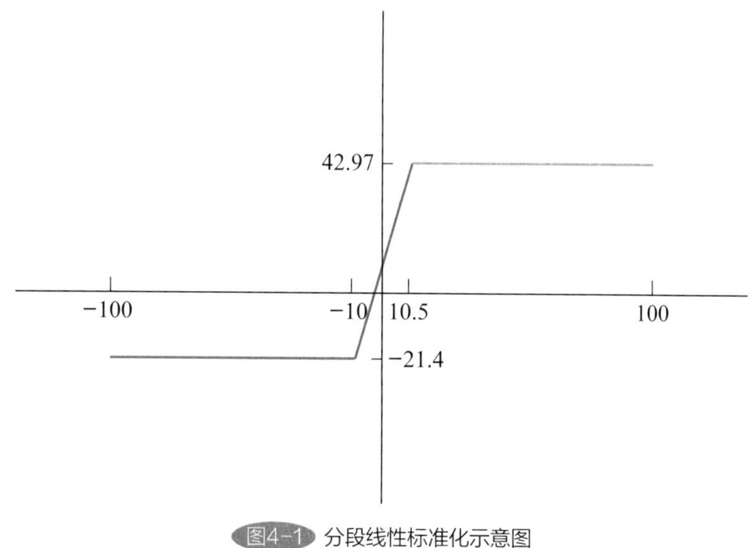

图4-1 分段线性标准化示意图

在本例中，假如模型返回值是8，则上下限不起作用（因为−10＜8＜10.5），但是缩放后计算的值为35.12，然后再次进行舍入运算，最终结果为35。

如果模型返回值（预测值）是12.97，则上限将起作用，预测值将被替换为10.5，按照图4-1，标准化后的值为42.97，再次舍入后最终结果将是43。

例3：在例2的基础上，将经过缩放、舍入处理后的原始预测值的最终处理结果与给定的阈值30进行比较，然后进行相应的业务决策。例如：若最终结果大于30，则被认为是一个积极的响应。

```
<Output>
  <OutputField name="RawResult" optype="continuous" dataType="double"
                  feature="predictedValue"/>
  <OutputField name="FinalResult" optype="continuous" dataType="double"
                  feature="transformedValue">
    <Apply function="round">
      <NormContinuous field="RawResult">
        <LinearNorm orig="-100" norm="-21.4"/>
        <LinearNorm orig="-10" norm="-21.4"/>
        <LinearNorm orig="10.5" norm="42.97"/>
        <LinearNorm orig="100" norm="42.97"/>
      </NormContinuous>
    </Apply>
  </OutputField>
  <OutputField name="BusinessDecision" optype="categorical" dataType="s
  tring"
                  feature="decision">
    <Decisions businessProblem="是否应该收取未付金额？"
                  description="最终决策取决于拿到钱的可能性和尝试的成本。">
      <Decision value="waive" description="放弃现有条件，并予以批准。"/>
       <Decision value="refer" description="保持现状，并提交进一步审查。
       "/>
    </Decisions>
    <Apply function="if">
      <Apply function="greaterThan">
        <FieldRef field="FinalResult"/>
        <Constant>30</Constant>
      </Apply>
      <!--THEN-->
      <Constant>waive</Constant>
      <!--ELSE-->
      <Constant>refer</Constant>
    </Apply>
  </OutputField>
</Output>
```

本章小结

与数据字典元素DataDictionary相比，挖掘模式元素MiningSchema中定义的字段是针对具体某个挖掘模型的，而DataDictionary中定义的字段是针对整个PMML文档的；目标变量集Targets元素为所有挖掘模型提供了一种通用的表示目标变量的语法；输出结果元素Output描述了从模型中获取评分结果值的集合，并定义了每一个输出变量的名称、类型、计算规则等信息，供用户或下游应用系统使用。

本章重点内容如下。

➢ 挖掘模式元素MiningSchema：MiningSchema是挖掘模型的“守门员”，所有进入挖掘模型的变量必须在MiningSchema中定义，所以任何一个挖掘模型必须包含一个子元素MiningSchema；它不仅罗列了构建挖掘模型所需的字段，也定义了每个字段的用途以及对缺失值、无效值、异常值的处理策略。

➢ 目标变量集Targets：在PMML规范中，它完全由目标变量元素Target的序列组成。目标变量元素由一个或多个目标变量值元素Targetvalue组成，其中对于分类模型，Targetvalue是必选的；对于回归模型，Targetvalue是可选的。

➢ 目标变量元素Target：通过此元素各个属性的设置，可以对挖掘模型的预测结果进行一定的转换。转换过程中用到不同的属性，其使用顺序为：min和max→rescaleFactor→rescaleConstant→castInteger。

➢ 目标变量值元素Targetvalue：在输入值为缺失值等特殊情况下挖掘模型无法输出正常值时，该元素提供了相应的处理方式，它是通过属性priorProbability（对分类目标值）和属性defaultValue（对连续目标值）的设置来实现的。

➢ 结果输出元素Output：元素Output是承载输出结果信息的容器，主要由子元素OutputField组成。OutputField承担着定义输出结果具体信息的细节工作，它包括十五个属性和两个子元素——决策集子元素Decisions和表达式子元素EXPRESSION。

➢ 输出字段元素OutputField：该元素的属性非常丰富，其中name属性应用最多，其次是结果特征属性feature和值属性value。其中Feature属性指定从挖掘结果集中获取的输出值类别，是一个输出结果的标识符，其最为常用的取值是predictedValue、probability、residual和standardError；这个属性通常与属性value结合使用，相互佐证，共同定位一个具体的输出值。

➢ 决策元素Decision：该元素用来输出具体的业务决策，是组成决策集Decisions的主要组成部分，而决策集Decisions是对模型处理业务决策的描述。

➢ 不同模型有不同的输出值类别范围：目前PMML 4.3支持18种模型，细分为22类。不同的模型针对输出字段OutputField的结果特征属性feature有不同的适用范围。

➢ 输出字段OutputField可以对输出结果进行后处理：通过设置feature="transformedValue"和表达式元素EXPRESSION，可以将（原始）预测值转换为更方便用户或其他下游应用程序使用的结果值。

在下一章中，我们将介绍挖掘模型的另一个重要元素：模型统计信息元素ModelStats。

5 模型的统计信息

模型统计信息元素ModelStats为表示一个模型内变量（字段）的统计信息提供了一个基本的框架，它记录了变量的计数、平均值、方差等信息。

在PMML规范中元素ModelStats的定义如下：

```
<xs:element name="ModelStats">
  <xs:complexType>
    <xs:sequence>
      <xs:element ref="Extension" minOccurs="0" maxOccurs="unbounded"/>
      <xs:element ref="UnivariateStats" minOccurs="0" maxOccurs="unbounded"/>
      <xs:element ref="MultivariateStats" minOccurs="0" maxOccurs="unbounded"/>
    </xs:sequence>
  </xs:complexType>
</xs:element>
```

从上面的定义可以看出，元素ModelStats可以包含两种子元素——单元统计元素UnivariateStats和多元统计元素MultivariateStats，也即统计信息可以是独立字段的统计数据——单元统计数据，例如ANOVA（ANalysis Of Variance，方差分析）；也可以是两个或多个变量共同作用的数据——多元统计数据。

5.1 单元统计元素UnivariateStats

单元统计元素UnivariateStats包含了单个挖掘字段MiningField或派生字段DerivedField的统计信息。注意：统计信息来自构建模型所用输入字段的原始值，即它们没有被MiningSchema针对缺失值、异常值、无效值等各种情况处理过。

在PMML规范中，元素UnivariateStats的定义如下：

```
<xs:element name="UnivariateStats">
  <xs:complexType>
    <xs:sequence>
      <xs:element ref="Extension" minOccurs="0" maxOccurs="unbounded"/>
      <xs:element ref="Counts" minOccurs="0"/>
      <xs:element ref="NumericInfo" minOccurs="0"/>
      <xs:element ref="DiscrStats" minOccurs="0"/>
      <xs:element ref="ContStats" minOccurs="0"/>
```

```
      <xs:element ref="Anova" minOccurs="0"/>
    </xs:sequence>
    <xs:attribute name="field" type="FIELD-NAME"/>
    <xs:attribute name="weighted" default="0">
      <xs:simpleType>
        <xs:restriction base="xs:string">
          <xs:enumeration value="0"/>
          <xs:enumeration value="1"/>
        </xs:restriction>
      </xs:simpleType>
    </xs:attribute>
  </xs:complexType>
</xs:element>
```

通常情况下，单元统计元素UnivariateStats需要设置属性field，以指定要进行统计的字段。

属性weighted用来指定在对字段进行计数时（子元素Counts中）是否考虑权重字段。默认情况是忽略权重字段（即weighted="0"）。

数值字段既可以进行连续统计，也可以进行离散统计，特别是在数值字段具有太多不同离散值的情况下这种功能非常必要。统计数据可以包括最频繁出现的值（众数），也可以包括一个完整的分布直方图。

单元统计元素UnivariateStats可以包含以下子元素：

- 计数元素Counts；
- 数值信息元素NumericInfo；
- 离散变量统计元素DiscrStats；
- 连续变量统计元素ContStats；
- 单因素方差分析元素Anova（下节专门讲述）。

5.1.1 计数元素Counts

计数元素Counts可以统计一个字段出现缺失值、无效值、有效值等的频率。如果计数时考虑到权重的影响，则计数可以是非整数数值。

在PMML规范中，元素Counts的定义如下：

```
<xs:element name="Counts">
  <xs:complexType>
    <xs:sequence>
      <xs:element ref="Extension" minOccurs="0" maxOccurs="unbounded"/>
    </xs:sequence>
    <xs:attribute name="totalFreq" type="NUMBER" use="required"/>
    <xs:attribute name="missingFreq" type="NUMBER"/>
    <xs:attribute name="invalidFreq" type="NUMBER"/>
    <xs:attribute name="cardinality" type="xs:nonNegativeInteger"/>
  </xs:complexType>
</xs:element>
```

在这个定义中，元素Counts有totalFreq、missingFreq、invalidFreq、cardinality四个属性，它们的含义如下。

- 属性totalFreq：所有样本实例的个数（包含缺失值和无效值的情况）。
- 属性missingFreq：字段值为缺失值的样本实例的个数。
- 属性invalidFreq：字段值为无效值的样本实例的个数。
- 属性cardinality：字段具有唯一值（或不同值）样本实例的个数（包括缺失值和无效值的情况）。

5.1.2 数值信息元素NumericInfo

数值信息元素NumericInfo包含了统计字段的最小值、最大值、平均值等信息。

在PMML规范中，元素NumericInfo的定义如下：

```
<xs:element name="NumericInfo">
  <xs:complexType>
    <xs:sequence>
      <xs:element ref="Extension" minOccurs="0" maxOccurs="unbounded"/>
      <xs:element ref="Quantile" minOccurs="0" maxOccurs="unbounded"/>
    </xs:sequence>
    <xs:attribute name="minimum" type="NUMBER"/>
    <xs:attribute name="maximum" type="NUMBER"/>
    <xs:attribute name="mean" type="NUMBER"/>
```

```
        <xs:attribute name="standardDeviation" type="NUMBER"/>
        <xs:attribute name="median" type="NUMBER"/>
        <xs:attribute name="interQuartileRange" type="NUMBER"/>
    </xs:complexType>
</xs:element>

<xs:element name="Quantile">
    <xs:complexType>
        <xs:sequence>
            <xs:element ref="Extension" minOccurs="0" maxOccurs="unbounded"/>
        </xs:sequence>
        <xs:attribute name="quantileLimit" type="PERCENTAGE-NUMBER"
                        use="required"/>
        <xs:attribute name="quantileValue" type="NUMBER" use="required"/>
    </xs:complexType>
</xs:element>
```

在这个定义中，数值信息元素NumericInfo除具有minimum、maximum六个属性外，还可以包括一个或多个分位数子元素Quantile。该元素的各个属性含义如下：

- 属性minimum：字段变量的最小值；
- 属性maximum：字段变量的最大值；
- 属性mean：字段变量的平均值；
- 属性standardDeviation：字段变量的标准偏差；
- 属性median：中位数（即50%分位数对应的字段值）；
- 属性interQuartileRange：四分位数范围（即75%分位数值−25%分位数值）。

所谓分位数，就是在将样本集从小到大进行排列后，小于某值的样本子集占总样本集的比例。可以分为四分位数，十分位数、百分位数等等。上面的属性median实际上就是代表了一个二分位数。每个分位数都是字段所有可能取值中的某个值。

四分位数作为分位数的一种形式，在统计中有着十分重要的意义和作用。所谓四分位数，就是把数据从小到大进行排列后，利用三个切分点把排列后的数据划分为四个部分，每一个部分大约包含有1/4（25%）的数据项，每个切分点代表一个分位数：第1个四分位数即25%分位数；第2个四分位数即50%分位数；第3个四分位数即75%分位数。

属性interQuartileRange就是指第3个四分位数与第1个四分位数之差，即四分位数范围，有时也称为四分位距IQR（InterQuartile Range）。

分位数元素Quantile主要用来说明某些特定分位数信息。在PMML规范中，该元素的定义如下：

```
<xs:element name="Quantile">
  <xs:complexType>
    <xs:sequence>
      <xs:element ref="Extension" minOccurs="0" maxOccurs="unbounded"/>
    </xs:sequence>
    <xs:attribute name="quantileLimit" type="PERCENTAGE-NUMBER"
                  use="required"/>
    <xs:attribute name="quantileValue" type="NUMBER" use="required"/>
  </xs:complexType>
</xs:element>
```

在这个定义中，分位数元素Quantile主要包括以下两个属性：

- 属性quantileLimit：必选属性。该属性值为0 ~ 100的数，代表某个分位数，如50%；
- 属性quantileValue：是相对应的字段值。

5.1.3 离散变量统计元素DiscrStats

度量类型为定序型（ordinal）、分类型（categorical）的字段统计信息包含在离散变量统计元素DiscrStats中，这个元素在PMML规范中的定义如下：

```
<xs:element name="DiscrStats">
  <xs:complexType>
    <xs:sequence>
      <xs:element ref="Extension" minOccurs="0" maxOccurs="unbounded"/>
      <xs:element ref="Array" minOccurs="0" maxOccurs="2"/>
    </xs:sequence>
    <xs:attribute name="modalValue" type="xs:string"/>
  </xs:complexType>
</xs:element>
```

在这个定义中，属性modalValue代表众数（出现频率最大的数据值）。

元素DiscrStats可以包含至多两个数组（Array）作为子元素。如果只定义了一个数组，则它必须是数值型的数组（NUM-ARRAY），其内容是字段的所有类别值对应的频率数值，并且与字段在DataDictionary中定义的有效值的列表相对应；如果还定义了一个字符串类型的数组（STRING-ARRAY），则第一个数组中的频率数值与第二个数组中的字符串值一一对应。

如果统计的是一个派生字段DerivedField的信息，则所有的值必须列在这个字符串类型的数组中，因为派生字段没有办法指定有效值的列表。

如果统计的是一个数据字段DataField，并且这个数据字段本身也定义了一个有效值的列表，则元素DiscrStats内包含的字符串数组有效值列表必须是数据字段定义的有效值列表的子集。后面我们会以具体实例说明。

5.1.4 连续变量统计元素ContStats

连续变量统计元素ContStats包含了连续型变量（continuous）的统计信息。在PMML规范中元素ContStats的定义如下：

```
<xs:element name="ContStats">
  <xs:complexType>
    <xs:sequence>
      <xs:element ref="Extension" minOccurs="0" maxOccurs="unbounded"/>
      <xs:element ref="Interval" minOccurs="0" maxOccurs="unbounded"/>
      <xs:group ref="FrequenciesType" minOccurs="0"/>
    </xs:sequence>
    <xs:attribute name="totalValuesSum" type="NUMBER"/>
    <xs:attribute name="totalSquaresSum" type="NUMBER"/>
  </xs:complexType>
</xs:element>

<xs:group name="FrequenciesType">
  <xs:sequence>
    <xs:group ref="NUM-ARRAY" minOccurs="1" maxOccurs="3"/>
  </xs:sequence>
</xs:group>
```

连续变量统计元素ContStats可以包括Interval和FrequenciesType两个子元素；它有两个属性：totalValuesSum和totalSquaresSum，其中totalValuesSum代表统计字段所有值之和，totalSquaresSum代表统计字段值的平方和。

区间元素Interval代表对连续值进行区间离散化的划分结果。在前面讲解数据字典DataDictionary时对区间元素Interval做过介绍，这里不再赘述。

子元素FrequenciesType代表了统计字段的频率信息，它最少包含一个，最多包含三个数值型数组（NUM-ARRAY），第一个数组内容是每个区间包含数据值的个数（频率），第二个数组内容是每个区间内所有数据值的总和，第三个数组内容是每个区间内所有数据值的平方和。

5.1.5 实例介绍

下面的例子给出了连续型字段Age和分类型字段Sex的单元统计信息。

```
...
<DataDictionary>
  <DataField name="Sex" optype="categorical" dataType="string">
    <Value value="female"/>
    <Value value="male"/>
  </DataField>
  <DataField name="Age" optype="continuous" dataType="double"/>
  ...
</DataDictionary>
...
  <ModelStats>
    <UnivariateStats field="Age">
      <Counts totalFreq="240"/>
      <NumericInfo mean="54.43" minimum="29" maximum="77"/>
      <ContStats>
        <Interval closure="openClosed" leftMargin="29" rightMargin="33.8"/>
        <Interval closure="openClosed" leftMargin="33.8" rightMargin="38.6"/>
        <Interval closure="openClosed" leftMargin="38.6" rightMargin="43.4"/>
        <Interval closure="openClosed" leftMargin="43.4" rightMargin="48.2"/>
        <Interval closure="openClosed" leftMargin="48.2" rightMargin="53"/>
        <Interval closure="openClosed" leftMargin="53" rightMargin="57.8"/>
        <Interval closure="openClosed" leftMargin="57.8" rightMargin="62.6"/>
```

```
      <Interval closure="openClosed" leftMargin="62.6" rightMargin="67.4"/>
      <Interval closure="openClosed" leftMargin="67.4" rightMargin="72.2"/>
      <Interval closure="openClosed" leftMargin="72.2" rightMargin="77"/>
      <Array type="int" n="10"> 1 8 28 30 30 43 51 33 13 3</Array>
    </ContStats>
  </UnivariateStats>
  <UnivariateStats field="Sex">
    <Counts totalFreq="240"/>
    <DiscrStats>
      <Array type="int" n="2"> 166 74</Array>
    </DiscrStats>
  </UnivariateStats>
  ...
</ModelStats>
...
```

这个例子首先在数据字段DataDictionary中定义了两个数据字段DataField，一个是分类型（categorical）字段Sex，它有两个取值：female和male；另一个是连续型（continuous）字段Age。元素UnivariateStats的子元素DiscrStats给出了分类字段Sex的统计信息，其中的数组元素对应着DataDictionary中对字段Sex定义的有效值（female和male），在总共240个样本实例中，有166例女性，74例男性；连续字段Age的平均值是54.35岁，最小值是29岁，最大值是77岁，子元素ContStats则给出了更详细的实际分布信息，例如第六个区间表示年龄大于53岁、小于等于57.8岁的样本数据共有43个。

5.2 单因素方差分析元素Anova

在PMML规范中，单因素方差分析元素Anova实际上是单元统计元素UnivariateStats的子元素，它代表单因素方差分析（one-factor Analysis of Variance），展示了方差分析过程中的组间/组内离差平方和、自由度、F值等等；单因素方差分析考察的是一个分类自变量与一个连续因变量之间的关系（这通常在回归或时间序列模型中出现），这有助于把握某个独立控制变量（自变量）与目标变量（因变量）的关系，判断控制变量的不同取值是否对目标变量的取值有显著性影响。

5.2.1 单因素方差分析元素Anova的定义

元素Anova在PMML规范中的定义如下：

```
<xs:element name="Anova">
  <xs:complexType>
    <xs:sequence>
      <xs:element ref="Extension" minOccurs="0" maxOccurs="unbounded"/>
      <xs:element ref="AnovaRow" minOccurs="3" maxOccurs="3"/>
    </xs:sequence>
    <xs:attribute name="target" type="FIELD-NAME"/>
  </xs:complexType>
</xs:element>

<xs:element name="AnovaRow">
  <xs:complexType>
    <xs:sequence>
      <xs:element ref="Extension" minOccurs="0" maxOccurs="unbounded"/>
    </xs:sequence>
    <xs:attribute name="type" use="required">
      <xs:simpleType>
        <xs:restriction base="xs:string">
          <xs:enumeration value="Model"/>
          <xs:enumeration value="Error"/>
          <xs:enumeration value="Total"/>
        </xs:restriction>
      </xs:simpleType>
    </xs:attribute>
    <xs:attribute name="sumOfSquares" type="NUMBER" use="required"/>
    <xs:attribute name="degreesOfFreedom" type="NUMBER" use="required"/>
    <xs:attribute name="meanOfSquares" type="NUMBER"/>
    <xs:attribute name="fValue" type="NUMBER"/>
    <xs:attribute name="pValue" type="PROB-NUMBER"/>
  </xs:complexType>
</xs:element>
```

在这个定义中，元素Anova有一个属性target，并包含一个子元素AnovaRow的序列。

实际上挖掘模型中定义的每个目标变量（因变量）都可以对应一个方差分析元素Anova，其属性target就是用来指定目标变量（因变量）的。如果模型只有一个目标变量，则属性target是可选的；如果模型有多个目标变量，则属性target必须明确指定一个目标变量（必须与其父元素UnivariateStats的属性field相匹配）。

子元素AnovaRow有type、sumOfSquares、degreesOfFreedom、meanOfSquares、fValue、pValue等属性，我们将在后面予以介绍。

5.2.2 方差分析

方差分析又称“变异数分析”或“F检验”，是英国统计学家R.A.Fisher提出的一种统计分析方法，用来评估一个自变量X（通常是分类变量）对目标变量Y（因变量，通常是连续变量）的影响程度，即进行显著性检验。方差分析的显著性检验是通过假设检验来实现的。

根据方差分析理论，目标变量值的变化受自变量和随机因素两方面的影响，其中随机因素主要是抽样误差。目标变量总的离差平方和可分解为组间（between groups）离差平方和和组内（Within groups）离差平方和两部分，即

$$SS_{\text{Total}}=SS_{\text{Model}}+SS_{\text{Error}}$$

式中各个符号的含义如下：

SS是Sum of Squares的缩写，指平方和；

SS_{Total}表示目标变量总的离差平方和，是针对所有样本数据的（通常把自变量一个类别值对应的样本数据称为一组样本数据）；

SS_{Model}表示每组平均值与总体平均值的离差平方和，代表了一个模型内在的结构因素，称为组间离差平方和；

SS_{Error}表示某组内每个样本值与该组平均值的离差平方和，代表了一个模型受外部随机因素影响的程度，称为组内离差平方和。

假设我们总共有N个样本实例，自变量X包含了k个类别。(注意方差分析并不要求每组样本数据的个数必须相同)。上面三个离差平方和的计算公式如下：

$$SS_{\text{Total}}=\sum_{i=1}^{k}\sum_{j=1}^{n_i}(x_{ij}-\overline{x})^2$$

式中，x_{ij}是自变量第i个类别值下第j个样本值；n_i是自变量第i个类别值下的样本个数；是因变量的总体平均值。

$$SS_{\text{Model}}=\sum_{i=1}^{k}n_i(\overline{x}_i-\overline{x})^2$$

式中，$\overline{x_i}$是自变量第i个类别值下因变量的样本平均值（组内平均值），所以SS_{Model}是每个类别值下的因变量的平均值与因变量总体平均值离差的平方和，反映了自变量不同类别值对因变量的影响。

$$SS_{\text{Error}}=\sum_{i=1}^{k}\sum_{j=1}^{n_i}(x_{ij}-\overline{x_i})^2$$

SS_{Error}是每个样本数据与自变量某个类别值下因变量样本平均值的离差平方和，反映了抽样误差的影响程度。

根据方差分析理论，如果组间离差平方和SS_{Model}在总体离差平方和SS_{Total}中所占的比例较大，则说明因变量的变动主要是由自变量的变化引起的，也就是说自变量对因变量的影响显著；反之，如果组间离差平方和SS_{Model}在总体离差平方和SS_{Total}中所占的比例较小，则说明因变量的变动主要不是由自变量的变化引起的，自变量的不同类别值没有给因变量带来显著性影响，也就是说因变量的变动是由随机变量引起的。

为了衡量SS_{Model}和SS_{Error}的相对影响程度，方差分析采用了F检验统计量（符合F分布），其公式如下：

$$F=\frac{SS_{\text{Model}}/DF_{\text{Model}}}{SS_{\text{Error}}/DF_{\text{Error}}}=\frac{MS_{\text{Model}}}{MS_{\text{Error}}}$$

其中：DF是Degrees of Freedom的简写，表示自由度；MS是Mean of Squares 的缩写，表示离差平方和基于各自由度的平均值；DF_{Model}表示SS_{Model}的自由度，其值为k-1；DF_{Error}表示SS_{Error}的自由度，其值为N-k。

还有一个总体自由度DF_{Total}，表示SS_{Total}的自由度，其值为DF_{Model}与DF_{Error}之和，即

$$DF_{\text{Total}}=DF_{\text{Model}}+DF_{\text{Error}}=N-1$$

至此我们建立了F检验统计量，为了能够进行假设检验，我们提出零假设（原假设）：

H_0：自变量的不同取值对因变量的变化没有显著影响

在选定F检验统计量并提出原假设之后，在给定样本数据的条件下便可以计算出F检验统计量观测值发生的概率，这个概率称为P值或相伴概率，它间接表示出样本值在原假设成立的条件下发生的概率。这样我们就可以根据假设检验的理论，依据一定的标准来判断样本值发生的概率是否为小概率事件，这个判定是否为小概率事件的标准就是显著性水平α（一般取值0.05，即5%），而假设检验的核心思想是小概率事件在一次观测中是不会发生的。

在P值已知和显著性水平α给定的条件下我们就可以做出决策，判定自变量取值是否对因变量产生了显著的影响。判定规则为：如果F检验统计量的P值小于显著性水平α，则应该拒绝原假设，即认为自变量对因变量有显著影响；反之则应该接受原假设，即认为自变量对因变量没有显著的影响。

注意：方差分析使用的前提假设是各组样本数据对应的总体服从正态分布，并且其总体方差应相同。

关于假设检验的详细内容请读者参照相关书籍，这里不再赘述。上面是单因素方差分析的基本理论，在此基础上再介绍下子元素AnovaRow的type、sumOfSquares、degreesOfFreedom、meanOfSquares、fValue、pValue属性：

- 属性type：表示离差平方和的类型，可取值有Model、Error、Total，它们分别代表组间、组内和总体离差平方和；
- 属性sumOfSquares：表示与属性type对应的离差平方和；
- 属性degreesOfFreedom：表示与属性type对应的自由度；
- 属性meanOfSquares：表示与属性type对应的离差平方和的平均值；
- 属性fValue：表示计算的F检验统计量的观测值；
- 属性pValue：表示计算的假设检验的P值。

为了便于理解，我们把上面的计算指标汇总至表5-1。

表5-1 方差分析计算指标汇总

指标	离差平方和	自由度	离差平方和的平均值	F值	P值
Model	SS_{Model}	DF_{Model}	MS_{Model}	MS_{Model}/MS_{Error}	pValue
Error	SS_{Error}	DF_{Error}	MS_{Error}		
Total	$SS_{Model}+SS_{Error}$	$DF_{Model}+DF_{Error}$			

可以看出，属性fValue和pValue只有在元素AnovaRow的属性type="Model"时才是必需的，其他两种情况下（Error和Total）并没有使用。

5.2.3 实例介绍

下面结合实例介绍方差分析元素Anova的使用。这个例子使用了方差分析元素Anova来分析两个独立的分类变量X1和X2与一个连续的目标变量Y（因变量）之间的关系，以了解X1和X2对变量Y的影响。

这个例子中X1有三个类别值：AA、BB、CC；X2有七个类别值：a、b、c、d、e、f、g。样本总数N=101。显著性水平α=0.20。

表5-2展示的是变量X1的Anova表。在这个表中，由于P值（0.66）大于α，所以我们没有理由拒绝零假设，我们认为X1对变量Y没有显著性影响。

表5-2 变量X1的Anova表

指标	离差平方和	自由度	离差平方和的平均值	F值	P值
Model	21389708	2	10694854	0.77	0.66
Error	809210617	98	8257251		
Total	830600325	100			

表5-3展示的是变量X2的Anova表。在这个表中，由于P值（0.13）小于α，所以我们可以拒绝零假设，即我们认为X2对变量Y有显著性影响。

表5-3 变量X2的Anova表

指标	离差平方和	自由度	离差平方和的平均值	F值	P值
Model	26811371	6	4468561	1.70	0.13
Error	247218517	94	2629984		
Total	274029888	100			

针对表5-2、表5-3的内容，其对应的PMML文档片段如下：

```
...
<ModelStats>
  <UnivariateStats field="X1">
    ...
    <Anova>
      <AnovaRow type="Model" sumOfSquares="21389708" degreesOfFreedom="2"
                      meanOfSquares="7129903" fValue="0.85" pValue="0.47" />
      <AnovaRow type="Error" sumOfSquares="809210617" degreesOfFreedom="98"
                      meanOfSquares="8342377"/>
      <AnovaRow type="Total" sumOfSquares="830600325" degreesOfFreedom="100" />
    </Anova>
  </UnivariateStats>
  <UnivariateStats field="X2">
    ...
    <Anova>
      <AnovaRow type="Model" sumOfSquares="26811371" degreesOfFreedom="6"
                      meanOfSquares="4468561" fValue="1.699" pValue="0.13" />
      <AnovaRow type="Error" sumOfSquares="247218517" degreesOfFreedom="94"
                      meanOfSquares="2629984"/>
      <AnovaRow type="Total" sumOfSquares="274029888" degreesOfFreedom="100" />
    </Anova>
  </UnivariateStats>
  ...
</ModelStats>
...
```

5.3 多元统计元素MultivariateStats

多元统计元素MultivariateStats是一个关于多个变量的统计信息的容器，它主要由子元素MultivariateStat组成。在PMML规范中，该元素的定义如下：

```
<xs:element name="MultivariateStats">
  <xs:complexType>
    <xs:sequence>
      <xs:element ref="Extension" minOccurs="0" maxOccurs="unbounded"/>
      <xs:element ref="MultivariateStat" maxOccurs="unbounded"/>
    </xs:sequence>
    <xs:attribute name="targetCategory" type="xs:string" use="optional"/>
  </xs:complexType>
</xs:element>
<xs:element name="MultivariateStat">
  <xs:complexType>
    <xs:sequence>
      <xs:element ref="Extension" minOccurs="0" maxOccurs="unbounded"/>
    </xs:sequence>
    <xs:attribute name="name" type="xs:string"/>
    <xs:attribute name="category" type="xs:string"/>
    <xs:attribute name="exponent" type="INT-NUMBER" default="1"/>
    <xs:attribute name="isIntercept" type="xs:boolean" default="false"/>
    <xs:attribute name="importance" type="PROB-NUMBER"/>
    <xs:attribute name="stdError" type="NUMBER"/>
    <xs:attribute name="tValue" type="NUMBER"/>
    <xs:attribute name="chiSquareValue" type="NUMBER"/>
    <xs:attribute name="fStatistic" type="NUMBER"/>
    <xs:attribute name="dF" type="NUMBER"/>
    <xs:attribute name="pValueAlpha" type="PROB-NUMBER"/>
```

```
    <xs:attribute name="pValueInitial" type="PROB-NUMBER"/>
    <xs:attribute name="pValueFinal" type="PROB-NUMBER"/>
    <xs:attribute name="confidenceLevel" type="PROB-NUMBER" default="0.95"/>
    <xs:attribute name="confidenceLowerBound" type="NUMBER"/>
    <xs:attribute name="confidenceUpperBound" type="NUMBER"/>
  </xs:complexType>
</xs:element>
```

与UnivariateStats包含的统计信息不同，元素MultivariateStats包含的统计信息反映了模型中目标变量与其他变量之间可能存在的影响关系。其属性targetCategory只对分类模型有意义，用以指定将要进行统计的目标类别标签。

元素MultivariateStats包含了一系列子元素MultivariateStat，每个子元素MultivariateStat包含了单一挖掘字段MiningField、派生字段DerivedField、回归系数或回归截距的统计信息。该元素具有诸多属性。

（1）属性name：指定将要统计的字段或参数，可引用的对象如下。

➢ 在挖掘模型的子元素MiningSchema中定义的 MiningField（如元素MultivariateStats 的父元素）。

➢ 在挖掘模型中定义的派生字段DerivedField。

➢ 如果挖掘模型是回归类别，当属性isIntercept设置为true时，统计信息是关于截距的，此时属性name、exponent、category将被忽略；当属性isIntercept设置为false时（默认值），可以分为以下两种情况。

a）对于回归模型RegressionModel的参数，如果引用的是数值型预测变量，则属性name等于数值型预测变量元素NumericPredictor的属性name，同时结合属性exponent标识一个特定的NumericPredictor，如果exponent不出现，则默认其值为1；如果引用的是分类型预测变量，则属性name等于分类型预测变量元素CategoricalPredictor的属性name，同时结合属性category标识一个特定的CategoricalPredictor，此时属性category值必须等于CategoricalPredictor的属性value；如果引用的是数值型字段的乘法组合变量，则属性name等于元素PredictorTerm的属性name。

b）对于广义回归模型GeneralRegressionModel的参数，元素PCell的属性parameterName对应着元素MultivariateStat的属性name，属性targetCategory对应着元素MultivariateStat的父元素MultivariateStats的属性targetCategory。

注意以下几点：

◆ 如果元素MultivariateStat的属性name指向了一个回归参数，而这个回归参数与某个MiningField或者 DerivedField同名，则按照惯例回归参数优先，即统计信息是关于回归参数的；

◆ 元素NumericPredictor、CategoricalPredictor、PredictorTerm是回归模型中的三种预测变量（将在本书续集中详细描述）；

◆ 元素PCell是参数矩阵元素ParamMatrix的参数单元（将在本书续集中详细描述）。

（2）属性importance：这个属性与挖掘字段MiningField的属性importance的含义相同，都是说明这个统计字段（挖掘字段MiningField或派生字段DerivedField）的重要程度的。这个指标通常用在预测模型中，目的是根据字段对模型预测的贡献程度进行排名。值1.0表示目标字段与此字段直接相关，而值为0.0表示该字段完全无关紧要。

（3）属性stdError：表示某个系数估计值的标准误差（例如估计标准偏差）。

（4）属性tValue：适用于t分布，用于评估一个系数的重要性。计算公式为

$$\text{tValue}=\frac{\text{系数值}}{\text{stdError}}$$

（5）属性chiSquareValue：基于样本估计来测试参数的真实值。对于回归参数，计算公式为

$$\text{chiSquareValue}=\frac{\text{系数值}\times\text{系数值}}{\text{方差}}$$

（6）属性fStatistic：用于确定观察到的自变量与其因变量之间的关系是否是偶然出现的。它通常用来评价模型效果。

（7）属性dF：自由度属性。dF=$n-p-1$，n是样本个数，p是活跃变量的个数（即参与建模的变量个数）。

（8）属性pValueAlpha：变量自动消除阈值。

（9）属性pValueInitial：指定在进行变量约简之前的P值。

（10）属性pValueFinal：指定在所有变量约简之后的P值。如果pValueFinal大于pValueAlpha，则此变量会被约简；反之会被保留。

有些建模系统可以自动进行变量约简，即在某独立变量的P值（即观测到的此变量与因变量的关系出现的概率）超过某个阈值时，该变量会自动消除。这个阈值通常称为Alpha。上面的三个属性（pValueAlpha、pValueInitial、pValueFinal）与阈值Alpha有关。

对于使用置信区间来表示预测结果可靠性的应用系统来说，置信水平表示参数真实值落在使用所有样本数据构建的置信区间中的概率。下面的三个属性与置信区间有关。

（11）属性confidenceLevel：置信水平（默认为95%）。

（12）属性confidenceLowerBound：置信区间的下边界。

（13）属性confidenceUpperBound：置信区间的上边界。

下面的代码展示了一个回归模型中独立变量的多元统计信息（注意：变量Quarter_4th会被自动消除）

```
...
<ModelStats>
  ...
  <MultivariateStats>
    <MultivariateStat isIntercept="true" importance="0.98" stdError="0.3"
                      tvalue="3.6" pValueAlpha="0.05" pValueInitial="0.01"
                      pValueFinal="0.02" />
    <MultivariateStat name="Quarter_Idx" importance="0.96" stdError="2.2"
                      tValue="4.7" pValueAlpha="0.05" pValueInitial="0.02"
                      pValueFinal="0.04" />
    <MultivariateStat name="Quarter_2nd" importance="0.95" stdError="3.2"
                      tValue="3.5" pValueAlpha="0.05" pValueInitial="0.03"
                      pValueFinal="0.05" />
    <MultivariateStat name="Quarter_3rd" importance="0.94" stdError="2.1"
                      tValue="7.3" pValueAlpha="0.05" pValueInitial="0.04"
                      pValueFinal="0.06" />
    <MultivariateStat name="Quarter_4th" importance="0" stdError="2.3"
                      tValue="4.4" pValueAlpha="0.05"
                      pValueInitial="0.06" />
  </MultivariateStats>
  ...
</ModelStats>
...
```

5.4 分区元素Partition

分区元素Partition包含了一个样本子集的统计信息，例如聚类模型中包含了某个簇（类别）中样本数据的统计信息。分区元素Partition的内容其实就是前面所讲的通用单元统计信息的镜像，即一个分区元素Partition描述了一个字段的分布信息，如频率、平均值等。分区元素Partition在PMML规范中的定义如下：

```
<xs:element name="Partition">
  <xs:complexType>
```

```
    <xs:sequence>
      <xs:element ref="Extension" minOccurs="0" maxOccurs="unbounded"/>
      <xs:element ref="PartitionFieldStats" minOccurs="0"
                                      maxOccurs="unbounded"/>
    </xs:sequence>
    <xs:attribute name="name" type="xs:string" use="required"/>
    <xs:attribute name="size" type="NUMBER"/>
  </xs:complexType>
</xs:element>
```

在这个定义中，属性name标识了分区元素Partition的名称，属性size指明了分区元素Partition包含的样本数据个数。元素Partition也包含了一个子元素PartitionFieldStats的序列，这个子元素包含了一个字段的统计数据，而它的子元素Counts的属性totalFreq的值必须等于其父元素Partition的属性size的值。

子元素PartitionFieldStats在PMML规范中的定义如下：

```
<xs:element name="PartitionFieldStats">
  <xs:complexType>
    <xs:sequence>
      <xs:element ref="Extension" minOccurs="0" maxOccurs="unbounded"/>
      <xs:element ref="Counts" minOccurs="0"/>
      <xs:element ref="NumericInfo" minOccurs="0"/>
      <xs:group ref="FrequenciesType" minOccurs="0"/>
    </xs:sequence>
    <xs:attribute name="field" type="FIELD-NAME" use="required"/>
    <xs:attribute name="weighted" default="0">
      <xs:simpleType>
        <xs:restriction base="xs:string">
          <xs:enumeration value="0"/>
          <xs:enumeration value="1"/>
        </xs:restriction>
      </xs:simpleType>
    </xs:attribute>
  </xs:complexType>
</xs:element>
```

在这个定义中，元素PartitionFieldStats具有两个属性：field和weighted。其中属性field指定了引用的字段名称，字段必须是一个MiningField；属性weighted指定在对字段进行计数时（子元素Counts中）是否考虑权重字段，默认情况是忽略权重字段（即weighted＝″0″）。

元素PartitionFieldStats还可以包括三个子元素：Counts、NumericInfo和FrequenciesType，这三个子元素在前面讲过，在这里的含义与前面类似，例如子元素FrequenciesType包含的NUM-ARRAY类型数组与元素ContStats定义的数组含义一样。对于分类型字段，只有一个数组包含各类别值的频率；对于数值型字段，第二个和第三个数组分别包含每个区间的字段值之和、字段值平方和。注意：每个数组的长度必须与定义在元素UnivariateStats中的分类字段的类别值数目或连续字段的区间数相同。

下面的例子是一个树分类模型的代码片段：

```
...
<DataDictionary>
  <DataField name="Sex" optype="categorical" dataType="string">
    <Value value="female"/>
    <Value value="male"/>
  </DataField>
  <DataField name="Age" optype="continuous" dataType="double"/>
  ...
</DataDictionary>
...
  <ModelStats>
    <UnivariateStats field="Age" weighted="false">
      <Counts totalFreq="240"/>
      <NumericInfo mean="54.43" minimum="29" maximum="77"/>
      <ContStats>
        <Interval closure="openClosed" leftMargin="29" rightMargin="33.8"/>
        <Interval closure="openClosed" leftMargin="33.8" rightMargin="38.6"/>
        <Interval closure="openClosed" leftMargin="38.6" rightMargin="43.4"/>
        <Interval closure="openClosed" leftMargin="43.4" rightMargin="48.2"/>
        <Interval closure="openClosed" leftMargin="48.2" rightMargin="53"/>
        <Interval closure="openClosed" leftMargin="53" rightMargin="57.8"/>
        <Interval closure="openClosed" leftMargin="57.8" rightMargin="62.6"/>
        <Interval closure="openClosed" leftMargin="62.6" rightMargin="67.4"/>
        <Interval closure="openClosed" leftMargin="67.4" rightMargin="72.2"/>
```

```
          <Interval closure="openClosed" leftMargin="72.2" rightMargin="77"/>
          <Array type="int" n="10"> 1 8 28 30 30 43 51 33 13 3</Array>
        </ContStats>
      </UnivariateStats>
      ...
    ...
    <Node score="1" recordCount="134">
      <Partition name="1.1" size="134">
        <PartitionFieldStats field="Age" weighted="false">
          <Array type="int" n="10"> 1 5 17 24 17 19 23 17 8 3</Array>
        </PartitionFieldStats>
        <PartitionFieldStats field="Sex">
          <Array type="int" n="2"> 70 64</Array>
        </PartitionFieldStats>
      ...
    ...
    <Targets>
      <Target field="response" optype="categorical">
        <TargetValue value="Yes">
          <Partition name="Yes_classified" size="103">
            <PartitionFieldStats field="Age" weighted="false">
              <NumericInfo mean="56.6796116504854" minimum="35" maximum="77"/>
              <Array type="int" n="10"> 0 3 7 8 10 17 34 18 5 1</Array>
            </PartitionFieldStats>
            <PartitionFieldStats field="Sex">
              <Array type="int" n="2"> 88 15</Array>
            </PartitionFieldStats>
          </Partition>
        </TargetValue>
        ...
      </Target>
    </Targets>
    ...
  ...
```

在这个例子中，元素Partition作为子元素出现在元素Node和Target（TargetValue）中，起到展示部分样本数据的统计信息的作用。

在元素Node中有134个样本实例，这从Node的属性recordCount或者子元素Partition的属性size都可以获知。注意也会存在元素Partition只是Node样本实例的子集的情况，此时这两个属性值就不相等了。Node元素中，子元素Partition的子元素PartitionFieldStats中的数组Array给出了UnivariateStats中定义的样本实例区间的分布信息。例如在年龄字段Age的实例中，年龄大于43.4、小于等于48.2的样本实例数是24。同理，对于性别字段Sex来说，女性有79例，男性64例。

在元素Target中定义的Partition的子元素有103个样本实例被模型分类为“Yes”。同样，更详细的分布信息定义在子元素PartitionFieldStats中：对于性别Sex字段，有88个实例为女性，15个为男性；对于年龄字段Age，没有小于等于33.8的，而年龄大于72.2且小于等于77的实例只有1个。

本章小结

模型统计记录了数据字段预处理和模型构建过程中的统计数据，这些数据内容丰富，为最终用户解读模型提供了丰富的信息。模型统计元素ModelStats为表示一个模型内变量的统计信息提供了基本框架，针对单个或多个变量，展现了变量的计数（频率）、平均值、方差、自由度、卡方值、f值等统计信息。

本章重点内容如下。

➢ 单元统计元素UnivariateStats：单元统计元素UnivariateStats包含了单个挖掘字段MiningField或派生字段DerivedField的统计信息，根据统计信息的特点，主要由子元素Counts、NumericInfo、DiscrStats、ContStats等承载，来自这些字段的原始统计信息没有被MiningSchema针对缺失值、异常值、无效值等各种情况处理过。

➢ 方差分析元素Anova：虽然方差分析在定义上属于单元统计元素UnivariateStats，但鉴于方差分析在统计中的重要性，本章专门对其进行了描述。方差分析主要考察的是一个自变量与因变量的关系，判断自变量的不同取值是否对因变量有显著性的影响。

➢ 多元统计元素MultivariateStats：该元素是一个多变量统计信息的容器，它主要由子元素MultivariateStat组成。与UnivariateStats包含的统计信息不同，元素MultivariateStats包含的统计信息反映了模型中的目标变量与某些其他变量之间的影响。

➢ 分区元素Partition：分区元素Partition包含了一个样本子集的统计信息，其内容是通用单元统计信息的一个镜像，也就是说，一个分区元素Partition描述了一个样本子集的某个字段的分布信息，如频率、平均值等等。

在下一章，我们将介绍挖掘模型的另一个重要元素：模型验证元素ModelVerification。

6 模型验证

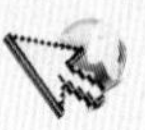

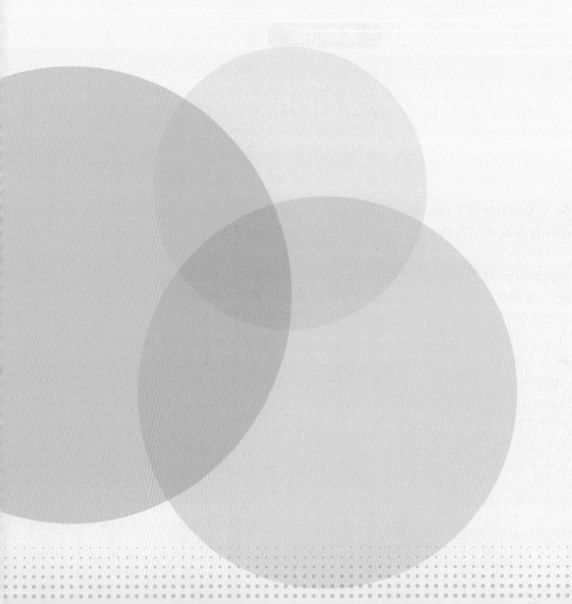

一个PMML模型的提供者和使用者需要通过一种机制来保证模型被部署到新环境时产生的结果与在构建环境中产生的结果一致。实际上操作系统的不同、数据精度和算法实现的差异都能够影响一个模型的性能。PMML规范的模型验证元素ModelVerification提供了一个模型输入数据集（作为验证数据集）以及对应的预期结果集，用来在模型部署环境下验证输出结果的准确性。如果产生的结果足够准确，则认为这个模型通过验证，可以应用于新环境进行预测。

为了使用模型验证，PMML模型提供者必须在模型中增加一个验证数据集，并且是训练数据集中有代表性的一个子集，包括正常情况和异常情况（如缺失数据、异常值及其他极端情形）下的数据，模型使用者可以忽略这些数据集；也可以把这个功能提供给最终用户，并把验证结果返给最终用户。验证结果可以采用多种方式展示，如对每条验证数据提供验证结果、罗列验证失败的结果集、显示最大偏差等等。

6.1 模型验证元素ModelVerification

在PMML规范中模型验证元素ModelVerification的定义如下：

```
<xs:element name="ModelVerification">
  <xs:complexType>
    <xs:sequence>
      <xs:element ref="Extension" minOccurs="0" maxOccurs="unbounded"/>
      <xs:element ref="VerificationFields"/>
      <xs:element ref="InlineTable"/>
    </xs:sequence>
    <xs:attribute name="recordCount" type="INT-NUMBER" use="optional"/>
    <xs:attribute name="fieldCount" type="INT-NUMBER" use="optional"/>
  </xs:complexType>
</xs:element>

<xs:element name="VerificationFields">
  <xs:complexType>
    <xs:sequence>
      <xs:element ref="Extension" minOccurs="0" maxOccurs="unbounded"/>
      <xs:element maxOccurs="unbounded" ref="VerificationField"/>
```

```
        </xs:sequence>
    </xs:complexType>
</xs:element>

<xs:element name="VerificationField">
    <xs:complexType>
        <xs:sequence>
            <xs:element ref="Extension" minOccurs="0" maxOccurs="unbounded"/>
        </xs:sequence>
        <xs:attribute name="field" type="xs:string" use="required"/>
        <xs:attribute name="column" type="xs:string" use="optional"/>
        <xs:attribute name="precision" type="xs:double" default="1E-6"/>
        <xs:attribute name="zeroThreshold" type="xs:double" default="1E-16"/>
    </xs:complexType>
</xs:element>
```

上面的定义显示，元素ModelVerification有两个属性：recordCount和fieldCount。其中属性recordCount表示验证集中数据的条数；属性fieldCount表示验证集中字段的个数。

元素ModelVerification由两部分组成：验证字段集元素VerificationFields和包含实际验证数据的内联表元素InlineTable。

1）验证字段集元素VerificationFields

元素VerificationFields包含了验证数据集中使用的所有字段，它由表示验证字段信息的子元素VerificationField的序列组成。这些字段包括模型输入字段以及一个或多个输出字段，并且输入字段必须与该模型的子元素MiningSchema中的字段有关。更为准确地说，输入字段必须来自属性usageType="active"或usageType="group"的挖掘字段MiningField。

理想情况下，用于输出目的的验证字段VerificationField引用输出字段OutputField，这样就可以进行多个输出字段的验证。例如：可以包含两个验证字段，其中一个引用属性feature="predictedValue"的OutputField，另外一个引用属性feature="probability"的OutputField。这意味着两个输出结果（预测值和预测概率）都可以得到验证。

通常情况下，一个验证字段VerificationField会引用属性usageType="target"的MiningField（对于PMML 4.2以前版本，usageType="predicted"），这可能会引起混淆，有的人会将此字段解释为用于训练模型的目标变量，而其他人可能会认为这就是模型的预期结果。为此PMML制定了以下规则：

➢ 只要存在引用了输出字段OutputField的验证字段VerificationField，那么其他任何引用了属性usageType="target"的挖掘字段MiningField的验证字段VerificationField均被认为是来自训练数据集的目标变量，而不是模型的预期结果；

➢ 如果不存在引用了输出字段OutputField的验证字段VerificationField，那么任何引用了属性usageType="target"的挖掘字段MiningField的验证字段VerificationField均被认为是模型的预期输出结果。

上面的规则中首先考虑前者，但后者允许尚未生成OutputFields的创建者使用模型验证。下面是一些输出字段OutputField的示例：

```
<Output>
  <OutputField name="Iris-setosa Prob" optype="continuous" dataType="double"
               targetField="response" feature="probability" value="YES"/>
  <OutputField name="Iris-setosa Pred" optype="categorical" dataType="string"
               targetField="response" feature="predictedValue"/>
  <OutputField name="Iris-setosa Display" optype="categorical"
               dataType="string" targetField="response"
               feature="predictedDisplayValue"/>
</Output>
```

2）验证数据集合（InlineTable）

这部分包含了实际的验证数据集，它们是内联表InlineTable的内容。内联表InlineTable的每一行的每一项必须匹配在验证字段集VerificationFields中指定的字段。

由于字段名称中可能包含空白字符，所以元素VerificationField的列属性column用来指定内联表中的元素名称，而其属性field可以自由选择，甚至可以与其引用的字段名称无关。

6.2 模型验证规则

分类型和定序型挖掘结果只有一个明确的值，所以评分结果必须与实际值完全匹配，但是对于一个连续型数值，如回归预测值和概率，预测的结果可能过于精确，例如对于期望值1，预测结果0.9999999可以认为是正确的结果，对于期望值0，预测结果0.1-E12（0.00000000001）可以认为是正确的结果，所以每个验证字段VerificationField都有一个精度属性precision，用于指明一个连续型数值字段的结果可以接受的范围。精度属性precision指定了一个按参考值比例给出的可接受范围，包括其左右两个边界值。

下面是预测结果可接受范围的计算公式：

$$\text{expectedValue}\times(1-\text{precision})\leqslant\text{resultValue}\leqslant\text{expectedValue}\times(1+\text{precision})$$

其中expectedValue为期望的结果值。例如，如果期望值是0.95，属性precision设置为1E-3（0.001），那么可接受的范围是：

$$0.95\times(1-0.001)\leqslant\text{resultValue}\leqslant0.95\times(1+0.005)$$

即：

$$0.9405\leqslant\text{resultValue}\leqslant0.9595$$

即可接受的范围是[0.9405, 0.9595]。

上面这种方式可以处理大范围的数值，但是如果期望值接近于0，它将会失效。为了避免这个问题，PMML规范认为所有绝对值小于零阈值zeroThreshold（一个非常小的值）的数据都被认为是0，也就是说，如果期望值大于zeroThreshold，则使用精度属性precision确定可接受的范围（忽略zeroThreshold），但是如果期望值小于或等于zeroThreshold，则预测结果只与zeroThreshold进行比较即可。

设置零阈值zeroThreshold的思想是：确定一个范围，其中的舍入误差可能远远超过任何计算结果，而zeroThreshold就指定了这个范围。例如：如果zeroThreshold是0.01，则一个期望的预测值只要小于或等于0.01，就被认为是0。使用规则如下：

如果

$$-\text{zeroThreshold}\leqslant\text{期望值}\leqslant\text{zeroThreshold}$$

并且

$$-\text{zeroThreshold}\leqslant\text{预测结果}\leqslant\text{zeroThreshold}$$

则认为预测结果是正确的（通过验证），否则不能通过验证。

如果

$$\text{expectedValue}<-\text{zeroThreshold}$$

或者

$$\text{expectedValue}>\text{zeroThreshold}$$

那么使用精度属性precision计算可接受的结果范围

根据上面的规则，表6-1列出了不同的评分情况下的处理方式，表中相关词条的解释见表6-2。

表6-1 不同评分情况下的处理方式（属性precision=0.01，zeroThreshold=0.001）

序号	expected-Value	Method	Low	High	resultValue	Verified	注释
1	0.001000	zeroThreshold	−0.001000	0.001000	0.001020	FALSE	zeroThreshold≤expectedValue≤zeroThreshold，所以使用zeroThreshold方法；但resultValue＞zeroThreshold，所以没有通过验证
2	0.001000	zeroThreshold	−0.001000	0.001000	0.001010	FALSE	zeroThreshold≤expectedValue≤zeroThreshold，所以使用zeroThreshold方法；但resultValue＞zeroThreshold，所以没有通过验证
3	0.001000	zeroThreshold	−0.00100	0.001000	0.001000	TRUE	zeroThreshold≤expectedValue≤zeroThreshold，所以使用zeroThreshold方法；zeroThreshold＜resultValue＜zeroThreshold，通过验证
4	0.001000	zeroThreshold	−0.001000	0.001000	0.000990	TRUE	zeroThreshold≤expectedValue≤zeroThreshold，所以使用zeroThreshold方法；zeroThreshold＜resultValue＜zeroThreshold，通过验证
5	0.001000	zeroThreshold	−0.001000	0.001000	0.000000	TRUE	zeroThreshold≤expectedValue≤zeroThreshold，所以使用zeroThreshold方法；zeroThreshold＜resultValue＜zeroThreshold，通过验证
6	0.001000	zeroThreshold	−0.001000	0.001000	−0.000999	TRUE	zeroThreshold≤expectedValue≤zeroThreshold，所以使用zeroThreshold方法；zeroThreshold＜resultValue＜zeroThreshold，通过验证
7	0.001000	zeroThreshold	−0.001000	0.001000	−0.001000	TRUE	zeroThreshold≤expectedValue≤zeroThreshold，所以使用zeroThreshold方法；zeroThreshold＜resultValue＜zeroThreshold，通过验证

续表

序号	expected-Value	Method	Low	High	resultValue	Verified	注释
8	0.001000	zeroThreshold	−0.001000	0.001000	−0.001001	FALSE	zeroThreshold≤expectedValue≤zeroThreshold，所以使用zeroThreshold方法；但resultValue<-zeroThreshold，所以没有通过验证
9	0.999000	precision	0.989010	1.008990	0.998980	TRUE	expectedValue>zeroThreshold，所以使用precision方法；Low≤resultValue≤High，所以通过验证
10	0.999000	precision	0.989010	1.008990	0.989010	TRUE	expectedValue>zeroThreshold，所以使用precision方法；Low≤resultValue≤High，所以通过验证
11	0.999000	precision	0.989010	1.008990	0.989000	FALSE	expectedValue>zeroThreshold，所以使用precision方法；但resultValue<Low，所以没有通过验证
12	0.999000	precision	0.989010	1.008990	1.009000	FALSE	expectedValue>zeroThreshold，所以使用precision方法；但resultValue<High，所以没有通过验证

表6-2　关于表6-1中词条的解释

precision	字段VerificationField的精度属性precision的值
zeroThreshold	字段VerificationField的零阈值属性zeroThreshold的值
expectedValue	将被验证的样本实例的期望值
Method	验证预测结果的过程方法
Low	验证范围的最小值（与验证方法有关）
High	验证范围的最大值（与验证方法有关）
resultValue	样本数据的预测结果
Verified	TRUE：验证通过；FALSE：没有通过验证

建议在生成PMML模型时，不仅将来自训练样本的随机样本数据包括在模型中，也将人为编制的数据包括进去，包括每个字段均存在缺失值的样本、分类字段中包含了训练数据中没有出现的类别标签的样本、数值型字段包含了超出该字段正常值范围的数据的样本等，以便说明模型的运行行为。

6.3 实例介绍

下面举一个关于模型验证元素ModelVerification的例子，在该例子中，采用内联表InlineTable来表达Iris（鸢尾花）数据集。字段species实际上是一个属性usageType="target"的MiningField，所以它是一个来自训练数据集中的目标变量。由于OutputField字段的存在，字段species不会被认为是一个期望的输出。从这个例子中的注释可以知道缺失值在InlineTable中直接省略相应的字段列，而零长度的字符串值在InlineTable中只是省略了相应字段列的值（保留了字段列名称）。注意有效的零长度字符串值只是针对字符串类型的字段，如果对非字符串类型的字段设置了零长度字符串，则会被视为无效值。

```
<ModelVerification recordCount="4" fieldCount="9">
  <VerificationFields>
    <!-- 下面这六个字段在MiningSchema中定义 -->
    <VerificationField field="petal length" column="petal_x0020_length"
                       precision="0.01"/>
    <VerificationField field="petal width" column="petal_x0020_Width"
                       precision="0.01"/>
    <VerificationField field="sepal length" column="sepal_x0020_length"
                       precision="0.01"/>
    <VerificationField field="sepal width" column="sepal_x0020_width"
                       precision="0.01"/>
    <VerificationField field="continent"/>
    <VerificationField field="species"/>
    <!-- 下面这四个字段在Output中定义 -->
    <VerificationField field="PredictClass"/>
    <VerificationField field="Iris-setosa Prob" column="Iris-setosa_x0020_Prob"
                       precision="0.005"/>
```

```
    <VerificationField field="Iris-versicolor Prob"
                       column="Iris-versicolor_x0020_Prob"/>
    <VerificationField field="Iris-virginica Prob"
                       column="Iris-virginica_x0020_Prob"
                       zeroThreshold="0.002"/>
  </VerificationFields>
  <InlineTable>
    <row>
      <petal_x0020_length>1.4</petal_x0020_length>
      <petal_x0020_width>0.2</petal_x0020_width>
      <sepal_x0020_length>1.4</sepal_x0020_length>
      <sepal_x0020_width>0.2</sepal_x0020_width>
      <continent>africa</continent>
      <species>Iris-setosa</species>
      <PredictClass>Iris-setosa</PredictClass>
      <Iris-setosa_x0020_Prob>0.62</Iris-setosa_x0020_Prob>
      <Iris-versicolor_x0020_Prob>0.30</Iris-versicolor_x0020_Prob>
      <Iris-virginica_x0020_Prob>0.08</Iris-virginica_x0020_Prob>
    </row>
    <row>
      <petal_x0020_length>4.7</petal_x0020_length>
      <petal_x0020_width>1.4</petal_x0020_width>
      <sepal_x0020_length>7.0</sepal_x0020_length>
      <!-- 本行中字段"sepal width"具有缺失值 -->
      <!-- 本行中字段"continent"的值是零长度 -->
      <continent/>
      <species>Iris-versicolor</species>
      <PredictClass>Iris-setosa</PredictClass>
      <Iris-setosa_x0020_Prob>0.43</Iris-setosa_x0020_Prob>
      <Iris-versicolor_x0020_Prob>0.39</Iris-versicolor_x0020_Prob>
      <Iris-virginica_x0020_Prob>0.18</Iris-virginica_x0020_Prob>
    </row>
```

```
    <row>
      <petal_x0020_length>4.7</petal_x0020_length>
      <petal_x0020_width>1.4</petal_x0020_width>
      <!-- 本行中字段"sepal length"具有缺失值 -->
      <sepal_x0020_width>0.2</sepal_x0020_width>
      <!-- 本行中字段"continent"具有缺失值 -->
      <species>Iris-versicolor</species>
      <PredictClass>Iris-setosa</PredictClass>
      <Iris-setosa_x0020_Prob>0.43</Iris-setosa_x0020_Prob>
      <Iris-versicolor_x0020_Prob>0.39</Iris-versicolor_x0020_Prob>
      <Iris-virginica_x0020_Prob>0.18</Iris-virginica_x0020_Prob>
    </row>
    <row>
      <petal_x0020_length>4.7</petal_x0020_length>
      <petal_x0020_width>1.4</petal_x0020_width>
      <sepal_x0020_length>7.0</sepal_x0020_length>
      <sepal_x0020_width>0.2</sepal_x0020_width>
      <continent>asia</continent>
      <species>Iris-versicolor</species>
      <!-- 本行中字段"PredictClass"具有缺失值 -->
      <Iris-setosa_x0020_Prob>0.609</Iris-setosa_x0020_Prob>
      <Iris-versicolor_x0020_Prob>0.39</Iris-versicolor_x0020_Prob>
      <Iris-virginica_x0020_Prob>0.001</Iris-virginica_x0020_Prob>
    </row>
  </InlineTable>
</ModelVerification>
```

下面的代码是和上面的代码基本一样，不同点是这个模型没有定义输出字段OutputField。所以在元素MiningSchema中定义的species字段就代表了预期的输出。

```
<ModelVerification recordCount="4" fieldCount="5">
  <VerificationFields>
    <!-- 下面这六个字段在MiningSchema中定义 -->
    <VerificationField field="petal length" column="petal_x0020_length"
```

```
                         precision="0.01"/>
      <VerificationField field="petal width" column="petal_x0020_Width"
                         precision="0.01"/>
      <VerificationField field="sepal length" column="sepal_x0020_length"
                         precision="0.01"/>
      <VerificationField field="sepal width" column="sepal_x0020_width"
                         precision="0.01"/>
      <VerificationField field="continent"/>
      <VerificationField field="species"/>
    </VerificationFields>
    <InlineTable>
      <row>
        <petal_x0020_length>1.4</petal_x0020_length>
        <petal_x0020_width>0.2</petal_x0020_width>
        <sepal_x0020_length>1.4</sepal_x0020_length>
        <sepal_x0020_width>0.2</sepal_x0020_width>
        <continent>africa</continent>
        <species>Iris-setosa</species>
      </row>
      <row>
        <petal_x0020_length>4.7</petal_x0020_length>
        <petal_x0020_width>1.4</petal_x0020_width>
        <sepal_x0020_length>7.0</sepal_x0020_length>
        <!-- 本行中字段"sepal width"具有缺失值 -->
        <!-- 本行中字段"continent"的值是零长度 -->
        <continent/>
        <species>Iris-versicolor</species>
      </row>
      <row>
        <petal_x0020_length>4.7</petal_x0020_length>
        <petal_x0020_width>1.4</petal_x0020_width>
        <!-- 本行中字段"sepal length"具有缺失值 -->
```

```
      <sepal_x0020_width>0.2</sepal_x0020_width>
      <!-- 本行中字段"continent"具有缺失值 -->
      <species>Iris-versicolor</species>
    </row>
    <row>
      <petal_x0020_length>4.7</petal_x0020_length>
      <petal_x0020_width>1.4</petal_x0020_width>
      <sepal_x0020_length>7.0</sepal_x0020_length>
      <sepal_x0020_width>0.2</sepal_x0020_width>
      <continent>asia</continent>
      <species>Iris-versicolor</species>
    </row>
  </InlineTable>
</ModelVerification>
```

对于一个依赖“组数据”输入的模型来说，针对模型验证需要做特殊的处理。这种模型的输入通常是一组项目Item的集合（称为项集Itemset），所以需要多条验证记录来表示单条模型输入。下面的例子展示了在关联规则模型中如何使用验证记录的情形。在对验证记录进行评分时，基于属性usageType="group"的字段进行分组，本例中这个字段为“OrderID”，所以本例中的验证记录表示两条输入项集Itemset：“Cracker, Coke, Water”和“Cracker, Banana”。注意：这类模型的输出也要做特殊的处理。由于后项输出也是一个项集Itemset，所以预测结果也需要多条验证记录。在这个例子中，第一条验证记录预测的项集是“Nachos，Banana”，第二条验证记录预测的项集是“Pear”，所需记录的数量取决于两个项集中项目个数较多的一个。而对于单个值（如ruleId、support等）组成的输出类型，预测值只能出现在其中一条记录中。请看代码：

```
<ModelVerification fieldCount="3" recordCount="5">
  <VerificationFields>
    <VerificationField column="MVField1" field="OrderID"/>
    <VerificationField column="MVField2" field="Product"/>
    <VerificationField column="MVField3" field="Rule Id"/>
    <VerificationField column="MVField4" field="Consequent"/>
  </VerificationFields>
  <InlineTable>
    <row>
```

```
      <MVField1>1</MVField1>
      <MVField2>Cracker</MVField2>
      <MVField3>1</MVField3>
      <MVField4>Nachos</MVField4>
    </row>
    <row>
      <MVField1>1</MVField1>
      <MVField2>Coke</MVField2>
      <MVField3/>
      <MVField4>Banana</MVField4>
    </row>
    <row>
      <MVField1>1</MVField1>
      <MVField2>Water</MVField2>
      <MVField3/>
      <MVField4/>
    </row>
    <row>
      <MVField1>2</MVField1>
      <MVField2>Cracker</MVField2>
      <MVField3>3</MVField3>
      <MVField4/>
    </row>
    <row>
      <MVField1>2</MVField1>
      <MVField2>Banana</MVField2>
      <MVField3/>
      <MVField4>Pear</MVField4>
    </row>
  </InlineTable>
</ModelVerification>
```

本章小结

模型验证是保证挖掘模型具有可移植性的重要手段，也是PMML跨平台特性的重要体现。所以需要一种机制保证模型部署到不同环境中时，模型的预测结果与其在模型构建环境中产生的结果一致。在PMML规范中，通过一个具有代表性的模型输入和模型预期输出的示例集，模型使用者就可以在部署环境中进行验证，测试在具有相同输入的情况下挖掘模型能否在新系统中产生与开发系统中同样的输出结果，如果产生了相同的输出结果，则认为该模型通过了验证，随时可投入应用。

本章重点内容如下。

➢ 模型验证元素ModelVerification：该元素为验证数据集提供了一个框架。

➢ 验证字段集VerificationFields：定义了验证数据集中使用的所有字段，它由表示验证字段信息的子元素VerificationField的序列组成。这些字段包括模型输入字段以及一个或多个输出字段，并且输入字段必须与该模型的子元素MiningSchema中的字段有关。

➢ 验证数据集合InlineTable：实际的验证数据集包含在内联表InlineTable内。它每一行的每一项必须匹配在验证字段集VerificationFields指定的字段。

➢ 模型验证规则：对于分类型和定序型挖掘结果来说，它们的结果值只有一个明确的值，所以评分结果必须与实际值完全匹配。对于连续型数值来说，通过验证字段VerificationField精度属性precision来控制，用于指明一个连续型数值字段的结果可以接受的范围。属性precision指定了一个按参考值比例给出的可接受范围，包括其左右两个边界值。

➢ 对于依赖“组数据”输入的模型来说，需要做特殊处理：例如关联规则模型的输入通常是一组项目Item的集合（称为项集Itemset），需要多条验证记录来表示单条模型输入；另外这类模型的输出也需要做特殊处理。

在下一章，我们将介绍挖掘模型的另一个重要元素：模型解释元素ModelExplanation。

7 模型解释

前面我们已经讲过，在机器学习的过程中，通常把样本数据分为两个数据集：一个用来构建模型，称为训练数据集；另一个用来验证模型的准确性、可靠性和普适性，称为测试数据集。

模型解释定义了将测试数据应用于挖掘模型时获得的各种性能度量指标（与训练数据对应）。这些度量指标包括字段相关性、混淆矩阵、提升图（增益图）及接收者操作特征（ROC）曲线图等。本章将介绍与模型解释相关的八个主题：

- 单元统计元素UnivariateStats；
- 分区元素Partition；
- 预测模型质量元素PredictiveModelQuality；
- 聚类模型质量元素ClusteringModelQuality；
- 混淆矩阵；
- 接收者操作特征曲线ROC；
- 增益图/提升图；
- 字段相关性指标。

在PMML规范中，模型解释信息统一由模型解释元素ModelExplanation组织。该元素的定义如下：

```
<xs:element name="ModelExplanation">
  <xs:complexType>
    <xs:sequence>
      <xs:element ref="Extension" minOccurs="0" maxOccurs="unbounded"/>
      <xs:choice>
        <xs:element ref="PredictiveModelQuality" minOccurs="0"
                              maxOccurs="unbounded"/>
        <xs:element ref="ClusteringModelQuality" minOccurs="0"
                              maxOccurs="unbounded"/>
      </xs:choice>
      <xs:element ref="Correlations" minOccurs="0"/>
    </xs:sequence>
  </xs:complexType>
</xs:element>
```

在这个定义中，元素ModelExplanation可以包含两种组合：一种是子元素PredictiveModelQuality和Correlations的组合；另外一种是子元素ClusteringModelQuality和Correlations的组合。实际上这两种组合代表了机器学习的两种类别：预测类和描述类（主要指聚类模型）。其中预测类的代表性模型有回归、分类等；描述类的代表性模型有聚类、关联规则等。

子元素PredictiveModelQuality代表预测类模型质量指标；而子元素ClusteringModelQuality则代表聚类模型质量指标。另外，子元素Correlations代表模型中字段间的关系指标，这是两类模型中都可以存在的信息。

7.1 单变量统计元素UnivariateStats

单变量统计元素UnivariateStats提供了MiningField的统计信息。这个元素在前面已做了详细描述。

7.2 分区元素Partition

分区元素Partition提供一个样本子集的统计信息。例如在聚类模型中，一个定义在元素Cluster中的Partition元素提供了所有隶属于某个类别的样本数据的统计信息；在树分类模型中，一个定义在节点元素Node中的Partition元素给出了隶属于这个Node的样本子集的值分布统计信息。同样，元素TargetValue中定义的Partition元素则提供了挖掘模型预测值对应记录的详细分布信息。

与元素UnivariateStats一样，分区元素Partition也是定义在统计信息（ModelStats）部分，前面已经做了详细讲解。

7.3 预测模型质量指标元素PredictiveModelQuality

元素PredictiveModelQuality是对多种元素的封装，这些元素一起展示了一个预测模型的质量。我们知道，使用任何满足元素MiningSchema定义的字段要求的数据集，都可以重新计算一个预测模型的质量指标，所以PredictiveModelQuality元素也包括了计算质量指标所需数据集的信息。

在PMML规范中，元素PredictiveModelQuality的定义如下：

```
<xs:element name="PredictiveModelQuality">
  <xs:complexType>
    <xs:sequence>
      <xs:element ref="Extension" minOccurs="0" maxOccurs="unbounded"/>
```

```
        <xs:element ref="ConfusionMatrix" minOccurs="0"/>
        <xs:element ref="LiftData" minOccurs="0" maxOccurs="unbounded"/>
        <xs:element ref="ROC" minOccurs="0"/>
      </xs:sequence>
      <xs:attribute name="targetField" type="xs:string" use="required"/>
      <xs:attribute name="dataName" type="xs:string" use="optional"/>
      <xs:attribute name="dataUsage" default="training">
        <xs:simpleType>
          <xs:restriction base="xs:string">
            <xs:enumeration value="training"/>
            <xs:enumeration value="test"/>
            <xs:enumeration value="validation"/>
          </xs:restriction>
        </xs:simpleType>
      </xs:attribute>
      <xs:attribute name="meanError" type="NUMBER" use="optional"/>
      <xs:attribute name="meanAbsoluteError" type="NUMBER" use="optional"/>
      <xs:attribute name="meanSquaredError" type="NUMBER" use="optional"/>
      <xs:attribute name="rootMeanSquaredError" type="NUMBER" use="optional"/>
      <xs:attribute name="r-squared" type="NUMBER" use="optional"/>
      <xs:attribute name="adj-r-squared" type="NUMBER" use="optional"/>
      <xs:attribute name="sumSquaredError" type="NUMBER" use="optional"/>
      <xs:attribute name="sumSquaredRegression" type="NUMBER" use="optional"/>
      <xs:attribute name="numOfRecords" type="NUMBER" use="optional"/>
      <xs:attribute name="numOfRecordsWeighted" type="NUMBER" use="optional"/>
      <xs:attribute name="numOfPredictors" type="NUMBER" use="optional"/>
      <xs:attribute name="degreesOfFreedom" type="NUMBER" use="optional"/>
      <xs:attribute name="fStatistic" type="NUMBER" use="optional"/>
      <xs:attribute name="AIC" type="NUMBER" use="optional"/>
      <xs:attribute name="BIC" type="NUMBER" use="optional"/>
      <xs:attribute name="AICc" type="NUMBER" use="optional"/>
    </xs:complexType>
  </xs:element>
```

对于定义中的子元素ConfusionMatrix、LiftData、ROC，我们在本节后面详细介绍。这里先介绍一下各个属性的含义：

➢ 属性targetField：指定模型质量信息对应的字段。这对多目标变量（字段）的模型特别有用。

➢ 属性dataName：指定计算模型质量信息时用到的数据集的名称。

➢ 属性dataUsage：指定计算模型质量信息时所处的阶段。可取training、validation、test三个值之一。其中training指最初的模型构建阶段；Validation指模型构建时的验证任务阶段；test指模型构建完毕，基于测试数据的应用阶段。

➢ 属性numOfRecords：表示不考虑记录权重情况下的样本数量（与属性dataUsage相对应）。

➢ 属性numOfRecordsWeighted：表示考虑记录权重情况下的样本数量（与属性dataUsage相对应）。

➢ 属性numOfPredictors：表示模型中使用到的预测变量（自变量）个数。

➢ 属性degreesOfFreedom：表示模型的自由度。

degreesOfFreedom = numOfRecords - numOfPredictors - 1

➢ 属性meanError：表示预测误差和的平均值。计算公式如下：

$$\text{meanError}=\frac{1}{n}\sum_{i=1}^{n}(f_i-y_i)$$

式中，f_i为第i个y的预测值，y_i为第i个y的实际值，n=numOfRecords。

➢ 属性meanAbsoluteError：表示预测误差绝对值和的平均值，用MAE表示。

$$\text{MAE}=\frac{1}{n}\sum_{i=1}^{n}|f_i-y_i|=\frac{1}{n}\sum_{i=1}^{n}|e_i|$$

式中，$e_i=f_i-y_i$；如果记录的权重因子存在，将参与MAE的计算。

➢ 属性meanSquaredError：表示误差平方和的平均值，用MSE表示。

$$\text{MSE}=\frac{1}{n}\sum_{i=1}^{n}(f_i-y_i)^2$$

➢ 属性rootMeanSquaredError：表示MSE的平方根，也称为标准误差，用RMSE表示。

$$\text{RMSE}=\sqrt{\text{MSE}}$$

➢ 属性r-squared：表示模型的拟合优度，用RSQ表示，说明自变量能够解释因变量变化的百分比。这个值越大越好。

$$\text{RSQ}=1-\frac{\sum_{i=1}^{n}(y_i-f_i)^2}{\sum_{i=1}^{n}(y_i-\overline{y})^2}$$

式中，$\overline{y}$是目标变量y的平均值。

➤ 属性adj-r-squared：表示调和（调整后的）RSQ：

$$调和\text{RSQ}=1-\frac{(1-\text{RSQ})(n-1)}{n-np-1}=1-\frac{(1-\text{RSQ})(n-1)}{\text{degreesOfFreedom}}$$

式中np是numOfPredictors。

➤ 属性sumSquaredError：表示误差平方和（也称为残差平方）,用SSE表示。

$$\text{SSE}=\sum_{i=1}^{n}(f_i-y_i)^2$$

➤ 属性sumSquaredRegression：表示回归目标变量总的离差平方，用SSR表示。

$$\text{SSR}=\sum_{i=1}^{n}(y_i-\overline{y})^2$$

➤ 属性fStatistic：F统计量，用于确定观测到的因变量和自变量之间的关系是否是由偶然因素引起的。

➤ 属性AIC：阿卡克信息标准（Akaike information criterion），也称为赤池信息准则，它是由日本统计学家赤池弘次（Akaike）创立的，是一种衡量一个统计模型拟合优度的指标，用于最优模型的选择。一般情况下其值为：

$$\text{AIC}=2k-2\ln(L)$$

式中，k为统计模型中的参数个数；L是估计模型的似然函数的最大值。

AIC指标可以评估一个统计模型的相对支持度。在实际应用中，给定一组候选模型，并计算每个模型的AIC值。由于在计算过程中使用了其中一个候选模型来表示“真实”的模型，所以信息损失是不可避免的。我们的目标是从R个候选模型中选出信息损失最小的模型。虽然我们不能精确地做到这一点，但是我们可以将估计的信息损失降到最低。我们用AIC_1、AIC_2、AIC_3、…、AIC_R表示这R个候选模型的AIC值，设$\text{AIC}_{\min}$是其中的最小值。则指标$e^{\frac{\text{AIC}_{\min}-\text{AIC}_i}{2}}$可被解释为第$i$个模型最小化估计信息损失的概率。

➤ 属性BIC：贝叶斯信息标准（Bayesian information criterion，也称Schwartz criterion），是Schwartz在1978年提出的。对参数个数的惩罚项比AIC更强。这个指标也是用于最优模

型的选择

➢ 属性AIC_C：是对小样本进行了修正的AIC版本。

$$AIC_C=AIC+\frac{2k(k+1)}{n-k-1}$$

式中，k为模型的参数个数。

在下面的代码中，针对目标字段salary的模型质量信息是在训练阶段基于名称为“MyData”的数据集进行计算的。

```
<PredictiveModelQuality targetField="salary" dataName="MyData"
          dataUsage="training" meanError="0.01" meanAbsoluteError="123.4"
          meanSquaredError="234567.8">
...

</PredictiveModelQuality>
```

7.4 聚类模型质量指标元素ClusteringModelQuality

我们知道聚类算法分为三大类：原型聚类、密度聚类和层次聚类。原型聚类的原理是首先确定原型（样本空间中具有代表性的点），对原型进行初始化，然后基于距离计算对原型进行迭代更新求解。例如K-means是一个典型的原型聚类算法，其初始的K个样本便是它的原型向量；密度聚类是根据样本分布的紧密程度确定每个类别，例如DBSCAN就是一种典型的密度聚类算法；层次聚类的目标是在不同层次对样本数据集进行划分，从而形成树形的聚类结构。

聚类模型质量指标元素ClusteringModelQuality提供了聚类模型的质量信息。在PMML规范中这些信息是基于原型聚类算法进行计算的。同元素PredictiveModelQuality类似，该元素也包括了计算质量指标所需数据集的信息。

元素ClusteringModelQuality在PMML规范中的定义如下：

```
<xs:element name="ClusteringModelQuality">
  <xs:complexType>
    <xs:attribute name="dataName" type="xs:string" use="optional"/>
    <xs:attribute name="SSE" type="NUMBER" use="optional"/>
    <xs:attribute name="SSB" type="NUMBER" use="optional"/>
  </xs:complexType>
</xs:element>
```

在这个定义中，元素ClusteringModelQuality只有三个属性：dataName、SSE和SSB。它们的含义如下：

➢ 属性dataName：指定计算聚类模型质量指标时用到的数据集名称。

➢ 属性SSE：SSE是Sum of the Squared Errors的简写，称为簇内离差平方和，是一个衡量模型本身的耦合程度的指标。它是点到其所属簇中心的欧几里得距离之和：

$$SSE=\sum_{i=1}^{K}\sum_{x \varepsilon C_i} dist(c_i, x)^2$$

式中，x是隶属于类别（簇）C_i的样本；c_i是类别（簇）C_i的中心点；K是类别（簇）的数量。

例如，在运用K-Means聚类算法时，需要随机选择初始化的中心点。如果中心点选择不合适，可能会导致聚类的效果太差或收敛速度慢等问题，一个比较合适的解决办法是：在一个数据集上多次运行K-Means算法，根据SSE指标来选择性能最好的模型。SSE指标越小，模型越好。

➢ 属性SSB：SSB是Sum of Squares Between Clusters的简写，称为簇间离差平方和，它是一个基于原型的簇间分离程度的指标。其计算公式如下：

$$SSB=\sum_{i=1}^{K} m_i dist(c_i, c)^2$$

式中，m_i是类别（簇）C_i的大小；c是总体平均值。SSB越大，说明簇之间的分离度越好，聚类效果越好。

注意：只有当所有输入都是数值型数据或已经被规范化后，SSE和SSB才有意义。

7.5 混淆矩阵

混淆矩阵评价的是模型在总体样本中的表现，用来揭示对分类模型预测能力的评价结果。混淆矩阵是一个N阶方阵，N为目标值类别标签的数量。在实际应用中，二分类模型最为常见，因此我们以二分类模型为例介绍混淆矩阵的相关知识。

7.5.1 混淆矩阵基本知识

表7-1所示是二分类模型的混淆矩阵，也称四格表。二分类模型应用非常广泛，例如运营商预测用户是否流失、银行判断是否可以给用户办理信用卡、某个客户的一笔

银行贷款申请是否应该通过、根据照片判断是否是目标人物等都是二分类模型的应用场景。通常情况下，为了研究和表达方便，我们把二分类模型的结果类别抽象化为Positive（阳性、正例）、Negative（阴性、负例）两种结果。至于把哪种类别（标签）抽象化为阳性（Positive）、哪种类别抽象化为阴性（Negative），完全由使用者根据业务倾向自己决定，比如可把用户流失抽象为正例（Positive），把客户银行贷款申请通过抽象为正例（Positive）等等。

表7-1　二分类模型的混淆矩阵

<table>
<tr><td colspan="2" rowspan="2"></td><td colspan="2">实际情况</td><td colspan="2" rowspan="2"></td></tr>
<tr><td>Positive</td><td>Negative</td></tr>
<tr><td rowspan="2">模型预测</td><td>Positive</td><td>TP</td><td>FP</td><td>阳性预测率</td><td>TP/（TP+FP）</td></tr>
<tr><td>Negative</td><td>FN</td><td>TN</td><td>阴性预测率</td><td>TN/（FN+TN）</td></tr>
<tr><td colspan="2" rowspan="2"></td><td>敏感度（召回率）</td><td>特异度</td><td colspan="2" rowspan="2">正确率＝（TP+TN）/（TP+FN+FP+TN）</td></tr>
<tr><td>TP/（TP+FN）</td><td>TN/（FP+TN）</td></tr>
</table>

图中各字母组合代表的含义如下：

- TP：True Positives，真阳性。样本的真实类别是正例，并且模型预测的结果也是正例的样本数目；
- FP：False Positives，假阳性。样本的真实类别是负例，但是模型将其预测成正例的样本数目；
- FN：False Negatives，假阴性。样本的真实类别是正例，但是模型将其预测成负例的样本数目；
- TN：True Negatives，真阴性。样本的真实类别是负例，并且模型预测的结果也是负例的样本数目。

基于混淆矩阵的数据，派生出下面几个非常重要的模型评价指标，其中Total＝TP+FN+FP+TN，代表所有样本的数量。

（1）正确率（Accuracy）：被正确分类的样本比率，计算公式为

$$正确率=(TP+TN)/Total$$

（2）错误率（Misclassification/Error Rate）：被错误分类的样本比率，计算公式为

$$错误率=(FP+FN)/Total=1-正确率$$

（3）真阳性率TPR（True Positive Rate），也称为敏感度（sensitivity）、召回率（recall）、命中率（hit rate）：分类模型预测为正例且实际也为正例的样本占所有正例样本的比率，描述了分类模型对正例类别的敏感程度。评价的是模型在正例样本集合上的表现。其计算公式为

$$TPR=TP/(TP+FN)$$

式中，TP+FN代表实际为正例的样本数量。

（4）假阳性率FPR（False Positive Rate）：分类模型预测为正例但实际为负例的样本占所有负例样本的比率，评价的是模型在负例样本集合上的表现，计算公式为

$$FPR = FP/(FP + TN)$$

式中，FP+TN代表实际为负例的样本数量。

（5）特异度（Specificity），也称选择度（selectivity）、真阴性率TNR（true negative rate）：实际是负例，预测结果也是负例的样本占所有负例样本的比率，描述了分类模型对负例类别的敏感程度。其计算公式为

$$特异度 = TN/(FP+TN) = 1-FP/(FP+TN) = 1-假阳性率$$

（6）阳性预测率PPR（Positive Predictive Rate），即精确率或精度（Precision）：在所有判别为正例的结果中，真正的正例所占的比率，计算公式为

$$PPR = TP/(TP+FP)$$

（7）阴性预测率NPR（Negative Predictive Rate）：在所有判别为负例的结果中，真正的负例所占的比率，计算公式为

$$NPR = TN/(FN+TN)$$

（8）流行程度（Prevalence）：正例在样本中所占的比例，计算公式为

$$流行程度 = (TP+FN)/Total$$

（9）F1评分（F1 Score）：精确率和召回率的调和平均数，也就是阳性预测率和真阳性率的调和平均数，计算公式为

$$F1 = 2 \times 阳性预测率 \times 真阳性率 = 2TP/(2TP+FP+FN)$$

实际上，接收者操作特征曲线ROC反映的就是真阳性率TPR和假阳性率FPR之间的变化关系。ROC曲线越趋近于左上角，预测结果越准确。

7.5.2 混淆矩阵元素ConfusionMatrix

混淆矩阵元素ConfusionMatrix用于分类模型的结果展示，能够使用户对正确和不正确的预测结果有一个整体把握。在PMML规范中，元素ConfusionMatrix的定义如下：

```
<xs:element name="ConfusionMatrix">
  <xs:complexType>
    <xs:sequence>
      <xs:element ref="Extension" minOccurs="0" maxOccurs="unbounded"/>
```

```
      <xs:element ref="ClassLabels"/>
      <xs:element ref="Matrix"/>
    </xs:sequence>
  </xs:complexType>
</xs:element>

<xs:element name="ClassLabels">
  <xs:complexType>
    <xs:sequence>
      <xs:element ref="Extension" minOccurs="0" maxOccurs="unbounded"/>
      <xs:group ref="STRING-ARRAY"/>
    </xs:sequence>
  </xs:complexType>
</xs:element>
```

从这个定义中可以看出，元素ConfusionMatrix可以包括类别标签子元素ClassLabels和矩阵子元素Matrix。其中ClassLabels指定了混淆矩阵所使用的类别标签。注意：在一个测试结果中，可能出现训练数据中没有的类别标签。

矩阵子元素Matrix的行列单元给出了各种类别标签下的值序列。矩阵的行代表的是模型预测值，列代表的是样本实际的值。矩阵必须是方阵，并且行数或列数必须等于ClassLabels的元素数目，行列单元数值必须是整数。

下面的例子是一个预测客户居住区域的分类模型，其混淆矩阵相关数据如表7-2所示。

表7-2　预测客户居住区域的分类模型的混淆矩阵相关数据

混淆矩阵		实际情况		
	区域	郊区	城区	农村
模型预测	郊区	84	19	25
	城区	14	123	17
	农村	7	42	176

其对应的PMML代码如下：

```
<ConfusionMatrix>
  <ClassLabels>
    <Array type="string" n="3">suburban urban rural</Array>
  </ClassLabels>
```

```
    <Matrix>
      <Array type="int" n="3"> 84 19 25</Array>
      <Array type="int" n="3"> 14 123 17</Array>
      <Array type="int" n="3"> 7 42 176</Array>
    </Matrix>
</ConfusionMatrix>
```

在这个混淆矩阵中，有84个“郊区”样本实例被正确地预测为“郊区”；有17个“农村”样本实例被错误地预测为“城区”，同样有7个“郊区”样本实例被错误地预测为“农村”。

混淆矩阵是很多指标图形的数据基础，像ROC曲线、增益图和提升图等都是以此数据为基础的可视化展现。

7.6 接收者操作特征曲线ROC

7.6.1 ROC基本知识

ROC（Receiver Operating Characteristic graph）曲线通常用在二分类模型中，用于评估一个或多个模型的性能。

ROC曲线反映了在不同的判别阈值下真阳性率TPR（灵敏度）和假阳性率FPR之间的关系，是模型的敏感性和特异性之间的一种权衡。

我们知道，分类模型在应用中都会计算得出一个样本实例属于正例（阳性）的概率值或评分值，这个值越高，表示分类模型越肯定地判定这个样本是一个正例样本，而判别阈值则是分类模型确定一个样本实例属于正例的最小概率或最小评分值，通常由用户设置确定。所以，绘制ROC曲线的关键是判别阈值的确定。

图7-1为基于同一批训练数据的不同分类模型的ROC曲线示意图。

在图7-1中，虚线代表一个随机分类模型的预测结果，表示该分类器随机猜测的正样本和负样本。

我们知道，对于一个给定的分类模型和测试数据集，最终用户只能得到一个分类结果，即一组FPR和TPR，而绘制一条曲线需要一系列FPR和TPR值。在绘制ROC曲线时，我们首先通过分类模型获取每个样本的概率输出（或评分值），然后按照这个概率或评分值从大到小进行排序（倒排序），并同时使用每个概率或评分值作为判别阈值，这样我们就确定了一系列判别阈值。

一旦确定了判别阈值，后面的步骤就是流程化的了。下面我们通过实例说明如何绘制ROC曲线。

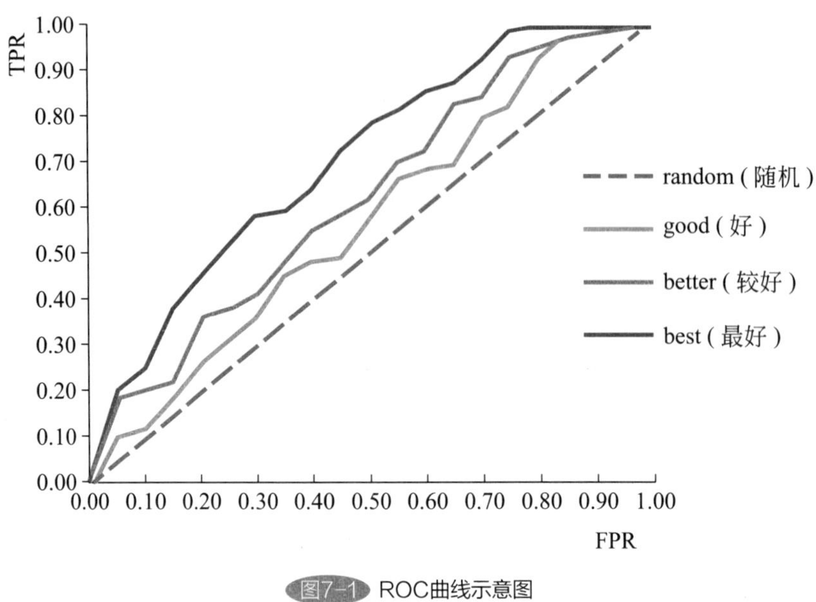

图7-1 ROC曲线示意图

假设有一个分类模型clsfrA，表7-3列出了相关的样本实例（表中的数据已按score倒排序过），共有18个测试样本，其中“id”是样本实例的编号，“class”表示样本实际的标签（P表示正例，N表示负例），“score”表示分类模型clsfrA预测的每个样本属于正例的概率值。可以想象，如果给定一个判别阈值，如0.8，只有前三个样本会被预测为正例，而其他样本均会被预测为负例。

表7-3 样本实例

id	score	class	id	score	class
1	0.99	P	10	0.44	P
2	0.82	P	11	0.42	N
3	0.8	N	12	0.35	N
4	0.73	P	13	0.32	N
5	0.72	N	14	0.22	N
6	0.71	P	15	0.11	P
7	0.65	P	16	0.1	N
8	0.56	N	17	0.08	N
9	0.48	N	18	0.03	N

根据表7-3中的数据绘制ROC曲线：

（1）按照score值从大到小进行排序（倒排序），以方便计数和计算TPR、FPR；

（2）把第i个score值作为判别阈值threshold。这里i是一个变量，从i=1开始计数，其最大取值为样本数据中不同score值的个数，在这个例子中i的最大值是18；一旦确定了判别阈值threshold，则18个样本的预测标签会发生变化。遍历所有样本，如果一个样本的概率值score大于等于这个threshold，则其新的预测标签为P（正例），否则为N（负例）；

（3）根据（2）的结果计算FPR、TPR的值；

（4）把i值加1，循环（2）、（3）步骤。这样对每一个阈值可以计算出一组FPR、TPR值。本例中可以得到18组数据。因为每个样本的score都不同，实际应用中可能有所不同）

（5）当判断阈值threshold设置为1和0时，可以得到ROC曲线上的（0, 0）和（1, 1）两个端点；

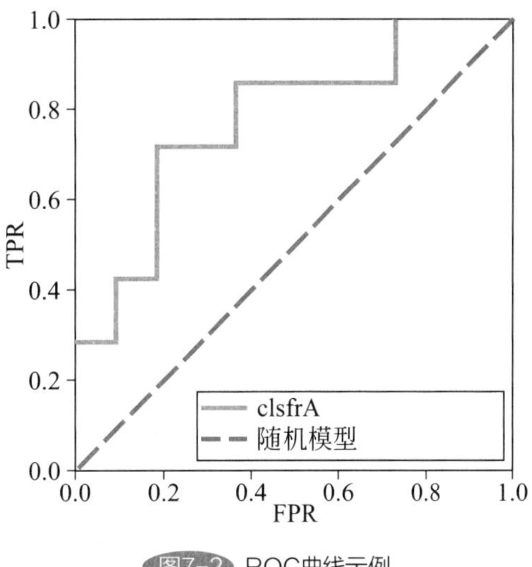

图7-2 ROC曲线示例

（6）根据上面步骤获得的一系列（FPR,TPR）点，绘制ROC曲线，如图7-2所示。

在上面的例子中，由于数据点不多，所以曲线会有锯齿现象。随着样本数据的增多，曲线会越来越平滑。ROC曲线具有以下特点：

- 它显示了敏感度和特异度之间的权衡关系（敏感度的增加将伴随着特异度的降低）；
- 一个模型的ROC曲线越靠近左边界和上边界，说明模型分类越准确；
- 一个模型的ROC曲线越接近45度对角线，说明模型分类越不准确；
- ROC曲线中，切分点处的切线斜率就是该测试值的阳性似然比LR（likelihood ratio，LR＝TPR/FPR）。从（0,0）到（1,1），似然比从大到小单调递减；
- ROC曲线下面积AUC（Area Under Curve）是分类模型预测结果正确率（Accuracy）的度量指标。

7.6.2 ROC曲线元素ROC

在PMML规范中使用元素ROC来表示ROC曲线，其定义代码如下：

```
<xs:element name="ROC">
  <xs:complexType>
    <xs:sequence>
      <xs:element ref="Extension" minOccurs="0" maxOccurs="unbounded"/>
      <xs:element ref="ROCGraph"/>
    </xs:sequence>
```

```
    <xs:attribute name="positiveTargetFieldValue" type="xs:string"
                      use="required"/>
    <xs:attribute name="positiveTargetFieldDisplayValue" type="xs:string"/>
    <xs:attribute name="negativeTargetFieldValue" type="xs:string"/>
    <xs:attribute name="negativeTargetFieldDisplayValue" type="xs:string"/>
  </xs:complexType>
</xs:element>
```

在这个定义中，元素ROC包含了一个子元素ROCGraph，并且具有四个属性：

- 属性positiveTargetFieldValue：指定正例（阳性）的类标签值；
- 属性positiveTargetFieldDisplayValue：属性positiveTargetFieldValue的更规范化的描述名称；
- 属性negativeTargetFieldValue：与属性positiveTargetFieldValue相对，指定了负例（阴性）的类标签值；
- 属性negativeTargetFieldDisplayValue：属性negativeTargetFieldValue的更规范化的描述名称。

子元素ROCGraph则包含了绘制图形所需的数据，其定义代码如下：

```
<xs:element name="ROCGraph">
  <xs:complexType>
    <xs:sequence>
      <xs:element ref="Extension" minOccurs="0" maxOccurs="unbounded"/>
      <xs:element ref="XCoordinates"/>
      <xs:element ref="YCoordinates"/>
      <xs:element ref="BoundaryValues" minOccurs="0"/>
    </xs:sequence>
  </xs:complexType>
</xs:element>
```

在这个元素中，横坐标元素XCoordinates提供了FPR的数据，纵坐标元素YCoordinates则提供了TPR的数据。另外一个子元素BoundaryValues则指定了不同判别阈值（或下限）。

在ROC曲线图中，点（0，0）与最高分数相关联，因此与最高限制相关联，它代表一个把所有样本实例预测为负例的二分类模型；而点（1，1）与最低分数相关联，因此与最低限度相关联，它代表一个把所有样本预测为正例的二分类模型。

下面的例子是关于一个二分类模型的ROC数据：

```
<ROC positiveTargetFieldValue="1" negativeTargetFieldValue="0">
  <ROCGraph>
    <XCoordinates>
      <Array type="real" n="6">0.13 0.2 0.28 0.56</Array>
    </XCoordinates>
    <YCoordinates>
      <Array type="real" n="6">0.54 0.75 0.86 0.93</Array>
    </YCoordinates>
    <BoundaryValues>
      <Array type="real" n="6">0.8 0.6 0.4 0.2</Array>
    </BoundaryValues>
  </ROCGraph>
</ROC>
```

图7-3是上面代码对应的ROC曲线图，它描绘了真阳性（益处）和误报（成本）之间的权衡关系。

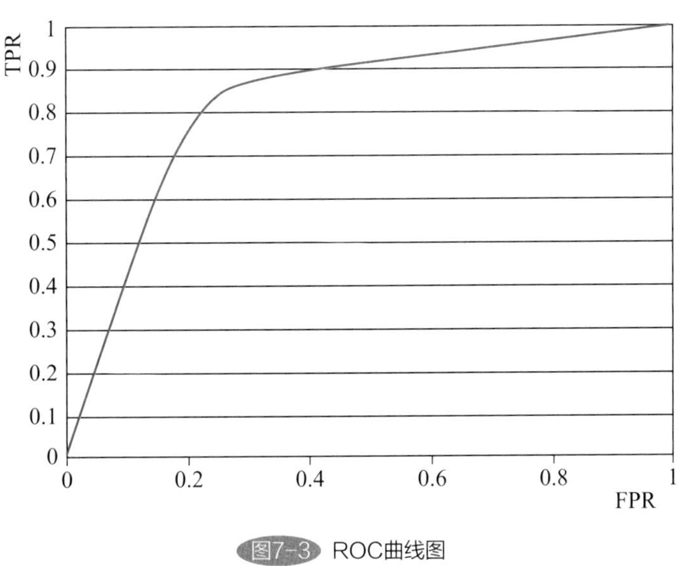

图7-3 ROC曲线图

7.7 增益/提升图

混淆矩阵和ROC曲线都是评估分类模型预测能力的指标，混淆矩阵评价的是模型在总体样本的表现，ROC曲线则反映了模型的敏感性和特异性之间的变动关系。本节介绍的增益图（Gain）和提升图（Lift）也是评估分类模型预测能力的有效指标，只不过它们评估的是模型预测（捕捉）到的所有正例对比真实分类情况的表现。

7.7.1 增益

我们首先看一下增益的计算公式（公式中用的术语TP、FN、FP、TN都是来自混淆矩阵，下同）：

$$\text{Gain}=\frac{\text{TP}}{\text{TP+FP}}$$

从混淆矩阵的内容可以知道，增益Gain就是阳性预测率PPR（Positive Predictive Rate），也称为精准率（或精度）。这个指标衡量的是在所有判别为正例的结果中真正的正例所占的比率。所以增益Gain是描述给定数据整体精准率的指标。

而增益图展示的则是在给定样本数据集的条件下增益值Gain与样本（比例）之间的关系，也就是精准率在不同样本子集下的变动轨迹。图7-4所示为增益图。

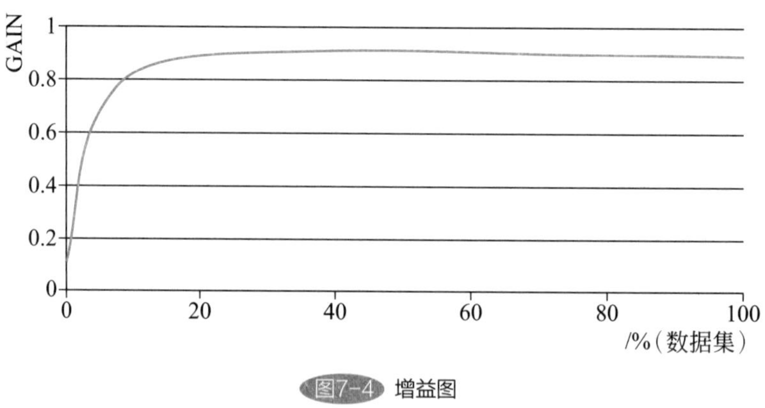

图7-4 增益图

7.7.2 提升度

提升度的计算公式为

$$\text{Lift}=\frac{\text{TP}/(\text{TP+FP})}{(\text{TP+FN})/(\text{TP+FN+FP+TN})}$$

其中分母表示的是在不利用模型的情况下的正例情况，分子表示的是利用模型后的预测正例的比例情况。

在不利用模型的情况下，估计正例准确率的计算公式为

$$\text{Lift}_0=\frac{\text{TP+FN}}{\text{TP+FN+FP+TN}}$$

式中，TP+FN表示的是原始数据中实际为正例的样本数，TP+FN+FP+TN为样本全体数目。

在利用模型之后，计算正例的准确率时，只需要从模型预测为正例的样本子集中挑选正

例即可，其计算公式为

$$\mathrm{Lift}_1=\frac{\mathrm{TP}}{\mathrm{TP+FP}}$$

因此提升度Lift的计算公式可表达为

$$\mathrm{Lift}=\frac{\mathrm{Lift}_1}{\mathrm{Lift}_0}$$

综上所述，提升度Lift是在给定样本数据集下，利用模型后的期望响应与不利用模型的期望响应之比。提升度Lift越大，表示预测模型的效果越好。

例如，如果不利用模型，仅凭借经验，我们向10000个客户发送营销短信，其中有1000个客户做出了回应，则正例（以做出回应为正例）的比例是1000/10000＝10%，即（TP+FN）/（TP+FP+FN+TN）＝10%。现在我们收集各种数据，建立响应模型，通过应用模型，我们给有可能比较积极的1000个客户发放了营销短信，此时有300个客户做出了回应，则正例的比例为300/1000＝30%，即TP/（TP+FP）＝30%，那么提升度Lift为3，说明客户的响应率提升至原来的3倍。

提升图展示的是在给定样本数据集的条件下，提升度Lift与样本（比例）之间的关系，也就是Lift在不同样本子集下的变动轨迹。图7-5为提升图。

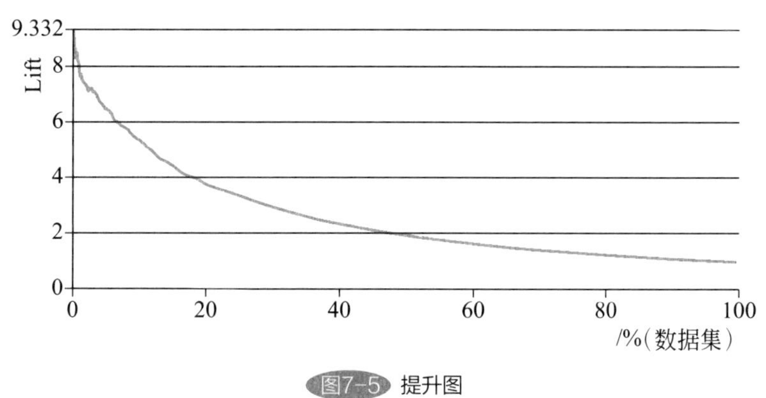

图7-5 提升图

图7-5中，纵坐标是提升度Lift，横坐标是数据集的比例。随着数据集比例的变大，提升度Lift会逐步变小。这也好理解，因为数据集比例变大，意味着会有更多的样本预测为正例，被误认为正例的负例样本越来越多，所以提升度会越来越小。

通过对比增益图和提升图可以看出，两者最明显的区别就在于纵坐标不同。

7.7.3 提升图元素ModelLiftGraph

在PMML规范中，回归模型只有一个增益图，而分类模型的每个类别可以有一个增益图。绘制增益图的数据先按以下规则处理：

◆ 对于分类模型，针对每个类标签，对所有相关预测值按照置信度进行降序排列。
◆ 对于回归模型，对所有预测值按照降序排序。

然后把这些排序后的预测值切分成适当数目的区间（段），区间的数量由用户自行决定。在PMML规范中，用于绘制增益图和提升图的数据包含在元素LiftData中。这些数据由横坐标值和纵坐标值组成，横坐标值表示记录数，纵坐标值分两种情况：

➢ 对于分类模型，表示目标字段的实际值，等于所研究的类标签的记录数；
➢ 对于回归模型，表示与区间预测相对应的目标字段实际值的总和。

元素LiftData在PMML规范中的定义如下：

```
<xs:element name="LiftData">
  <xs:complexType>
    <xs:sequence>
      <xs:element ref="Extension" minOccurs="0" maxOccurs="unbounded"/>
      <xs:element ref="ModelLiftGraph"/>
      <xs:element ref="OptimumLiftGraph" minOccurs="0"/>
      <xs:element ref="RandomLiftGraph" minOccurs="0"/>
    </xs:sequence>
    <xs:attribute name="targetFieldValue" type="xs:string"/>
    <xs:attribute name="targetFieldDisplayValue" type="xs:string"/>
    <xs:attribute name="rankingQuality" type="NUMBER"/>
  </xs:complexType>
</xs:element>
```

在这个定义中，元素LiftData至少包含一个子元素ModelLiftGraph以及可选的子元素OptimumLiftGraph、RandomLiftGraph，这是PMML规范支持的三种提升图。先说明一下这个元素的几个属性：

属性targetFieldValue：这个属性只适用于分类模型，指定增益图和提升图数据所对应的类标签，并且值是唯一的。

属性targetFieldDisplayValue：提供一个额外的更倾向展示的类标签名称。

属性rankingQuality：说明评级质量。在增益图中的定义如下：

$$\text{rankingQuality} = \frac{\text{模型曲线与随机曲线之间的面积}}{\text{最优曲线与随机曲线之间的面积}}$$

如果模型曲线就是最优模型，则rankingQuality＝1；模型曲线越接近于随机曲线，rankingQuality越接近于0；如果模型曲线比随机模型曲线的效果还差，则rankingQuality会小于0。

在PMML规范中一共有三种提升图：

（1）元素 ModelLiftGraph 包含了一个模型提升图的数据；

（2）元素 OptimumLiftGraph 包含了理论上最优提升度的数据；

（3）元素 RandomLiftGraph 包含了随机预测的数据。

上述三个元素在PMML规范中的定义如下：

```
<xs:element name="ModelLiftGraph">
  <xs:complexType>
    <xs:sequence>
      <xs:element ref="Extension" minOccurs="0" maxOccurs="unbounded"/>
      <xs:element ref="LiftGraph"/>
    </xs:sequence>
  </xs:complexType>
</xs:element>

<xs:element name="OptimumLiftGraph">
  <xs:complexType>
    <xs:sequence>
      <xs:element ref="Extension" minOccurs="0" maxOccurs="unbounded"/>
      <xs:element ref="LiftGraph"/>
    </xs:sequence>
  </xs:complexType>
</xs:element>

<xs:element name="RandomLiftGraph">
  <xs:complexType>
    <xs:sequence>
      <xs:element ref="Extension" minOccurs="0" maxOccurs="unbounded"/>
```

```
        <xs:element ref="LiftGraph"/>
      </xs:sequence>
    </xs:complexType>
</xs:element>
```

以上定义中的三种模型都包含了一个子元素LiftGraph。

对于分类模型，OptimumLiftGraph提升图通常是从ModelLiftGraph中派生而来，派生的假定是：与某个类别标签对应的总记录数n恰好就是被预测的前n条记录，另外，即使有充分的理由说明OptimumLiftGraph无关紧要，它也可能会被明确绘制出来；对于回归模型，OptimumLiftGraph总是需要明确提供。

RandomLiftGraph通常是在数据的开始和结束点之间通过插值计算得来的（分类模型和回归模型均是如此）。同样，如果有充分的理由说明随机假设只适用于某些限制的情况，RandomLiftGraph仍然有可能显式提出。

元素LiftGraph在PMML规范中的定义如下：

```
<xs:element name="LiftGraph">
  <xs:complexType>
    <xs:sequence>
      <xs:element ref="Extension" minOccurs="0" maxOccurs="unbounded"/>
      <xs:element ref="XCoordinates"/>
      <xs:element ref="YCoordinates"/>
      <xs:element ref="BoundaryValues" minOccurs="0"/>
      <xs:element ref="BoundaryValueMeans" minOccurs="0"/>
    </xs:sequence>
  </xs:complexType>
</xs:element>

<xs:element name="XCoordinates">
  <xs:complexType>
    <xs:sequence>
      <xs:element ref="Extension" minOccurs="0" maxOccurs="unbounded"/>
      <xs:group ref="NUM-ARRAY"/>
    </xs:sequence>
  </xs:complexType>
</xs:element>
```

```

<xs:element name="YCoordinates">
  <xs:complexType>
    <xs:sequence>
      <xs:element ref="Extension" minOccurs="0" maxOccurs="unbounded"/>
      <xs:group ref="NUM-ARRAY"/>
    </xs:sequence>
  </xs:complexType>
</xs:element>

<xs:element name="BoundaryValues">
  <xs:complexType>
    <xs:sequence>
      <xs:element ref="Extension" minOccurs="0" maxOccurs="unbounded"/>
      <xs:group ref="NUM-ARRAY"/>
    </xs:sequence>
  </xs:complexType>
</xs:element>

<xs:element name="BoundaryValueMeans">
  <xs:complexType>
    <xs:sequence>
      <xs:element ref="Extension" minOccurs="0" maxOccurs="unbounded"/>
      <xs:group ref="NUM-ARRAY"/>
    </xs:sequence>
  </xs:complexType>
</xs:element>
```

对于提升图中的每一段，子元素XCoordinates提供了从开始到该段的累计记录数，对应区间（段）的子元素YCoordinates按下列值取值：

✓对于分类模型，针对元素LiftData的属性targetFieldValue给定的标签值所对应的预测记录数；

✓对于回归模型，按预测值归入该段的记录对应的实际值之和。

子元素BoundaryValues提供了相邻区间（段）之间的临界值，这个临界值也随模型的不同而不同，具体规则如下：如果模型是分类模型，则BoundaryValues包含的是置信度值；如果是回归模型，则包含了最小预测值。无论哪种情况，边界值都代表相应分数的下限，也就是说，属于该段的所有记录必须具有大于或等于边界值中相应下限的值。

与BoundaryValues类似，子元素BoundaryMeanValues则记录了隶属于这一段的所有记录得分的平均值。

另外还有以下几条规则。

- 子元素XCoordinates、YCoordinates、BoundaryValues和BoundaryMeanValues中的数组长度必须相等；
- 没有强制要求在ModelLiftGraph、OptimumLiftGraph和RandomLiftGraph中必须具有相同个数的区间，即使它们拥有相同的区间段数，在同一个区间中也可以有不同的记录数。
- 对于以上三类提升图，总记录数（也就是XCoordinates的最后一个元素值）必须相同。
- 对于回归模型，YCoordinates中某个区间（段）的总和可以是负数。因此增益图可能不会单调增加，它也可能会减少。

例1：下面的代码用于一个分类模型的LiftData元素的演示。

```
<LiftData targetFieldValue="1" targetFieldDisplayValue="Yes">
  <ModelLiftGraph>
    <LiftGraph>
      <XCoordinates>
        <Array type="int" n="6">57 75 98 124 149 240</Array>
      </XCoordinates>
      <YCoordinates>
        <Array type="int" n="6">51 15 18 7 4 8</Array>
      </YCoordinates>
      <BoundaryValues>
        <Array type="real" n="6">0.8947 0.8333 0.7826 0.2692 0.16 0.0879
        </Array>
      </BoundaryValues>
      <BoundaryValueMeans>
        <Array type="real" n="6">0.9134 0.8691 0.8002 0.5389 0.2261 0.1492
        </Array>
```

```
      </BoundaryValueMeans>
    </LiftGraph>
  </ModelLiftGraph>
</LiftData>

<LiftData targetFieldValue="2" targetFieldDisplayValue="No">
  <ModelLiftGraph>
    <LiftGraph>
      <XCoordinates>
        <Array type="int" n="6">91 116 142 165 183 240</Array>
      </XCoordinates>
      <YCoordinates>
        <Array type="int" n="6">83 21 19 5 3 6</Array>
      </YCoordinates>
      <BoundaryValues>
        <Array type="real" n="6">0.9120 0.84 0.7307 0.2173 0.16667 0.1052
        </Array>
      </BoundaryValues>
      <BoundaryValueMeans>
        <Array type="real" n="6">0.9569 0.8921 0.7478 0.4301 0.1836 0.1285
        </Array>
      </BoundaryValueMeans>
    </LiftGraph>
  </ModelLiftGraph>
</LiftData>
```

例如，在前75条记录中，“Yes”值被预测了66次（51+15），并且是以最高的置信度预测的，所有这些预测至少有置信度0.8333。在第一段中，有51个实例预测为“Yes”，而第二段总共有18条记录（75-57），其中15条记录（实例）预测为“Yes”。

同样道理，在前91条记录中，“No”值被预测了83次，其最小置信度为0.9120，而平均置信度为0.9569。最佳模型当然是在这前91条记录中，预测为“No”值的次数也是91。

图7-6展示了类标签为“Yes”的三类模型增益图。

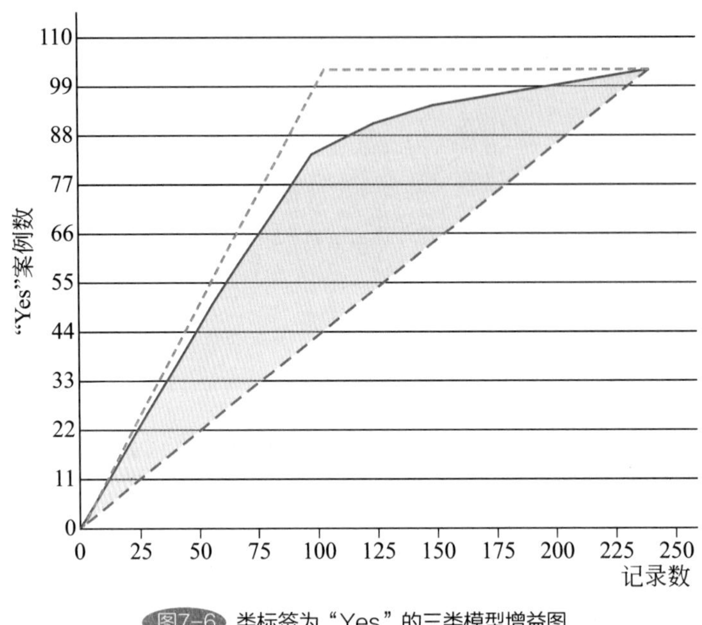

图7-6 类标签为“Yes”的三类模型增益图

上图中，蓝色的线代表ModelLiftGraph，绿色的线代表OptimumLiftGraph，红色的线代表RandomLiftGraph。注意：后面两个曲线在上面的例子中并不存在，他们都是从ModelLiftGraph中派生来的（以虚线表示）。

例2：下面的代码用于一个回归模型的LiftData元素的演示（预测字段为NUM_CLAIMS）。

```
<LiftData>
  <ModelLiftGraph>
    <LiftGraph>
      <XCoordinates>
        <Array n="7" type="int">5 12 18 23 31 41 52</Array>
      </XCoordinates>
      <YCoordinates>
        <Array n="7" type="real">80 70 48 40 53 64 66</Array>
      </YCoordinates>
      <BoundaryValues>
        <Array n="7" type="real">7.4261 7.1911 7.0731 6.9845 6.8072 6.6
085 6.4999
```

```
        </Array>
      </BoundaryValues>
      <BoundaryValueMeans>
        <Array n="7" type="real">7.9327 7.6732 7.2982 6.9978 6.8734 6.7254 6.5373
        </Array>
      </BoundaryValueMeans>
    </LiftGraph>
  </ModelLiftGraph>
  <OptimumLiftGraph>
    <LiftGraph>
      <XCoordinates>
        <Array n="7" type="int">5 12 18 23 31 41 52</Array>
      </XCoordinates>
      <YCoordinates>
        <Array n="7" type="real">90 81 70 65 65 35 15</Array>
      </YCoordinates>
      <BoundaryValues>
        <Array n="7" type="real"> 8 7 6 5 4 3 2</Array>
      </BoundaryValues>
      <BoundaryValueMeans>
        <Array n="7" type="real"> 8.2872 7.8273 6.2362 5.7523 4.7895 3.4356 2.4563
        </Array>
      </BoundaryValueMeans>
    </LiftGraph>
  </OptimumLiftGraph>
</LiftData>
```

提升图所用的总记录数为52。其中预测值最高的前18条记录的预测值累加和为198（80+70+48），其下限为7.0731。第三段有6条记录，其预测值累加和为48，平均值为7.2982。对于最优模型（OptimumLiftGraph）来说，同样是第三段，其预测值的累加和是70。

图7-7展示了上述代码中预测字段NUM_CLAIMS的增益图。

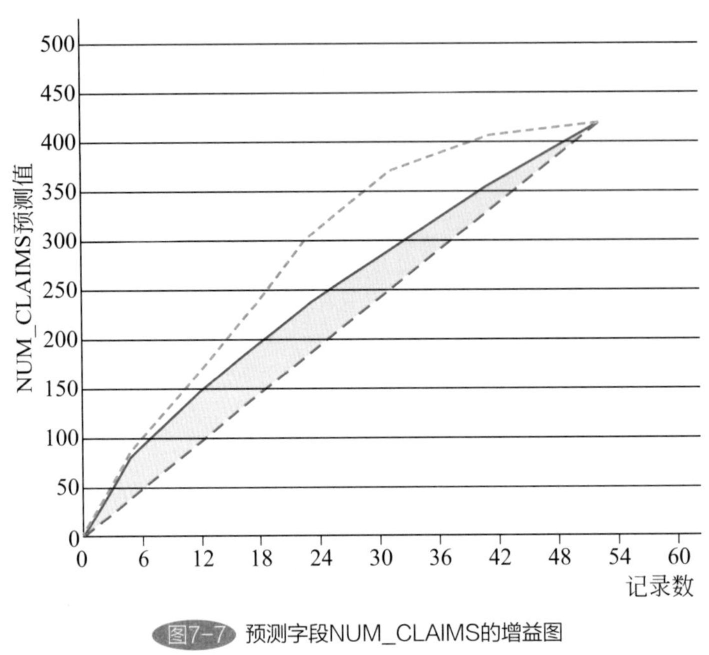

图7-7 预测字段NUM_CLAIMS的增益图

上图中，蓝色的线代表ModelLiftGraph，绿色的线代表OptimumLiftGraph，红色的线代表RandomLiftGraph。注意：在这个例子中，OptimumLiftGraph是存在的，但是RandomLiftGraph需要从ModelLiftGraph中派生。

7.8 字段（变量）相关性指标

在PMML模型中，建模字段之间的相关性信息用元素Correlations来表示。元素Correlations在PMML规范中的定义如下：

```
<xs:element name="Correlations">
  <xs:complexType>
    <xs:sequence>
      <xs:element ref="Extension" minOccurs="0" maxOccurs="unbounded"/>
      <xs:element ref="CorrelationFields"/>
      <xs:element ref="CorrelationValues"/>
      <xs:element ref="CorrelationMethods" minOccurs="0"/>
    </xs:sequence>
```

```
  </xs:complexType>
</xs:element>

<xs:element name="CorrelationFields">
  <xs:complexType>
    <xs:sequence>
      <xs:element ref="Extension" minOccurs="0" maxOccurs="unbounded"/>
      <xs:group ref="STRING-ARRAY"/>
    </xs:sequence>
  </xs:complexType>
</xs:element>

<xs:element name="CorrelationValues">
  <xs:complexType>
    <xs:sequence>
      <xs:element ref="Extension" minOccurs="0" maxOccurs="unbounded"/>
      <xs:element ref="Matrix"/>
    </xs:sequence>
  </xs:complexType>
</xs:element>

<xs:element name="CorrelationMethods">
  <xs:complexType>
    <xs:sequence>
      <xs:element ref="Extension" minOccurs="0" maxOccurs="unbounded"/>
      <xs:element ref="Matrix"/>
    </xs:sequence>
  </xs:complexType>
</xs:element>
```

在这个定义中，元素Correlations包括了相关字段元素CorrelationFields和相关系数元素CorrelationValues两个必选的子元素，还有一个可选的相关系数计算方法子元素CorrelationMethods。

子元素CorrelationFields包括了计算相关系数的字段，这些字段来自元素MiningSchema的MiningField。

子元素CorrelationValues是一个数值矩阵，记录了变量间的相关系数。这个矩阵的行、列均引用子元素CorrelationFields中定义的字段。数值矩阵的单元值范围必须为[−1,1]，超出此范围的值则说明这两个变量之间的相关系数是不可用的。

子元素CorrelationMethods是可选的，其内容是一个字符串值矩阵，与CorrelationValues中的数值矩阵一一对应，说明了计算对应的相关系数单元值所用的方法，其有效取值包括：

✓pearson：Pearson相关系数；
✓spearman：Spearman秩相关系数；
✓kendall：Kendall测试；
✓contingencyTable：列联表；
✓chiSquare：卡方检验；
✓cramer：克雷莫V系数；
✓fisher：费舍尔精确检验。

上面的方法中有一些方法属于分布检验，原因在于对于分类字段，采用分布检验来表达相关性是非常合适的。注意：如果指定了子元素CorrelationMethods，则即使其对应的CorrelationValues中某个单元值是缺失值，也必须为其对应单元值提供一个上述有效值；

如果没有指定子元素CorrelationMethods，对于均为数值的字段，缺省的计算方法为Pearson法，而其他组合使用的则是列联表法。注意：数值型字段和非数值型字段之间的相关性计算通常需要对数值型字段进行分段离散化。

上面的两个矩阵必须是对称矩阵。下面是一个相关系数表的PMML代码实例：

```
<Correlations>
  <CorrelationFields>
    <Array n="5" type="string">"Age" "Angina" "Blood_Pressure" "Cholesterol"
     "Diseased"
    </Array>
  </CorrelationFields>
  <CorrelationValues>
    <Matrix kind="symmetric" nbRows="5" nbCols="5">
      <Array n="1" type="real"> 1</Array>
      <Array n="2" type="real"> 0.6207 1</Array>
      <Array n="3" type="real"> -0.2651 0.5793 1</Array>
```

```
      <Array n="4" type="real"> 0.2161 -99 0.1344 1</Array>
      <Array n="5" type="real"> 0.5649 0.5700 0.5257 -99 1</Array>
    </Matrix>
  </CorrelationValues>
  <CorrelationMethods>
    <Matrix kind="symmetric" nbRows="5" nbCols="5">
      <Array n="1" type="string"> pearson</Array>
      <Array n="2" type="string"> cramer cramer</Array>
      <Array n="3" type="string"> spearman cramer spearman</Array>
      <Array n="4" type="string"> fisher contingencyTable spearman spearman</Array>
      <Array n="5" type="string"> contingencyTable chiSquare chiSquare chiSquare chiSquare
      </Array>
    </Matrix>
  </CorrelationMethods>
</Correlations>
```

这个例子中字段Age和Blood_Pressure之间的Spearman秩相关系数是-0.2651，而字段Diseased和Cholesterol之间的没有相关系数。

本章小结

模型解释为用户提供了把测试数据应用于模型时所获得的各种性能度量指标，包括模型质量信息（预测模型或聚类模型）、混淆矩阵、增益图、接收者操作特征曲线图、不同字段之间的相关性等信息，这为最终用户理解模型、应用模型提供了数据支持。

前面章节讲过的单元统计元素UnivariateStats和分区统计元素Partition也是模型解释的一部分，本章介绍的则是挖掘模型解释的一个重要元素：模型解释元素ModelExplanation；ModelExplanation可以包含两种组合：一种是预测模型质量指标元素PredictiveModelQuality和字段相关信息元素Correlations的组合；另一种是聚类模型质量指标元素ClusteringModelQuality和字段相关信息Correlations的组合。

本章重点内容如下。

- 模型验证元素ModelVerification：该元素为验证数据集提供了一个框架。
- 预测模型质量指标元素PredictiveModelQuality：该元素展示了预测模型的质量指标，包括混淆矩阵、ROC、增益图和提升图，其中混淆矩阵是整体评估模型性能常用的方法，通过预测结果与样本数据中实际值的比较，揭示了对分类模型的正确预测能力的评价结果，而ROC、增益图和提升图都是基于混淆矩阵的数据推导而来，从一个或几个侧面衡量一个挖掘模型的质量指标。
- 聚类模型质量指标元素ClusteringModelQuality：在PMML文档中，聚类模型的质量指标是基于原型聚类算法而计算的，主要有SSE和SSB；SSE越小，模型效果越好；SSB值越大，模型效果越好。
- 字段间相关性信息元素Correlations：建模字段之间的相关性信息使用元素Correlations来表示，主要包括了字段相关系数及其计算方法的信息。

在下一章，我们将结合具体实例描述一个具体PMML实例文档的应用。

8 PMML 实际案例

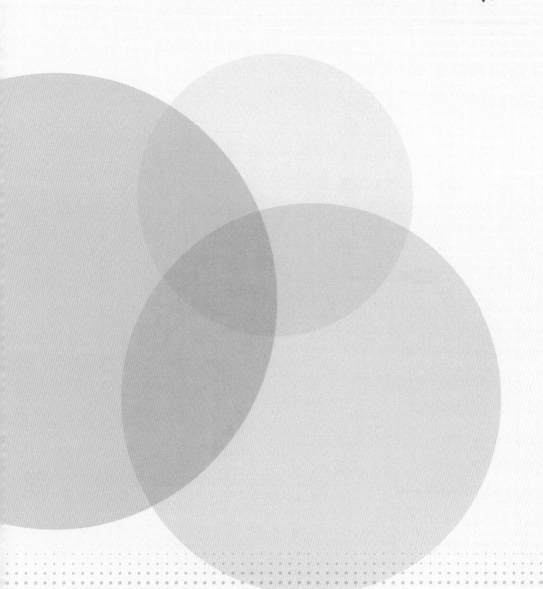

本章结合一个简单的数据集展示一个PMML实例文档的创建流程，以巩固前面所学的知识，加深对PMML规范的理解。我们采用神经网络模型进行回归；这个简单数据集见表8-1，仔细观察可以看出目标变量y是预测变量x的平方。

表8-1 创建PMML实例文档所用数据集

预测变量x	目标变量y
0	0
1	1
2	2
3	9
4	16
5	25

为了更好地说明问题，在这个模型中我们会增加两个转换：一个是进入神经网络模型前对输入数据（预测变量x）的比例缩放；另一个是对神经网络模型输出结果y的还原（实际也是比例缩放）。神经网络模型的隐含层为一层。见图8-1。

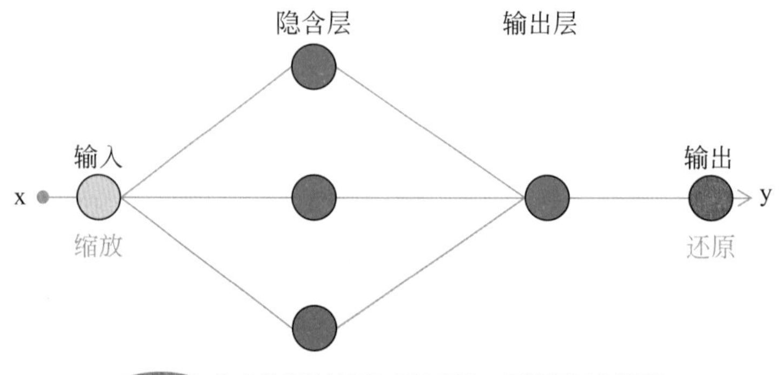

图8-1 包含数据前处理和后处理的三层神经网络模型

这样我们已有了样本数据集，而且确定了数据预处理方式、预测模型以及数据后处理方式。假定我们通过某个挖掘系统（如SAS、RapidMiner、Spark等）已经构建了一个可以部署的挖掘模型。这个模型中主要的函数关系如下：

```
scaled_x=2*(x-0)/(5-0)-1;
y_1_1=tanh(-0.466+0.934*scaled_x);
y_1_2=tanh(-1.084+1.116*scaled_x);
y_1_3=tanh(-0.169+0.143*scaled_x);
scaled_y=0.713+0.583*y_1_1+1.162*y_1_2+0.261*y_1_3;
y = 0.5*(scaled_y+1)*(25-0)+0;
```

其中scaled_x表达式表示对输入变量x进行标准化；y_1_1、y_1_2、y_1_3是使用双曲正切激活函数的隐含层表达式；scaled_y表达式是对输出变量的回归（通过identity激活函数）；最后的y的表达式表示对神经网络模型输出scaled_y的还原。

下面我们根据上述关系创建PMML实例文档，并在SPSS Modeler中演示如何实现PMML挖掘模型的跨平台使用。

8.1 构建PMML实例文档

第一步，确定PMML实例文档的架构。其中主要工作是确定PMML规范的版本、模型注释等信息，代码如下：

```
1.  <?xml version="1.0" encoding="UTF-8"?>
2.  <PMML version="4.3" xmlns="http://www.dmg.org/PMML-4_3"
3.                      xmlns:xsi="http://www.w3.org/2001/XMLSchema-instance">
4.
5.    <Header />
6.    <DataDictionary />
7.    <TransformationDictionary />
8.    <NeuralNetwork />
9.
10. </PMML>
```

上面的代码中，第一行为XML声明，声明本文档是一个XML文档。后面的语句表示本文档是一个以PMML为根元素的XML文档。这个文档有一些属性，如PMML规范的版本（4.3）、命名空间等。

这个PMML实例文档中除头部Header外，还有数据字典DataDictionary、转换字典TransformationDictionary和神经网络模型NeuralNetwork等几部分。

第二步，设置头部Header的信息。头部Header可以包含copyright、description、modelVersion三个属性以及一个Application子元素。在本例中我们设置如下：

```
<Header copyright="MyCompany" modelVersion="0.9">
  <Application name="MyApplication" />
</Header>
```

根据这段代码，我们可以理解本模型的拥有者是“MyCompany”，创建模型的工具平台名称为“MyApplication”。

第三步，定义数据字典DataDictionary。DataDictionary包括了构建挖掘模型所需的原始字段的定义，指定了字段的数据类型和取值范围。本例中的数据字典内容如下：

```
<DataDictionary numberOfFields="2">
  <DataField dataType="double" name="x" optype="continuous">
    <Interval closure="closedClosed" leftMargin="0" rightMargin="5" />
  </DataField>
  <DataField dataType="double" name="y" optype="continuous">
    <Interval closure="closedClosed" leftMargin="0" rightMargin="25" />
  </DataField>
</DataDictionary>
```

在数据字典中我们定义了两个字段（变量）：x和y，两个变量都是连续数值型，其中x的取值范围为[0, 5]，y的取值范围为[0, 25]。

第四步，定义转换字典TransformationDictionary。在构建一个模型之前，通常需要对原始字段做一些必要的转换处理，在模型输出后也可能需要对输出结果做必要的处理。在本例中，使用函数NormContinuous把构建模型的样本数据x和y标准化为[−1, 1]中的值，并把神经网络模型输出范围[−1, 1]中的值还原为[0, 25]中的值。这些转换定义在转换字典TransformationDictionary中。代码如下：

```
<TransformationDictionary>
  <DerivedField name="xx" dataType="double" optype="continuous">
    <NormContinuous field="x">
      <LinearNorm orig="0.0" norm="-1" />
      <LinearNorm orig="1.0" norm="-0.6" />
    </NormContinuous>
  </DerivedField>
  <DerivedField name="yy" dataType="double" optype="continuous">
    <NormContinuous field="y">
      <LinearNorm norm="0.0" orig="12.5" />
      <LinearNorm norm="1.0" orig="25" />
    </NormContinuous>
  </DerivedField>
</TransformationDictionary>
```

在这段代码中，我们根据标准化的要求派生了两个变量：xx和yy，都是通过线性变换派生的。

第五步，预测模型设置。前面章节我们讲过 PMML 4.3 支持很多模型，如决策树、贝叶斯网络等，在本例中我们使用神经网络模型进行回归预测。神经网络模型的元素是NeuralNetwork，它有几个属性需要设置，例如功能函数名称、网络层数等。另外这个元素下要包含四个子元素，分别是MiningSchema、NeuralInputs、NeuralLayer和NeuralOutputs，在本例中它们的作用如下：

- MiningSchema：定义了构建本神经网络模型需要的字段，即x和y；
- NeuralInputs：定义了神经网络模型的输入变量。在这个元素中将包括转换字典中派生的变量xx；
- NeuralLayer：定义了神经网络模型的一层，设置本层所用的激活函数、偏置等信息。神经网络模型的层次与层元素NeuralLayer出现的顺序相对应。
- NeuralOutputs：定义了神经网络模型的输出层。在这一层中，通过派生字段调用yy，对标准输出的值进行还原。

代码如下：

```
<NeuralNetwork functionName="regression" numberOfLayers="2"
               activationFunction="tanh">
  <MiningSchema>
    <MiningField name="x" />
    <MiningField name="y" usageType="predicted" />
  </MiningSchema>
  <NeuralInputs numberOfInputs="1">
    <NeuralInput id="0,0">
      ......
    </NeuralInput>
  </NeuralInputs>
  <NeuralLayer numberOfNeurons="3" activationFunction="tanh">
    ......
  </NeuralLayer>
  <NeuralLayer numberOfNeurons="1" activationFunction="identity">
    ......
  </NeuralLayer>
  <NeuralOutputs numberOfOutputs="1">
    <NeuralOutput outputNeuron="2,0">
      <DerivedField optype="continuous" dataType="double">
```

```
        <FieldRef field="yy" />
      </DerivedField>
    </NeuralOutput>
  </NeuralOutputs>
</NeuralNetwork>
```

本模型中变量y是目标变量，它作为唯一输入变量x的函数。本模型由一个输入层、一个隐含层（激活函数为双曲正切）和一个identity激活函数输出层组成，最后有一个输出变量。

至此我们完成了构建一个完整的PMML实例文档所需的所有工作。为了方便阅读，我们把完整的PMML实例文档代码展示如下：

```
<?xml version="1.0" encoding="UTF-8"?>
<PMML version="4.3" xmlns="http://www.dmg.org/PMML-4_3"
                    xmlns:xsi="http://www.w3.org/2001/XMLSchema-instance">

  <Header copyright="MyCompany">
    <Application name="MyApplication" />
  </Header>

  <DataDictionary numberOfFields="2">
    <DataField dataType="double" name="x" optype="continuous">
      <Interval closure="closedClosed" leftMargin="0" rightMargin="5" />
    </DataField>
    <DataField dataType="double" name="y" optype="continuous">
      <Interval closure="closedClosed" leftMargin="0" rightMargin="25" />
    </DataField>
  </DataDictionary>

  <TransformationDictionary>
    <DerivedField name="xx" dataType="double" optype="continuous">
      <NormContinuous field="x">
        <LinearNorm orig="0.0" norm="-1" />
        <LinearNorm orig="1.0" norm="-0.6" />
      </NormContinuous>
    </DerivedField>
```

```
    <DerivedField name="yy" dataType="double" optype="continuous">
      <NormContinuous field="y">
        <LinearNorm norm="0.0" orig="12.5" />
        <LinearNorm norm="1.0" orig="25" />
      </NormContinuous>
    </DerivedField>
  </TransformationDictionary>

  <NeuralNetwork functionName="regression" numberOfLayers="2"
                activationFunction="tanh">
    <MiningSchema>
      <MiningField name="x" />
      <MiningField name="y" usageType="predicted" />
    </MiningSchema>
    <NeuralInputs numberOfInputs="1">
      <NeuralInput id="0,0">
        <DerivedField optype="continuous" dataType="double">
          <FieldRef field="xx" />
        </DerivedField>
      </NeuralInput>
    </NeuralInputs>
    <NeuralLayer numberOfNeurons="3" activationFunction="tanh">
      <Neuron bias="-0.466" id="1,0">
        <Con from="0,0" weight="0.934" />
      </Neuron>
      <Neuron bias="-1.084" id="1,1">
        <Con from="0,0" weight="1.116" />
      </Neuron>
      <Neuron bias="-0.169" id="1,2">
        <Con from="0,0" weight="0.143" />
      </Neuron>
    </NeuralLayer>
    <NeuralLayer numberOfNeurons="1" activationFunction="identity">
      <Neuron bias="0.713" id="2,0">
```

```
          <Con from="1,0" weight="0.583" />
          <Con from="1,1" weight="1.162" />
          <Con from="1,2" weight="0.261" />
        </Neuron>
      </NeuralLayer>
      <NeuralOutputs numberOfOutputs="1">
        <NeuralOutput outputNeuron="2,0">
          <DerivedField optype="continuous" dataType="double">
            <FieldRef field="yy" />
          </DerivedField>
        </NeuralOutput>
      </NeuralOutputs>
    </NeuralNetwork>

</PMML>
```

我们将上面的代码存为一个模型文档，名称为mymodel.pmml。

8.2 使用PMML实例文档

为了演示如何应用PMML实例文档，我们在SPSS Modeler中演示如何使用我们刚刚建立的模型mymodel.pmml。

IBM SPSS Modeler是一个业界领先的数据挖掘平台，具有强大的数据挖掘功能，可以把复杂的统计方法和机器学习技术应用到各种数据处理当中，因此我们以它为工具说明如何使用PMML挖掘模型。

第一步，导入PMML模型。图8-2展示了在Modeler平台中导入PMML模型的界面。在右上角“Models”选项板中单击右键，会弹出上下文菜单，单击“Import PMML...”菜单项，将弹出打开PMML模型文档的窗口，选择刚创建的mymodel.pmml文档。

第二步，使用模型创建预测流，如图8-3所示。在导入PMML模型后，在右上角“Models”选项板中会增加一个“mymodel”金色钻石图标。表示mymodel.pmml模型文档已经通过验证，成功导入。

在成功导入模型后，为了使用模型，我们需要创建测试数据集。SPSS Modeler可以支持各种数据源，如平面文件、Excel文件、数据库、Hadoop中的数据等。这里为了演示，创建了一个简单的平面文件：test.txt。这个文件中只包含了一个变量x的几个测试数据，内容如下：

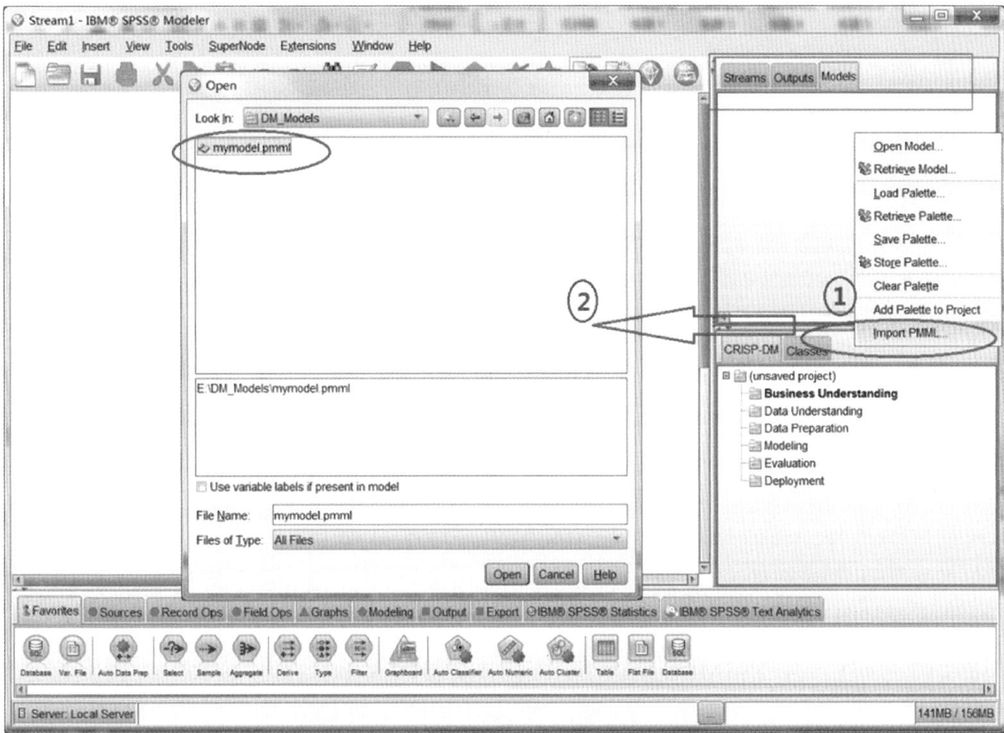

图8-2 SPSS Modeler中导入PMML模型界面

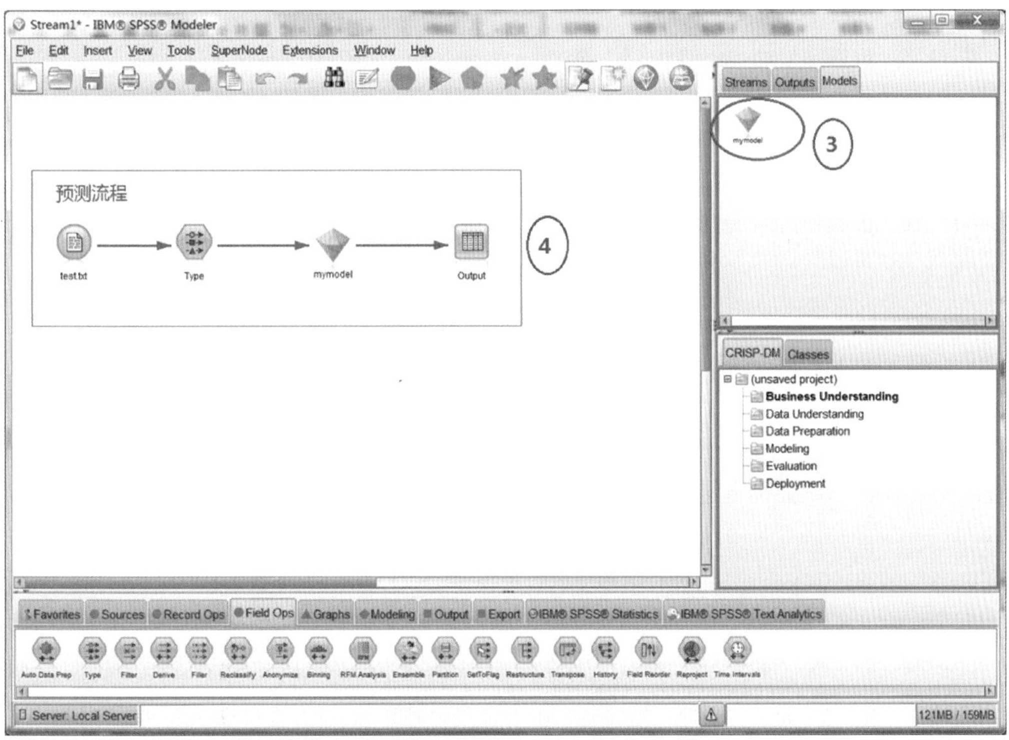

图8-3 根据模型创建预测流

```
x
1
1.4
2.26
3
5
```

根据上面的数据集和导入的模型mymodel，创建图8-3中所示的预测流程。流程中有四个节点：第一个为数据源（连接test.txt文件）,提供测试数据；第二个为类型Type节点，筛选入模变量，这里只有一个变量x；第三个为导入的mymodel模型；最后一个为输出表格节点。

第三步，运行预测流，查看输出结果，如图8-4所示，单击图中工具栏中的运行按钮，预测流会执行，执行结果会在弹出的输出窗口中呈现。

在图8-4中，模型输出是对目标变量y的预测结果，Modeler对预测的目标变量以“$X-y”表示。从图中可以看出预测变量x取不同值时目标变量y的预测结果。

限于时间和精力，PMML的很多细节本书没有涉及；在下一本书中，我们将具体讲解PMML规范所支持的18类挖掘模型，使读者能够更好地理解和掌握PMML规范，从而能在数据挖掘和机器学习项目中将其顺利应用到各种业务场景中去。

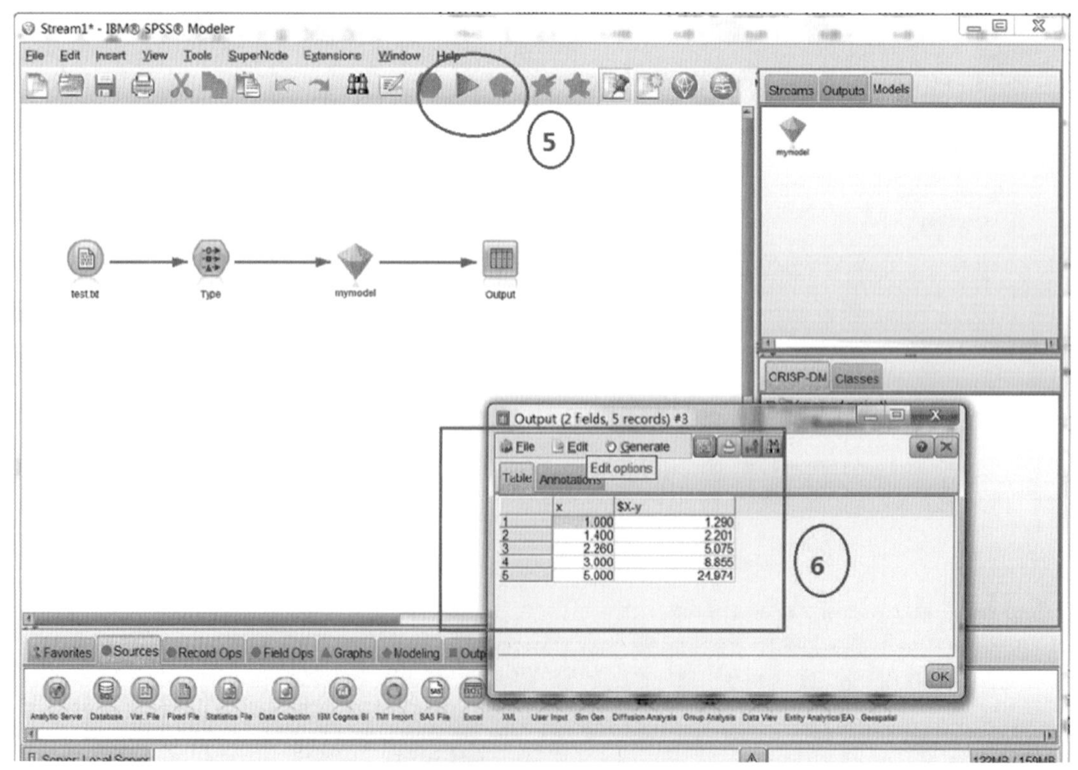

图8-4 预测流运行输出结果